福爾摩沙植物記

101種台灣植物文化圖鑑&27則台灣植物文化議題

潘富俊◆文・攝影
台灣館◆編輯製作

目錄

圖鑑篇

14 原生植物

88 荷前時代

議題篇

植物與文獻

植物與地名

獨特的竹文化

植物與民俗

重要植物產業

植物與諺語

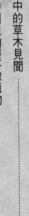

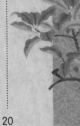

【推薦序二】

立體化的台灣歷史

清代的府、縣志，長久以來，一直是學者重建清代台灣歷史的重要史料。甚至，即使目前一般的台灣通史敘述，其架構還是存在著濃厚的清代府、縣志影響之色彩。不過，對於這樣重要的史料（籍），歷史學者在意識上卻不見得充分注意到其中的每一個環節，在能力上也未必見得可以解讀其中的每一個部分。例如，在最近幾十年族群問題成為重要的研究主題之前，記載了豐富之平埔（族）「知識」的「番俗」篇章就沒有受到應有的重視，其中收錄的「番語」也常被輕輕看過。對於歷史學者來說，原本應該具有地方百科全書性質的府、縣志裡諸多關於自然地理、動植物的記載，也經常沒有能力進行更深入的研究。但是，如果吾人試圖將歷史放置到它的環境舞台上時，顯然府、縣志裡這些包括地質、地形、氣候、動物、植物的記載就有其重要性了。

歷史，除了是一連串的事件之外，還是一個結構的變遷，造成這個結構變遷的，除了人為的努力之外，還有環境的因素。這些環境的因素，就歷史時期的狹義範圍來說，首先應當注意的，就是府、縣志中的這些關於地質、地形、氣候、動物、植物的記載。但是，通常一個出身於文學院的歷史學者，對於上述的專門知識原就比較陌生，何況傳統的府、縣志的記載多與現在該當學科的記載方式不同，精確性也不能同日而語。因此，欲重建歷史環境，經常需要借助其他相關學科專家的協助。

《福爾摩沙植物記》是一個植物學者利用其專業知識，廣泛地收集府、縣志與詩文文獻中的相關記載，所做出來的研究。他不但幫我們歷史學者重現了歷史環境的一部分，而且從植物的角度，將台灣歷史的一個側面給重現了出來。透過這個研究，我們不僅得以了解台灣植物的移入史，這些植物當中還有不少是彼時經濟生產的作物，因此也重現了台灣經濟史和台灣環境史的一個側面。

目前我正在籌辦國立台灣歷史博物館，看到像《福爾摩沙植物記》這種將台灣歷史立體化起來的研究，真是興奮。因此，樂於為之推薦，也希望有更多不同學科專業的人，發揮各自的專業知識投入台灣歷史的研究，使台灣歷史研究更為豐富多元。

（本文作者為台灣史學者）

【推薦序二】

穿越時空，照見植物的身影

金恒鑣

人類遷徙行為之歷史久遠。人類約在六萬五千年前從東非啟程，此後不論是靠徒步、舟船、航空器，乃至太空船，遷徙行為不但未曾中斷，反而速度加快與規模加大。

在遷徙過程中，人類隨身總會帶著各種其他生命（動物、植物、微生物）同行，而同行的這些人類以外的生命也攜帶著另一批生命同行，如此一連串的浩浩蕩蕩隊伍，歷經漫長的遷移史，終而人類與同行的生命幾乎廣被全球各地了。

當人類到了落腳之處，與人類同行的其他生命也在新天地裡適應、生存與繁殖。有的不適應天擇的壓力而又無人類之協助，便消失了。有的適應力強，自行在新天地大量繁殖，侵占了當地原有植物的生存空間，成為外來入侵種。當今我們生活周圍看到的生命，有很多便是靠這樣的方式登陸的。

許多生命（例如穀類、蔬果、菸草、禽畜、觀賞植物、寵物）是人類特意搬遷來的，還有許多是不知不覺中帶來的（例如紅火蟻，甚至HIV/ AIDS與SARS）。這些生命或物種中，有許多是糧食作物，如今養活了全球六十億餘的人口；有些引進的生命（菸草、HIV/ AIDS等）卻致人於死命。例如，原產南美洲的菸草，目前分布極廣，但每年有五百萬人口死於香煙的毒害。引進的生命影響人類的生存、健康與文明進展，也改變了世界各處的生態環境。所以引種之事福禍難卜，惟有靠人類的智慧作抉擇了。

從人類引進物種的行為看來，徒步能抵達或靠近大陸洲的地方，文明起源較早，引進的物種較多樣。台灣原住民祖先的腳步大約在五、六千年前抵達台灣島，但無考據說明攜帶了什麼物種登島。而登上夏威夷島的人類才不過一千六百年的歷史。當時的玻里尼西亞人操著雙殼船，帶著禽畜（例如豬、狗、雞）與作物（例如芋、番薯、香蕉、甘蔗）登上全球最大汪洋（太平洋）中最孤立的熱帶島嶼（夏威夷島）。島民在過去的一千六百年間，逐漸發展出自己的玻里尼西亞人文化，其中的原由之一是夏威夷島太孤立了，與外界接觸困難，接觸風險也大。孤立的地理位置孕育出獨特的文明。

然而，台灣島位居日本群島及東南亞諸島的中央，是東亞南往北來的重要中繼站，加上接近文明大國的中國大陸，因此文化上直接或間接的一直深受日本、中國與東南亞等地文化的影響。台灣的植物引進與利用，即反映了這種與周邊各種文化互動下的多元樣貌。

台灣島溫暖多雨、土壤肥沃，不同的民族（原住民、荷、日、漢人）在不同的時期，從各處（遠及南美洲）輾轉帶進台灣各種作物與其他實用性植物，豐富了島民的生活，造就了島上的生活文化，更改造了台灣的自然生態。

這段人類到台灣與植物引進台灣的歷史關係，並未有人刻意去做較深入的研究，因而我們對兩者的密切性也不甚明瞭。今天潘富俊博士在研究生物學之餘暇，整理明清以降（包括荷人與日人）的有限文獻，出版《福爾摩沙植物記》，讓人讀後憶起我們與植物的這層親密關係，拉近人與植物、當代人與四百年來台之人的距離。當我們在日常生活中接觸到這些植物的時候，便倍感熟悉、親切與溫馨了。

然而，「荷前時代」引進台灣的物種尚缺乏整理與研究。上面談到另一個更孤立的海島——夏威夷島上人類與作物的引進史，是從一七七八年的美國航海家詹姆士．庫克船長抵島後，開始有正式的文字紀錄，而台灣要到十七世紀初，才開始有較明確的文字紀錄。有趣的是，這兩個島嶼物種引進之文字紀錄，都與遠洋航海時代的來臨息息相關，說明了人類的航行對引進物種有非凡的影響力。

許多人以為中國的文人不注重認識草木魚獸之名，如今這本《福爾摩沙植物記》，在某種程度上對這個過往以來的偏差印象，提出了有力的反證。植物學的第一課是「必也正名乎」，也就是植物物種的名字很重要。我想讀了《福爾摩沙植物記》的讀者，必然會更關心生活周遭的植物：它們的名字與它們的引進史及它們對社會的影響力，同時愛屋及烏於其他的生命了。

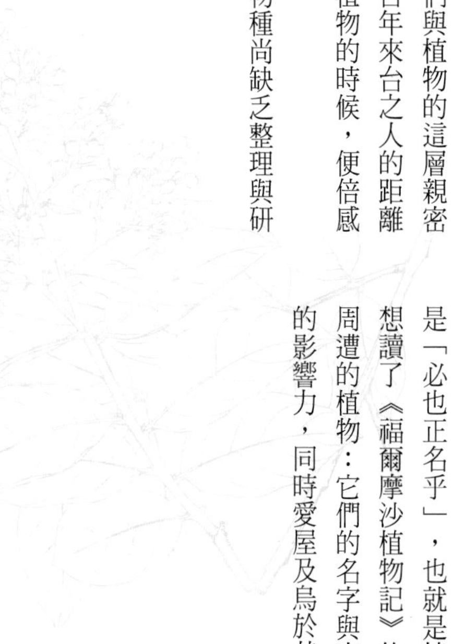

（本文作者為生態學家）

【推薦序三】

草木紀年史

凌拂

植物不會走路，但隨人行移，所以植物也會離鄉背井。所謂原生植物相對於外來植物，一旦逸出都有可能成為他方的外來植物。宛如人類的移民，或成或毀，或另改寫棲地風貌，在發展、演化的過程中均有其繁複交錯的因由，這種地貌與情境中的種種關係，形成因素浩繁，加上人類的生活、文化、風俗、遷徙以及時代的更迭，關於植物，其背景變化就更不可測度而耐人尋味了。

經由知識、圖鑑入門，就其功用、目的言，是認識植物最直接的一種方式。然而科屬綱目之外，和人最生息相關的是生活與文化的情意。埃及人使用莎草、印度人善於香料，台灣大甲則有馳名的草蓆、草帽，世上甚至有因荳蔻、丁香而起的戰爭……，便知生民物語在知識與圖鑑之外，植物無言，但幾可左右人類的歷史文化。

一般我們談歷史以人為主體；研究植物則從知識、圖鑑入門；或者結合文學以萬物為背景，假藉蟲魚鳥獸之名，抒發心中塊壘；大體言，這些都是眾所熟悉的方式。坊間各種談植物書寫與形式的書不少，在這些範疇中，《福爾摩沙植物記》則是逸出常態思維的另類，獨特的是它另有主軸，將植物與人類的生活、文化、風俗、遷徙以及時代的更迭等等整合，在「台灣歷史」的時間舞台上，把植物列為主角。

植物與生命息息相關，從植物生態看台灣歷史的變貌，在不同時代它延展出不同意涵，影響著人們的文化與生活，更甚而被擴張成政治圖騰，諸如近代的龍柏、百合，以及曾經在水墨畫中被大肆取材的梅、蘭、竹、菊，象徵勁節以及標格風骨。猶如旗袍也隱隱宣誓了一個時代的政治版圖一般。草木無言，但具足人為的種種意涵，把植物列為主角，觀時代、政治的變遷，亦如植物一般充滿生意，這角度別具趣味，多出許多盎然生機。

這本書形式新鮮，內容多元，同時以照片搭配一八二○年代，工筆細緻、設色典麗的《本草圖譜》植物畫，甚為珍貴。書中從荷前時代、荷蘭時代、鄭氏時代、清朝時代、日本時代、中華民國時代，以植物為主軸，側觀台灣歷史，涵蓋人文及自然科學知識，可謂是一本「草木紀年史」。另有「議題篇」，討論了二十七則重要的台灣植物文化議題，人為的移動亦造成生態文化的變貌，這本書跨界整合，撇開人事紀年，卻更見人類生活、文化、風俗的轉遞與融合，植物也會寫歷史，這本書談植物，卻給了我們另一種不同的風貌。

（本文作者為自然文學作家）

【推薦序四】

一本有溫度有生命的書

蘇嘉全

本會林業試驗所恆春研究中心主任潘富俊，公務之餘，推動植物知識的普及化不遺餘力，尤其擅長以古典文學的角度研究植物，連結大眾的文史情懷，讓植物的生命更為豐富。

台灣的農政單位一向都扮演著將專業知識常民化的角色，以便讓農業生產更順利、讓一般大眾更親近土地與自然；潘富俊先生即是將專業普及化的典型代表之一。

尤其值得肯定的是，他寫作著書，繼透過文學、植物學的知識，從《紅樓夢》中描述的植物，解開紅樓夢後四十回非曹雪芹親撰之謎，出版《紅樓夢植物圖鑑》等書後，沒有忘紀整理台灣本土植物，新作《福爾摩沙植物記》，透過與台灣相關的文人詩作及方志史料，將本土的植物史乃至人文史，做了一番回顧；收集的詩文，不乏描寫農村景致者，對許多生長於台灣的人來說，既是植物圖鑑，也是一趟追尋昔時生活、文化記憶的懷舊之旅。

我成長於屏東農村，信手舉書中一首詩作「竹徑霧深來雨點，蔗林風起作潮聲」(黃清泰，西螺旅店早飯)為例，即便作品距今已上百年，但竹林、蔗浪恰也是我兒時鮮活的記憶，讀起來就特別有感覺。

我常說農業委員會不同於其他部會，因為農業是有溫度、有生命的。因此，我在任內積極推動的「新農業運動」即強化農業永續、尊重生態的概念，農委會之林業試驗所、農業試驗所、畜產試驗所及特有生物中心等研究單位都擔負著保育台灣特有物種的重責大任。

潘富俊先生透過整理文人詩作、方志史料還原歷史中的植物，在文學家及方志作家的感時抒懷中，帶著植物穿越時空、延伸記憶、繁衍生命。農業界像潘富俊先生一樣的研究者不少，他們的努力值得肯定，作品亦值得推薦。我深深覺得這是一本有溫度、有生命的書。

(本文作者為前任行政院農業委員會主任委員)

【自序】

建一座紙上的台灣文化植物園

十數年以來，筆者受命規劃、整建林業試驗所所屬的植物園，也親自執行台北植物園和恆春熱帶植物園的改造工作。整建過程之中，一直思慮著如何使植物園解說趣味化，植物展示生活化，期使植物成為全民的喜好。首先，在台北植物園開闢與現代人生活息息相關的經濟作物展示區，展示五穀、蔬菜、飲料、棉麻等植物，得到了一些成果。接著又加入文學、文化相關植物的展示，如詩經植物區、成語植物區、民俗植物區等相繼成立，獲得社會大眾熱烈的迴響。最令人感動的是，詩經植物區開幕的第二天，有兩位老先生拿著報導該區植物的報紙，激動地衝到植物園，要求馬上「會見」縈繞在他們腦中一輩子，但從未有機會親眼目睹的詩經植物……。原來，愛植物是人類共同的天性，植物絕不僅是相關專業及科系人士的專寵。

除台北植物園外，中南部還有兩座古老的植物園。其中的恆春熱帶植物園原有其生態特色，無須費神思考展示區的特殊性；另一座設立於一九〇八年的嘉義植物園，則和台北植物園一樣位於都會區內，展示區內的植物如何栽植才能更貼近民眾，是長久困惑植物園同仁的議題。南部是台灣最早開始發展的區域，仍保有許多傳統文化，比其他各地更具台灣文化的代表性。經長期思考，筆者決定在嘉義植物園規劃具有台灣文化特色的植物展示區，於是著手閱覽相關的歷史文獻，首先是方志。其中《諸羅縣志》記載有清代以前嘉義縣市境內先民經常使用的經濟植物和原生植物。其他的方志依撰述年代的早晚而有不同植物加入，充實了先民的生活內容。遊記中也多有植物的登錄，甚至在詩詞歌賦，如《台灣詩錄》、《全台詩》及各種別集之中，都蘊藏了先民遺留下來與文化、歷史相關的植物資料。這些文獻不乏台灣獨有的植物描述和意涵表現，揭示中華文化鉅大影響下的台灣文化特色。歷史、文化向度的探索，拓展了我們對植物的認識與了解，也加深了我們與植物間的聯繫。也許，未來建立「台灣歷史植物園」及「台灣文化植物園」並不是夢想，甚至可以用植物來寫台灣歷史，因此有本書的嘗試。

本書在編製、出版過程中，書中所引的詩作、典故和出處，編輯都會謹慎、細心的盡量找原文校對，使得謬誤減少許多，這是必須衷心感激的。另外，美術設計和編輯群的努力，讓本書在同類型的出版品中，顯得出類拔萃。希望讀者在閱讀本書之餘，千萬不要吝惜給她們掌聲與鼓勵。

潘富俊

前言

古代先民對植物的依賴極深，生活大多直接面對植物。因此，必須認識植物、了解植物。即使到了現代，人類的食衣住行也仍舊離不開植物。只是台灣隨著經濟的發展、社會結構的變化，一般人學習植物科學的熱忱反而逐漸降低，對生活周遭的植物幾乎到了視而不見的地步。往往書讀得越多，植物的常識越匱乏；學位越高，越是「五穀不分、六畜不別」。從事相關自然教育的工作者對此感受最深，也多有如許的感慨。其實，台灣不但植物區系豐富，原生植物種類眾多，也繁育許多和人類生活密切相關的外來植物。其中部分成員更成為形塑台灣文化不可或缺的元素，也在台灣歷史發展中扮演重要的角色。

根據考古資料，台灣數萬年前就有人類居住，並持續有外來移民遷入。每一批移民大概都會從原居住地攜帶生活所需的植物種子或其他繁殖體隨同遷移。或在進駐之後，因應經濟民生的需要而大量引進外來植物。台灣的生態及文化發展體系中，充滿著原生植物以外的外來種類。例如，原產南洋地區的檳榔，隨著數千年或甚而數萬年前的先民進入台灣，進而發展成為產業；糧食作物中的芋、小米等也是如此。這些植物長久以來已成為原住民文化中很重要的成分，有別於源自大陸中原的漢民族文化。

而不同時期、由不同族群人類所引進的外來植物中，大多數無法適應台灣的環境，而在演替過程中絕跡；有些需經人類培育栽種才能生存的種類，則因人類不再依賴、取用而消失。但仍有部分適應良好、經濟價值或利用價值高的植物種類，經過數百、數千年的傳續，至今已在台灣地區落地生根，有些甚至逸出栽培園而呈野生狀態。這些植物各有其引入或大量栽培的時代背景。荷前時代文獻資料太少，暫且不論。荷蘭時期荷蘭人大量引進原產爪哇（印尼）及在爪哇馴化的植物，如蓮霧、檬果等；鄭氏時代引進中國華南地區的含笑花、朱槿等觀賞植物；清朝時代隨著大量移民的湧入，引種文旦柚、龍眼、楊桃等華南原產及馴化的果樹及紫蘇、棕櫚等其他經濟作物；日人統治台灣時期，從世界熱帶、亞熱帶地區輸入各類經濟植物栽培試驗，並成功地推廣至全台各地，代表的植物種類有南洋杉、柳杉、大王椰子等；中華民國政府遷台初期，則曾引進原產大陸的植物如香椿、龍柏等，並大量栽植，後來又應經濟發展需求，栽培推廣非洲鳳仙花、小葉欖仁等。用植物來代表台灣不同的歷史階段，是本書的訴求之一。而這些不同時期的代表植物，也具體而微地反映了在悠悠歷史長河中，由原住民文化、漢族文化、日本文化和二次戰後在全世界占優勢地位的美國文化等，所交織、融合而成的「多元」台灣文化。

不能不提的是，在探尋島上早期各種花草樹木身影的過程中，台灣古典詩作與地理志書等文獻無疑提供了許多重要且有趣的線索。研究這些典籍中的植物，也是一種深刻的體驗。當然無可諱言地，台灣的古典文學內容，受中國文學極大的影響，這從其歷代詩詞文獻所引述的植物種類可見端倪。台灣現存的詩詞歌賦中，出現頻度最高的植物有竹、柳、松、荷、梅、菊等，與出現在中國歷代詩詞的種類頻度相似。另外，台灣文學作品中也出現許多僅分布於溫帶寒冷地區，而台灣不產的種類，如白楊、槐、杏、牡丹、海棠、樺木、棠梨等。台灣古典詩受到《詩經》、《楚辭》的影響，自不待言。但值得注意的是，台灣詩詞吟詠取譬的對象，亦有多種不見或罕見於中國文學作品中的植物，如檬果、蓮霧、林投、釋迦、番石榴、消息花（金合歡）等，占全台詩篇引述植物種類的百分之十二，展現了台灣文學與文化在發展過程中的獨特內涵。

先民在台灣華路藍縷的墾拓過程中，利用植物、觀察植物、栽培植物，歷經數百千年的生活體驗，創造出許多民間廣為流傳的俗諺。人們運用許多和植物相關的諺語、歇後語、農諺、氣象諺，表達日常生活中的特殊情感、特殊現象或意念，成為本地特有的民間文學表現。這些俗諺生動、簡練而傳神，是先民最珍貴的文化遺產。只要經過一段時日的洗鍊，最終將成為高雅、成熟且流傳於世的獨特台灣成語。此外，台灣的地方名稱，至今仍有許多是以植物為名者，如楊梅、九芎、茄冬、槺榔、刺桐等，都是先民來台之初，根據當地的優勢種植物而命名者；也有檳榔、蒜頭、茶、韭菜等以栽培植物為名的地方，顯示當地曾進行過與這些植物相關的經濟活動。研究植物地名，可以了解台灣古代低海拔地區的生態組成和人類活動歷史。

要認識台灣文學、台灣歷史、台灣文化，不能不認識先民曾經使用過、參與台灣經濟發展、見證台灣歷史各階段的植物。植物不僅與物質文明息息相關，也充實了文化的內容。學習植物科學有助於擴充文學與歷史的想像；讀台灣古典文學作品與方志文獻則可以重新認識植物，了解台灣過去的自然環境。不消說，熟習兩者更能相得益彰！

原生植物

台灣地理環境特別，孕育出複雜的生態系，生物種類繁多，植物多樣性亦大。在人類到達之前就已在台灣生長的植物，稱為原生種或自生種（native species）。在原生種中，有些植物和鄰近地區如福建、廣東、中南半島、菲律賓、琉球等地相同；有些則屬於台灣獨有，稱為固有種或特有種（endemic species），兩者都是此處所稱的原生植物。

台灣原生的高等植物有四千餘種，其中有些種類與先民日常生活息息相關。比漢人早移民台灣的南島民族先住民，本身沒有文字，也未發展出複雜的曆法系統，但觀察到有些植物的物候規律，可作為台灣四時節氣的指標，也成了每年農事活動作息時間表的信物。如刺桐春初開花，花色鮮豔易見，先住民因此以刺桐花訊來指示播種季節的到來。其他與生活發生密切關係的植物，尚有建構房屋棟樑，也是古代重要燃材的九芎；枝稈具刺、木質堅硬耐久的刺竹，是往昔屋宇四周或城鎮、村落周圍重要的防禦植物，並用

之於築屋、造舟，古代台灣到處均有種植。此外，一些具有特殊用途的植物，如金線蓮、仙草、愛玉、鼠麴草等，長久以來就是台灣人重要的藥用、飲料或食用植物，又有別於其他地方，也是本篇選擇呈現的植物種類。

台灣的原生種中，亦有植物因某部分具特殊物質或材質強韌堅實，而被人類大量使用，形成獨特的產業，例如分布於低海拔地區的樟樹，可用來提煉樟腦，台灣因此曾是世界天然樟腦的主要產地。原生於中海拔至低海拔森林的黃藤，莖稈堅韌又富彈性，可製作家具，皮部則用以編織筐籃器物，是古人倚賴極深的經濟植物。

另外有些原生植物，雖然其他地區亦產，不過並未引起注意，相反地，在台灣不但極為常見，而且是詩詞中常被取材的對象，如榕樹、茄冬、林投、月桃等，華南地區一樣也有這些植物，但少見中國文學作品予以詠頌。而台灣民間認為能預測颱風發生次數的颱風草，華中、華南地區也很常見，卻未衍生相同的傳說。這些能彰顯台灣植物文化獨特性的原生種，也是本篇強調的重點。

◆原生植物◆

相思樹

大肚山前大海西，嶔崎道路古來迷。
綠堤一帶相思樹，日為行人送馬蹄。

……陳肇興〈肚山道中即景〉

此詩為清同治年間（約一八六二年）台灣中部大肚山的景觀紀實。原詩共有四首，分記甜根子草、稻秧、竹圍與刺桐花，以及本首相思樹；詩人用樹名寄寓離別之情，如同古代中國文人以柳樹象徵送別一般。直到今天，大肚山仍舊可見一球球小黃花綴滿枝椏的相思樹林景致。

相思樹的產地有二說：一說原產恆春半島，經日本時代大量造林後，至今全台各地海拔一千公尺以下的地區均有分布，成為低海拔主要的景觀植物之一。另有一說則為原產菲律賓呂宋島北部，大約在荷蘭時代引入台灣。

■相思樹的花序呈金黃色

相思樹的適應性強，只要不是寒冷地帶，任何生育地均可生長。早期栽植的目的是利用其枝幹作為薪材；由於木材不易腐朽，亦可做建材用，如清雍正二年（一七二四）成書的《台海使槎錄》就曾描述今嘉義地區原住民「鑿木板為階梯，木極堅韌，或以

◆植物小檔案◆

學名：*Acacia confusa* Merr.

科別：含羞草科

形態特徵：常綠喬木，惟樹幹木理不直，樹枝多分枝。二回羽狀複葉的初生葉退化後，可見由葉柄特化而成的假葉；假葉狹長，呈鐮刀狀彎曲，具五條縱脈。花序球狀，金黃色，徑〇．六至〇．八公分，花數多，每花雄蕊多數。莢果長六至十公分，種子七至八粒。

相思木為之」。可見當時相思樹的重要性，也說明相思樹造林在清代就很普遍。到了日本時代，隨著經濟發展及人口增長，薪炭材的需求量日益增加，於是日本

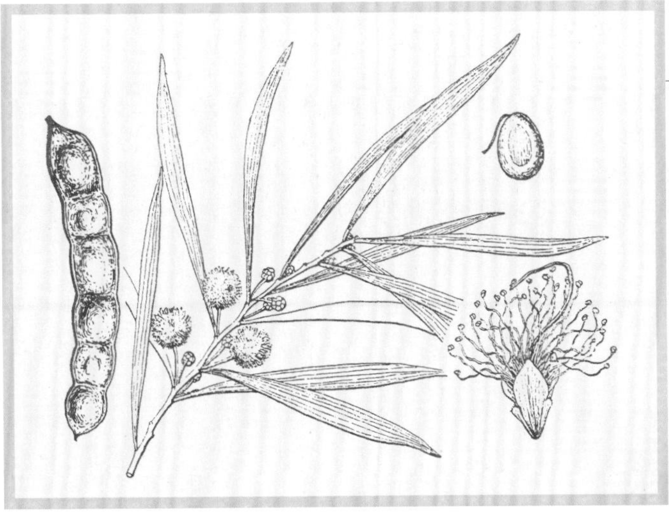

■《台灣樹木誌》之相思樹圖繪，右下角為一朵小花，可看出具有多數雄蕊。

人積極鼓勵公、私有地以相思樹造林。除了供應家用外，此時煤礦業及其他地底礦業開始蓬勃發展，相思樹幹以其材質堅硬、耐磨等特性，而成為重要的礦坑用材。

近年來，家庭燃料已不再使用木炭，礦業木材的需求也遠不如昔，相思樹的重要性因此大為降低。曾是台灣各地郊山要角的相思樹林，如今不是任其荒廢就是伐除移作他用，令人唏噓不已！

■台灣到處可見一球球小黃花綴滿枝椏的相思樹林景致

◆原生植物◆

刺桐

【刺桐】

春色燒空到海涯，柳營繞遍又山家。
崑崙霞吐千層豔，華嶽蓮開十丈花。

——孫元衡〈刺桐花〉

刺桐滿樹耀眼的火紅花朵，自古就吸引了文人墨客的注目。這首詩描繪的，正是清康熙年間台南城（時稱台灣縣）四周刺桐花盛開的絢麗景象。每逢春季開花時節，一株株豔紅如火的刺桐環繞營署，一望無際，蔚為大觀；所謂「紅刺桐花圍郡邑，碧篔簹笋拂滄浪」，當時的台南因此有「刺桐城」之美名。

■刺桐花色火紅絢麗

刺桐耐風、耐鹽，台灣全島海邊及濱海附近的山麓地帶皆有分布。全世界的刺桐類植物約有兩百種，包括日本時代引進台灣的珊瑚刺桐（*E. corallodendron*）和雞冠刺桐（*E. crista-galli*）；前者原產熱帶美洲，後者原產巴西。但只有本種分布最廣，除原生台灣之外，也出現在

■《本草圖譜》之刺桐花枝

◆植物小檔案◆

學名：*Erythrina variegata* L. var. *orientalis* (L.) Merr.
科別：蝶形花科
形態特徵：落葉大喬木，枝幹布滿瘤刺。三出複葉，小葉柄基部各有一對蜜腺。總狀花序頂生，花密生，鮮紅色；花萼開裂，十枚雄蕊形成九枚連生、一枝分離之二體雄蕊。莢果念珠狀，內含種子三至八粒。

■刺桐每逢春季開花時節，株株豔紅如火。

琉球、亞洲其他熱帶地區及太平洋群島等。

早期原住民並無曆法，常以周圍景物的變化作為季節遞轉、生活作息的依據。刺桐於每年冬盡氣候回暖時開花，花色燦爛鮮麗。清道光、咸豐年間，劉家謀在其〈台海竹枝詞〉自註裡說：「番無年歲，不辨四時，以刺桐花開為一度，每當花紅草綠之時，整潔牛車」，開始一整年的農事。因此，每家院落都植有刺桐，用來指示季節物候，甚至預測作物豐歉：刺桐若先長葉後開花，則預告五穀豐收，即「報賽秋成聯士女，春來已驗刺桐花」之意；反之，若先開花後長葉，則警示來年糧食歉收。不開花則兆天災暴亂，陳夢林的〈鹿耳門即事〉詩句：「地震民訛桐不華」，說的就是此事。

至於今天常見的栽培品種「黃脈刺桐」，則是從葉脈呈金黃色條斑的刺桐單株培育出來的。

■刺桐在台灣許多地方均植為行道樹

歷代詩人與詩作中的台灣植物

鄭成功渡台之前的台灣，受過嚴格中文訓練的文人太少，留下來的文獻不多。荷蘭時代之前來台的先住民大多是南島民族，本身無文字，這其間的文化歷史甚難查考。荷蘭據台的主要目的是拓展貿易，生產農產品起初僅是為了維持駐台人員的生活所需。後來發現台灣的農產品如甘蔗等，也能賺取外匯，具有經濟潛力，才從農業技術較周邊地區發達的中國招募大量漢人來台墾殖。這些漢人除了少數是生意人之外，大多為目不識丁的農夫。因此，荷蘭時代也幾乎未留下任何中文文獻。直到鄭成功趕走荷蘭人，把台灣當作賡續明朝基業的基地，帶來一批明朝遺臣從事反清復明的大業，記錄台灣的中文文獻才慢慢多了起來。

一 鄭氏時代 一

鄭成功和其繼承者治台的時間極為短暫，前後僅二十二年（一六六二～一六八三）。且明末清初，戰事倥傯，清代領台之後，又發生過數次全島性的亂事，能倖存下來的文獻實在不多。以詩歌辭章描述台灣的文學作品更是鳳毛麟角，其中以沈光文與鄭經為代表。沈光文是鄭成功親自禮聘的策士，後因與鄭經理念不合而去官，前往今善化一帶開班授徒，從事春風化雨啟迪民智的工作，直到去世為止。至今台南善化鎮的火車站附近，尚矗立著沈光文的紀念碑。沈光文傳世的一百零八首詩篇，記錄了三十二種植物，其中有四種台產植物，即釋迦、番薯、木芙蓉、椰子，是台灣最早的植物文獻之一。

鄭經在政治上是失敗的，但文學根底極佳，也寫得一手好詩，現存的四百九十二首詩篇，雖也描述或提到六十八種植物，但大多數為因襲中國古代植物特殊意涵的辭章寓意，不存在任何在台灣所見植物的描繪或感懷，對台灣植物文獻的傳承幾乎毫無貢獻。

■荷、鄭時代著名詩人
沈光文的詩篇中，也有

清朝時代

清代自康熙二十二年（一六八三）開始領有台灣，直到光緒二十一年（一八九五）中日甲午戰爭馬關條約割讓給日本，一共統治台灣兩百一十二年。這段期間，從內地遷至台灣的人數越來越多，派駐的官員數也歷年有增，當中不乏善詩能文者。因此，自康熙起，台灣文獻的數量開始激增，相關的植物檔案，特別是與生活息息相關的植物敘述，也有比較完善的紀錄。

康熙年間的代表人物為郁永河，在其著作《裨海紀遊》中，附有〈台灣竹枝詞〉和〈土番竹枝詞〉共五十首詩，記述二十四種植物。其中雞蛋花（緬梔）、番樣（檬果）、甘蔗、檳榔、蔞藤、刺竹、榕樹等，為當時原生或大量栽培的植物，郁永河的詩作是上述這些植物最早的文獻紀錄之一。孫元衡是此時期另一位傑出的詩人，於康熙四十四年（一七〇五）任台灣府海防同知。在台期間，四處探察民風，關懷農村生活。詩集《赤崁集》記錄了當時台灣的風土民情，收錄的三百五十九首詩作中，居然提到了二百三十四種植物！其中不同於內地的台灣特產植物，諸如消息花（金合歡）、綠珊瑚、茄苳、香果、文來瓜等，均是首次出現在文獻上。由詩意推斷，詩中所引述或詠頌的對象為真正在台灣所見的植物，有三十四種；且多數均有註解，說明其形態或別稱、用途等，是研究台灣植物歷史及文化背景最早且重要的文獻之一。

■清初郁永河的《裨海紀遊》中已有番樣（檬果）的記述

乾隆年間的代表人物更多，留存較多詩作且記述台灣植物較詳盡者，有張湄、范咸、朱仕玠、朱景英等。張湄乾隆六～八年（一七四一～四三）間留台，期間的代表作《柳漁詩鈔》有詩一百二十八首，敘述刺桐花節氣、秋海棠典故、原住民藤球之俗及紫甘蔗等植物共五十八種。其中關於曇花的記述，證明早在荷蘭據台時即已引入；蘋婆引進的時間則比原先認為的一八〇〇年左右，早了五十年以上。這些詩句，可以補充植物引進史史料的不足。范咸於乾隆十年（一七四五）起任巡台御史兼理學政兩年，參與編纂的《重修台灣府志》中，二十三至二十五卷登錄其在台期間所作一百零六首詩，提到植物名稱八十六種，包含七里香、樹蘭、交枝蓮、貝多羅花、赬桐、七弦草、颱風草、番石榴等，當時在內地罕見或不曾見過的台灣植物。多數植物並附有註解，顯見作者對台灣風物極為熟悉。朱仕玠曾於乾隆二十八年（一七六三）任鳳山縣教諭，所著《小琉球漫誌》雖多日記式遊記，但文中常雜以感懷及記述詩，對各地文物有詳盡的記載，並多奇花異草記實，如綠珊瑚、番石榴、鷹爪花、含笑花、林投、子午花、筆筒樹（娑羅樹）、月桃（虎子花）、四英花、裙帶豆、番茄（柑子蜜）、噴雪（滿天星）等。朱景英自乾隆三十四年（一七六九）起任台灣府海防同知，任內所作除《海東札記》（見三十七頁）外，尚有錄詩兩百一十八首的《畲經堂詩集》，詩內植物八十種，其中綠珊瑚、鳳梨、榕、海棕、波羅蜜、苦楝、刺桐、茉莉、珠蘭、晚香玉等二十種為台灣植物記實。

嘉慶年間留下較多詩作者，僅章甫等人。章甫今台南人，屢試不第，遂設教里中，以詩文自娛。代表作《半崧集》有詩四百三十九篇，共錄植物六十一種，惟真正記實種類僅兩種。

道光、咸豐年間的代表人物為劉家謀、施瓊芳和陳維英。劉家謀自道光二十九年（一八四九）起任台灣府學訓導四年，期間留心台地文獻與掌故，創作了《海音詩》、《觀海集》共三百零八首詩。其《海音詩》之引註，向為學界所珍視，雖僅描述植物六十二種，但二十一種台產者，如菸草、鷹爪花、番石榴等，均有詳盡的註解，為研究台灣植物文化的重要文獻。不單描述植物形態，更說明其與當時台人禮俗間的關係：如林投之使用，刺桐之指示節氣，綠珊瑚、消息花之栽植等，皆是彌足珍貴的植物歷史敘述。施瓊芳今台南人，為一多產作家，其《石蘭山館遺稿》存詩五百二十四首，提到的植物種類多達一百二十七種，不過台產植物僅有九種，如楝樹、一丈紅、檬果、甘蔗等。陳維英，淡水人，著有《太古巢聯集》等，集詩三百首，植物九十六種，但多數是傳統中國詩詞中具隱喻譬意的植物種類，關於台產植物僅蘭花、美人蕉、龍眼、吉祥花等十二種。

日本時代

台灣接受日本統治的五十年間，出現不少傑出的漢文作家，有些作家畢生留在台灣，儘管受日本文化薰陶，仍寫得一手好漢文。此時期記述植物歷史文化的詩人，可以吳德功、洪棄生、王少濤、賴和等為代表。吳德功在清咸豐年間出生（約一八五四年），台灣割讓時正值其壯年，起初猶感「亡國之痛」，之後受到日本當權者的禮遇，徵為參事，終其一生以詩詞自娛。所遺《瑞桃齋詩稿》收錄詩作五百九十五首，引述植物一百二十八種，當中至少有二十七種為台產植物，包括相思樹、林投、蓮霧、刺竹、番薯等。是台灣文學作品中最早引述愛玉的文獻資料，不但說明先民如何利用此植物，還闡明其名稱的由來。洪棄生的《寄鶴齋詩集》有詩一千五百八十七首，詞一百一十四首，共有植物一百九十三種。其中專述台灣所親見之植物十一種，如黃藤、樟、高粱、豌豆、菸草、高麗菜等。王少濤一生最活躍的時間，全在日本時代。作品《王少濤全集》錄詩一千九百三十六首，引述的一百三十種植物中，至少三十一種是當時在台親見的植物，如蝴蝶蘭、一葉蘭、洋蘭、向日葵、夾竹桃、番木瓜、紅檜等，並留下日人引進鳳凰木、木麻黃等影響現代台灣經濟文化的植物歷史見證。賴和終其一生，也全在日人統治下，是日本時代台灣漢文作家的典型代表，一生著作極豐，《賴和全集》之〈漢詩卷〉收其詩約一千六百首，提到的植物共一百三十六種，有三十種是台產植物，除番薯、鳳梨、甘蔗等經濟作物外，是少數為玉米（番麥）、皇帝豆、酸菜（鹹菜）、刺莓（刺菠花）、桂竹等植物留下紀錄的文學作品。

一中華民國時代一

清廷覆亡，民國成立，西方文化價值和文學概念的傳入，使中國的政治環境和文化傳統產生鉅大的變化。以文學的表現形式而言，古體詩的優勢不再。特別在一九一九年（民國八年）五四運動後，白話文盛行，新的語體文取代了沿襲數千年的文言文，新的詩歌取代原有的古詩，民眾的觀念也受到很大的衝擊而改變。一九四九年（民國三十八年）中華民國政府播遷來台，初期嶄露頭角的文人大都是隨著軍隊官員來台的文職人員，所呈現的文學作品多以緬懷大陸或刻畫顛沛流離、感懷時事的文章為主。當時，這些初來乍到的新移民大多還懷抱著隨時回大陸老家的想法，情感和心態上都尚未對台灣產生真正的認同。因此，深入觀察並描繪台灣的寫實作品較少。加上風聲鶴唳的政治氣氛，台籍作家原不被視為同類，大多數人都噤若寒蟬。在不自由的政治氛圍下，好的詩詞作品不多，記述植物的文章更是寥寥可數。

最重要的是，自日本時代以來，植物研究成為專業，植物專著逐漸增多，植物文獻已趨完備，無須再從詩文、史料或方志中去歸納、推測植物的利用歷史。植物科學的發展一日千里，中華民國時代承繼日本時代奠定的基礎，科學編著及植物歷史著作陸續出版，已完全擺脫從方志或文史材料去研究植物的困境。

台灣歷代詩作所引植物種數統計舉例

時代		代表人物	代表作品	台詩首數	植物種類	台產植物種數	備註
鄭氏時代		沈光文（1612-1688）	《沈光文斯庵先生專集》	108	32	4	
		鄭經（1642-1688）	《東壁樓集》	492	68	1	
清朝時代	康熙	郁永和（約1667-）	《裨海紀遊》	50	24	7	
		孫元衡（約1670-）	《赤崁集》	359	234	34	
	乾隆	張湄（約1710-）	《柳漁詩鈔》	128	58	18	
		范咸（約1703-）	《重修台灣府志》	106	86	35	
		朱仕玠（約1712-）	《小琉球漫誌》	176	123	51	
		朱景英（約1720-1780）	《海東札記》《畬經堂詩集》	218	80	20	
	嘉慶	章甫（1760-1816）	《半崧集》	439	61	4	台籍
	道光、咸豐	陳維英（1811-1869）	《太古巢聯集》	300	96	12	台籍
		施瓊芳（1815-1868）	《石蘭山館遺稿》	524	127	9	台籍
		劉家謀（1814-1853）	《海音詩》《觀海集》	308	62	21	
日本時代		吳德功（約1854-?）	《瑞桃齋詩稿》	595	128	27	台籍
		洪棄生（1867-1927）	《寄鶴齋詩集》	1587	193	11	台籍
		王少濤（1885-1948）	《王少濤全集》	1936	130	31	台籍
		賴和（1894-1943）	《賴和全集》	1600	136	30	台籍

◆原生植物◆

榕

榕生海甸長官宅，冬葉青青擬松柏。高幹上踰層樓顛，橫枝蓋地一千尺。

——孫元衡〈榕樹石谷歌〉

◆植物小檔案◆

學名：*Ficus microcarpa* Linn. *f*

科別：桑科

形態特徵：落葉大喬木，幹多分枝，多細長氣生根，全株具乳汁。托葉合生，包被頂芽，早落，在枝條上留下環形遺痕。葉橢圓形至倒卵形，長五至八公分，革質，表面有光澤。隱花果球形，徑〇．五至一公分，成熟時呈紅色。

榕樹是典型的熱帶植物，在中國的分布僅限於華南的福建、廣東等地，中原地區並無此種植物，古代的文人往往只有被貶到南方時，才得以見之。清代來台灣任官職的詩人，有不少是首次見到榕樹。榕樹具特殊樹形，常利用支柱根使樹冠向四周連綿擴展，遮覆大片土地。

■榕樹枝葉特寫

無論是海邊岩石上，或山麓地帶的溝渠旁，均能生長；村落中、道路旁，也多有人工栽種的植株。榕樹與竹是昔日台灣鄉村的典型景物，經常出現在文人詩句中，如「拂地榕鬚遮戶竹」（孫元衡）、「翠竹斜榕小徑通」（陳輝）；「綠榕深鎖湖亭日，修竹輕搖野渡煙」（曾中立）；「老榕蟠峭壁，修竹蔭通達

■台南成功大學校園內著名的古榕樹

」（林占梅）等。

過去台灣民間有端午節在門前懸掛榕樹枝辟邪的習俗，陳肇興的〈端陽〉詩句：「幾家桃李薦新鮮，艾葉榕枝處處懸」即記載此事，而且這個習俗流傳了下來。直到現在，台灣鄉間端午之時，門口仍多掛有成束的榕樹枝、艾草和菖蒲，用以辟邪。

■榕樹幹多分枝，四處長滿細長氣生根。

榕樹是台灣及其他常遭颱風侵襲地區的原生樹種，演化成具有抗拒颱風的機制，樹幹不易風折，且破壞的枝條馬上能重新萌發，在低海拔地區適應良好，生長快速，不擇土宜，台灣鄉村聚落均有栽植。由於木材不易燃燒，也不適合製作家具，故雖「陰垂一畝」，但大多「斤斧無施」；因此，有許多巨大榕樹被保存下來。榕樹冠幅極大，十分適合作為夏季乘涼的蔽蔭樹，或植村落中心廣場，或栽種在土地廟等各類寺廟旁。有大榕樹之處，常常也就是鄉間的聚會場所。

■《本草圖譜》所描繪的是尖葉型的榕樹

■榕樹的著果枝

◆原生植物◆

茄苳

【加冬、重陽木】

空明潭影月溶溶，向夜寒隨劍氣衝。三尺枯蛟抱樹死，祇餘秋水繞加冬。

……張湄〈劍潭〉

◆植物小檔案◆

學名：*Bischofia javanica* Blume

科別：大戟科

形態特徵：半落葉性大喬木，樹皮紅棕色，生長快速。三出複葉，小葉卵形，緣具細鋸齒。圓錐花序，雌雄異株，花極小，無花瓣；雄花雄蕊五枚，雌花心皮三枚，並具五枚退化雄蕊。漿果球形，徑約○．八公分，成熟時紅棕色。

「加冬」即茄苳，劍潭乃台北市近郊圓山附近之地名；這是張湄在乾隆年間（一七四二年左右）任巡台御史，遊歷劍潭所留下的詩句。相傳荷蘭人插劍於茄苳樹上，樹忽生皮將劍沒入。劍潭附近當時應散布不少巨大的茄苳樹，詩人見景思物，遂成斯篇。

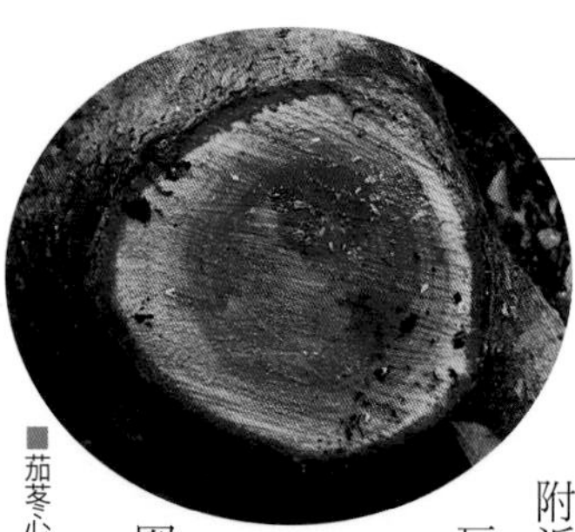

■茄苳心材切面呈紅色

茄苳天然分布範圍極廣，除產於台灣全島山麓及中國華南地區外，印度、馬來半島、菲律賓、印尼及太平洋群島均有分布，屬於熱帶之樹。台灣現存最早的縣志《諸羅縣志》（一七一七年）即已著錄，也稱作「加冬」，後來才名為「茄苳」。古代台灣多高大巨木，孫元衡〈郊外〉一詩提到：「最愛茄冬樹，標青上碧霄」，恰可以為證。

華南的福建、廣東等地，稱茄苳為重陽木。但奇怪的是，這種

■茄苳結果枝葉特寫

植物自古就不曾出現在中國詩詞文句中，連述事見長的清代名著《廣東新語》雖描述近百種「木語」，卻也隻字未提；可見茄苳是有別於中國文化的台灣文化植物。

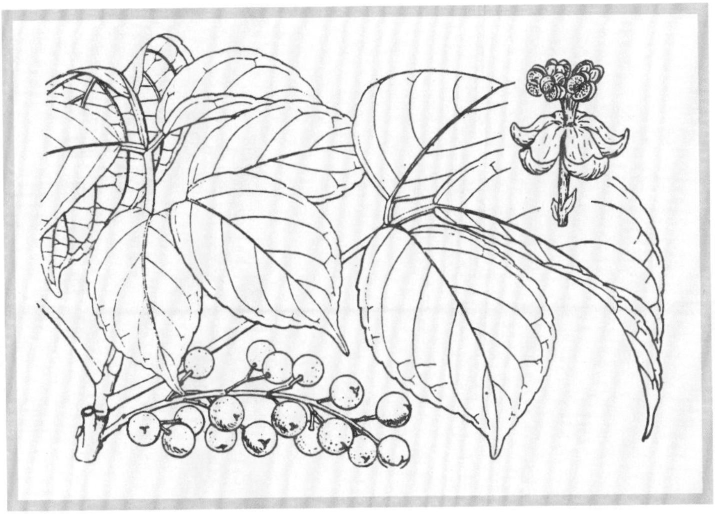

《台灣樹木誌》的茄苳果枝圖，右上角是雄花。

纍纍果實集結如葡萄，為重要的鳥類食餌。

《台灣通志》說茄苳樹「大者陰可數畝」。由於茄苳喜生長於低濕區域，樹冠大多呈扇形至闊卵形，樹幹多粗壯；不但耐颱風，其展延開闊的樹冠下，和榕樹一樣，成為古時民眾夏季休憩乘涼、集會聊天的好去處。但木材堅重，乾燥時易變形，不適合製作家具，《台灣通志》中所謂「質堅作器甚美」的記載並不確實。也因「不材，寡伐」，所以各地多留有百年茄苳巨木。茄苳樹姿優美，樹冠深綠，葉光滑亮麗，相當適合栽做庭園樹。植株生長迅速，對空氣污染物的抵抗力又強，近代全台各地的行道樹多使用之。

茄苳樹冠多呈扇形至闊卵形，為民眾提供休憩乘涼的去處。

尋訪地圖上的平原山區植物

台灣地名的由來包羅萬象，有根據地形、地理位置命名者，也有根據特殊地質、土壤取名者，還有很多是源自原住民語言，或以聚落、物產命名。其中來自植物名稱的地名，反映了台灣地理環境的特性，以及有別於中國大陸內地的優勢植物和植物文化。早期人類大都聚居在山麓平原地區，或近海交通較便捷之處，偏遠山區則鮮少聚落。當時移民識字者稀，認識新的生活環境，大多始於可辨識或易於記憶的特徵。一地的稱法，則以容易和周圍其他地方區分的景物來名之。植物為景物中最常接觸者，因此，台灣有許多以植物為名的地名。由於每種植物各有其生態分布的特異性，以植物為名的所在，自然也就符合該植物相應的地理位置與生態特性。

一平原山麓一這個地帶是台灣開發最早，也開發得最徹底的區域。有些植物種類很早就為人類運用於日常生活中，有些則雖無特殊用途但長成大樹或成片繁生，成為當地景觀的主要元素。因此常被用來作為地標，或甚而用來作為地名。茄苳生長速度快，但木材並無太大用途，也非良好燃材，各地因而常留有茄苳大樹。台人習俗：凡巨大樹木皆有神靈附著，稱為神木，不僅能免除斧斤之災，鄉間還多視為神祇而予以祭拜，甚或修廟建祠加以供奉。在所有以植物命名的地名中，茄苳出現的次數最多，且當地多有巨大茄苳神木留存。如：雲林縣西螺鎮之茄苳，桃園縣之茄苳坑，彰化縣之茄苳林，高雄、雲林、南投、新北等縣市之茄苳腳等。另外，有些地方以前其實也以茄苳為名，後為取其雅而改為同音詞者，如屏東縣之佳冬鄉即為一例。

曾遍布於台灣山麓地帶的樟樹，是台灣最重要的經濟樹種之一，在台灣產業史上扮演過重要角色。從全台各地皆有以樟樹為地名者，足以為證：新北市的新店區有火燒樟、樟栳寮；新竹縣之新埔鎮和苗栗縣之銅鑼鄉皆有樟樹林；南投縣有

以山麓平原植物為名的台灣地名一覽表

地名	所屬縣市	所屬鄉鎮市區
豬母乳 *Portulaca oleracea* L.（馬齒莧科）		
豬母乳坑	彰化縣	八卦山
刺桐 *Erythrina variegata* L. var. *orientalis* (L.) Merr.（蝶形花科）		
莿桐	雲林縣	刺桐鄉
莿桐腳	台南市	新營區
莿桐寮	台南市	鹽水區
榕樹 *Ficus microcarpa* L.（桑科）		
榕樹下	桃園縣	新屋鄉
九芎 *Lagerstroemia subcostata* Koehne（千屈菜科）		
九芎坑	嘉義縣	梅山鄉
九芎林	雲林縣	斗六市
	南投縣	草屯鎮
九芎	新竹縣	芎林鄉
茄苳 *Bischofia javanica* Blume（大戟科）		
下茄苳	台南市	後壁區
下茄苳腳	新北市	淡水區
佳冬	屏東縣	佳冬鄉
茄苳	雲林縣	西螺鎮
茄苳坑	桃園縣	觀音鄉
茄苳林	彰化縣	大村鄉
茄冬腳	高雄市	杉林區
	新北市	汐止區
	雲林縣	斗六鎮
	南投縣	南投市
頂茄冬腳	新北市	淡水區
樟 *Cinnamomum comphora* (L.) Presl.（樟科）		
火燒樟	新北市	新店區
倒樟	南投縣	南投市
樟原	台東縣	長濱鄉
彰栳寮	新北市	新店區
樟腦寮	嘉義縣	竹崎鄉
樟樹窟	新北市	樹林區
樟樹林	苗栗縣	銅鑼鄉
	新竹縣	新埔鎮
五節芒 *Miscanthus floridulus* (Labill.) Warb.（禾本科）		
竿蓁林	新北市	淡水區
棺楨林	新竹市	
楝 *Melia azedarach* L.（楝科）		
苦苓坪	台北市	
苦苓林	新北市	林口區
苦苓腳	彰化縣	二水鄉
	彰化縣	八卦山
	雲林縣	古坑鄉
	新竹市	
	苗栗縣	後龍鎮
苦苓腳坪	台中市	太平區
苦苓湖	台南市	關廟區
苦練	桃園縣	中壢市
苦柃腳	新北市	土城區
黃荊 *Vitex negundo* L.（馬鞭草科）		
埔姜林	台中市	大安區
埔姜崙	雲林縣	大埤鄉
	雲林縣	褒忠鄉
	彰化縣	秀水鄉
新埔姜林	高雄市	美濃區
鹽膚木 *Rhus semialata* Murr. var. *roxbrughiana* DC.（漆樹科）		
埔鹽	彰化縣	埔鹽鄉
埔鹽林（藍）	台中市	太平區

■地名中的「竿蓁」或「棺楨」即指五節芒

倒樟；台東縣長濱鄉有樟原；南投縣和社鄉之神木是以當地的樟樹神木為名。上述這些取名自樟樹之處，相信都曾經有大面積的樟樹林分布，或以出產樟腦聞名於世。此外，以刺桐（或寫作「莿桐」）為名者亦為數不少，如雲林縣之莿桐鄉，高雄市之莿桐坑，台南市之莿桐腳、莿桐寮等。楝樹，台語稱為苦苓，也是山麓地帶常見的樹種之一。春季時枝椏間綻放著無數紫白色的小花，秋季葉片變黃，冬季結纍纍黃果，是富季節變化的植物。許多地方以苦苓為名：如新北市林口區之苦苓林；彰化縣、雲林

縣和苗栗縣之苦苓腳。黃荊適生範圍很廣，中國華北至華南的乾燥地均有分布，台灣則多見於南部至恆春半島一帶。黃荊又稱埔姜，台中市大安區有埔姜林，雲林縣褒忠鄉有埔姜崙等。鹽膚木，台語稱埔鹽，彰化縣有埔鹽鄉，台中市太平區有埔鹽林等。

■**山區**—從人煙稠密的平原山麓地帶往上，海拔五百公尺以上的山區植物作為地名者明顯較少，表示山區的城鎮村落亦較少。而以這類植物命名的地點，自然大多坐落於山區或丘陵地上。山區植物中最常作為命名來源的，就是楓香。因其常被砍伐成段木，供栽植香菇，民間自古即有大量造林，且葉片秋冬轉紅，平添山野景致之美，也是重要的園景樹種。以楓香命名的地方，如新北市有楓子林及楓樹湖；桃園縣有楓樹坑、楓樹下；苗栗縣有楓樹窩；宜蘭縣有楓樹橋等。另一種原生且分布山區的植物為櫸木。櫸木屬貴重木材，木質緻密堅重，可供製作家具及建築之用。因其木材刨光後帶油蠟感，因此俗稱為雞油，而地名也以雞油稱之，如苗栗縣頭份鎮雞油凸；新竹縣有雞油林等，顯示該區原來應有許多櫸木生長。赤楊的分布範圍在海拔三百～三千公尺，屬崩壞地的先驅植物，民間稱之為水柯仔或柯仔，嘉義、新竹兩縣有地名柯子林，該處當曾盛產赤楊。赤皮天然分布於海拔五百～二千公尺以上的山區，是台灣殼斗科植物材積蓄積量較高的一種，常被取用製作農具。民間俗稱赤柯，新竹縣即保有赤柯山、赤柯寮、赤柯坪等地名。

■葉片秋冬轉紅的楓香，常是山區地名的來源。

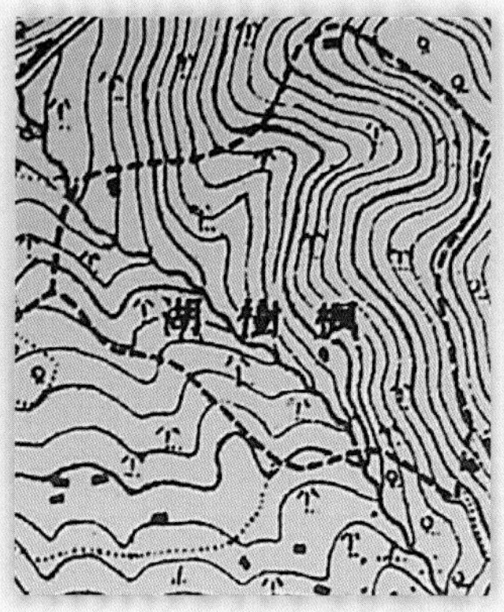

以山區植物為名的台灣地名一覽表

地名	所屬縣市	所屬鄉鎮市區
赤楊 *Alnus japonica* (Thunb.) Steud.（樺木科）		
柯子林	嘉義縣	梅山鄉
	新竹縣	芎林鄉
赤皮 *Cyclobalanopsis gilva* (Blume) Oerst.（殼斗科）		
赤柯山	新竹縣	關西鎮
赤柯坪	新竹縣	峨眉鄉
赤柯寮	新竹縣	竹東鎮
楓香 *Liquidambar formosana* Hance（金縷梅科）		
楓子林	新北市	石碇區
楓林	屏東縣	獅子鄉
楓樹坑	桃園縣	桃園市
楓樹林	南投縣	霧社鄉
楓樹下	桃園縣	桃園市
	新北市	三重區
楓樹湖	新北市	淡水區
楓樹窩	苗栗縣	通霄鎮
楓樹橋	宜蘭縣	羅東鎮
櫸木 *Zelkova serrata* (Thunb.) Makino（榆科）		
雞油凸	苗栗縣	頭份鎮
雞油林	新竹縣	竹東鎮
雞油窩	苗栗縣	通霄鎮

以植物泛稱的老地名

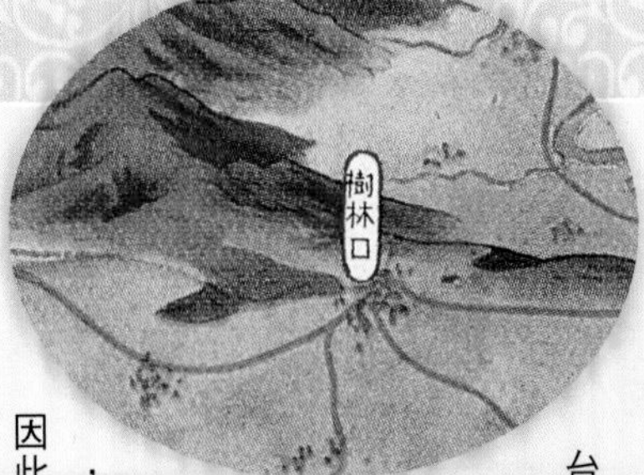

台灣有些地名採用非特定植物的名稱來命名。先民移居台灣時，選擇落腳的所在周圍常林木蒼翠。但台灣樹木種類繁多，無法一一辨明，因此概以「樹」稱之。如新北、台南、屏東三縣市皆有地名為「樹林」者。樹林的台語發音近「樹那」，苗栗縣的樹那意即樹林。村落中的大樹除了是地標外，也用來當作地名，如高雄市的大樹區。濃密茂林內，大樹巨木遍地，謂之「大樹林」，桃園縣境內即保有這樣的地名。而台中市大里區內的地名「樹王」，正是因此地的古老巨樹而得名。

台地亦常有以「林」字為名者，表示當地原有大片森林。如新北市有林口區，雲林縣有林內鄉，屏東縣有林邊鄉（位於森林邊緣），嘉義縣有大林鎮。這些地方最初當然都與森林脫不了關係。

台灣原生地雖多森林，但在衝風地或野生動物經常活動的區域，則形成草原；西南部未經破壞的生育地也常有大片草原。五節芒、台灣矢竹或蘆葦等，是構成草原的幾種常見植物。地名和草相關者不外乎：草山、草埔、草嶺等。台北市郊的陽明山原名「草山」，是源於大屯山主峰成片的五節芒草原。而基隆市與新北市的雙溪區也有一模一樣的地名，所言之草同是五節芒。不過，彰化縣西湖鄉的草埔（意即大片草原）之名，則可能是得自於茅草或其他較低矮的草類。另外，台中市、雲林縣、台北市均有名為草湖的埤池。宜蘭、南投、桃園、雲林等縣皆有稱做草嶺的所在，「嶺」者山峰也，草嶺顧名思義，就是遍生草地的山嶺。

以植物泛稱為名的台灣地名一覽表

地名	所屬縣市	所屬鄉鎮市區
樹		
樹林	新北市	樹林區
	台南市	七股區
	屏東縣	恆春鎮
樹林口	新北市	林口區
樹林子	桃園縣	中壢市
	新竹縣	新豐鄉
樹王村	台中市	大里區
樹仔下	台南市	新化區
樹那	苗栗縣	通霄鎮
樹仔腳	台南市	七股區
	彰化縣	竹塘鄉
大樹	高雄市	大樹區
大樹林	桃園縣	桃園市
林		
林口	新北市	林口區
林子	南投縣	南投市
林內	雲林縣	林內鄉
林邊	屏東縣	林邊鄉
大林	嘉義縣	大林鎮
草		
草山	台北市	陽明山
	新北市	雙溪區
	基隆市	

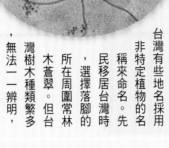

◆原生植物◆

九芎

【九荊】

九荊小而不高，茆屋用以為柱，入土不朽。

……黃叔璥《台海使槎錄》

◆植物小檔案◆

學名：*Lagerstroemia subcostata* Koehne

科別：千屈菜科

形態特徵：落葉喬木，樹皮光滑，小枝條方形。葉近對生，橢圓形，長三至六公分，寬二至三公分，全緣。圓錐花序頂生；花白色，五瓣，花瓣邊緣皺縮呈波浪狀，基部有柄；雄蕊多數。蒴果橢圓形，長〇・五至〇・七公分，五瓣，胞背開裂。

九芎樹的木材，質地緻密而堅韌，早期台灣民間即知取其通直的樹幹來作房柱，而且入土之前，先以火將要埋進土中的基部木材烤焦，形成一層薄炭包被木材，使白蟻等蛀蟲無法入侵，故「入土不朽」。這是先人利用植物的智慧。直到近代，九芎樹仍舊是民間重要的樹種。

九芎常自生在台灣海拔一千公尺以下的開闊地，華中、華南亦產。屬陽性樹種，因此，在發生火災的跡地及崩塌的林地常大片群生，而在鬱蔽的森林內反倒少見。秋季葉常變紅，是低海拔地

■九芎木材質地緻密堅韌，是台灣昔日重要的新炭材及房柱用材。

■九芎秋季葉常變色，是低海拔地區具季節性色彩變化的植物之一。

九芎夏季開白花，形態類似紫薇。

區少數具季節性顏色變化的樹種之一。

樹皮極薄，外觀極為光滑。古人說：「九芎樹無皮」，此乃新生成的樹皮撐開老樹皮後，老樹皮似動物蛻皮般硬化成殼狀剝落，且新生成的樹皮滑嫩鮮紅，宛如無皮之狀。清嘉慶年間楊廷理建請納噶瑪蘭（宜蘭）入版圖時，首先在五圍（今宜蘭市）「植竹為城，環以九芎樹木」，該城因而特稱為「九芎城」。

自古以來，九芎木材就是良好的薪炭材，燃燒值高，燃時長，是農業時代台灣最受歡迎的燃材。農民在農事之餘，上山砍伐九芎，以斧頭劈成片後，於市場販售。九芎也是良好的水土保持植物，主要用來護坡；在崩塌地以九芎枝幹打樁，不但可穩住土體，且其基部很容易發芽生根，長成新的植株，達到基地全面綠化的效果。

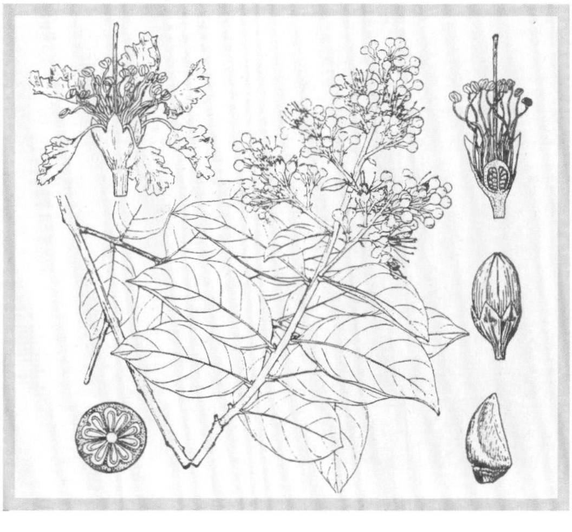

《台灣樹木誌》的九芎圖繪，左上角的圖可見其花瓣具柄，邊緣皺縮。

地理志書中的草木見聞

地理志書包括遊記及札記等，是不同時代來台文人在台灣的遊歷經驗，以散文或詩歌呈現，記錄各地不同的民情風俗和物產。有些作者不但將所見所聞形之於詩詞，在特殊風物部分還輔以詳盡的註解，充分載錄當時台灣的特產、經濟植物種類、植物使用概況、名稱由來等，反映出植物的文化歷史背景，是研究台灣植物文化不可或缺的文獻資料。

明清兩代的地理志書種類不少，清代尤多。但有些在戰亂時毀於兵火，有些則在市井中佚失，能流傳至今的恐怕僅十有一二而已。在現存文獻中，年代最早的應算是明代陳第的〈東番記〉，本文也是研究荷人據台之前最可靠的植物文獻；其次是清代初期郁永河的《裨海紀遊》。前者在台時間短，遊歷範圍小，全篇僅一千七百餘字；後者停留數月之久，遊歷範圍涵蓋整個台灣西半部，文章篇幅較長，記述的植物種類亦多。不過，兩者都是極寶貴的文獻紀錄。另外，康熙末年黃叔璥的《台海使槎錄》，乾隆時期的《台海見聞錄》、《小琉球漫誌》、《海東札記》，同治時期的《東瀛識略》、光緒年間的《台陽見聞錄》，也都有其一定的歷史及考證價值。

■〈東番記〉已有甘蔗之記載，可見早在荷蘭時代之前就已引進。

東番記

記錄台灣習俗和植物栽培的文獻，殆以〈東番記〉為最早。〈東番記〉著於明萬曆三十一年（一六〇三），作者陳第隨軍征伐東番的倭寇，在大員（今台南）駐紮二十餘天，因而有機會記載當地的民俗、風土。本文寫就的時間在荷蘭據台前四十年，所載植物有大豆、小豆、胡麻、薏仁、蔥、薑、番薯、甘蔗等，表示這些植物在荷蘭人來台之前就已引進，並廣泛栽培。特別是番薯、甘蔗在本文的出現，改變了世人原認為此二者是晚近才引入台灣的說法。由此可知，這區區一篇短文，卻是台灣植物引進史上非常重要的文獻。

裨海紀遊

郁永河於清康熙三十六年（一六九七）受託渡海來台採硫磺，行跡達今日的澎湖、台南（台灣縣）、雲林、台中、苗栗等地，最後在淡水（北投）居留採礦。郁氏是個工作狂，勇於任事，在台期間孜孜不懈於被委任的工作，富有現代實業家刻苦奮起的精神。其自身又好文，遂將沿途所見所聞，或以日記體記下，或吟詩以存真，留下許多寶貴的台灣生態及植物利用史料。

■白色的番石榴花

如記載當時台南市附近「蕪地尚多，求闢土千一耳」，可見台灣生態那時尚未受到人為大面積的開墾、破壞，要看到農地還真是不易。本書也記錄了人類聚集處多種有竹類，即「郡治無樹，惟綠竹最多，一望猗猗……」。郁永河所作〈台灣竹枝詞〉，每首詩均有註解，描寫來台期間所見之作物及其種類性狀，如詩句「蔗田萬頃碧萋萋」，說明甘蔗的栽植已相當普遍；「官署皆無垣牆，惟插竹為籬」的註解文字，則述說早期先民篳路藍縷的生活。另外，還提到許多中國內地未曾見過的緬梔、檨果（番檨）、番石榴等花木果樹。

台海使槎錄

黃叔璥於康熙六十一年（一七二二）任首任巡台御史，在台二年期間深入各地巡行，留心地方建設。於雍正二年（一七二四）將所見所聞寫成《台海使槎錄》，內容包括四卷之〈赤崁筆談〉，三卷之〈番俗六考〉及一卷之〈番俗雜記〉。書中記錄各地原住民的風俗及生活所用之器物植物；各種物產及其栽植方法、收成時期與用途；或沿途看到的山野景觀；「見台地花果有內地所無者，命工繪圖」，考辨其種類，頗具現代植物學家的精神。全書載有當時常見之蔬菜、草木、果樹等植物近兩百種，其中包括台灣肖楠（蕭朗木）、九芎（九荊）、黃藤等原生樹種。

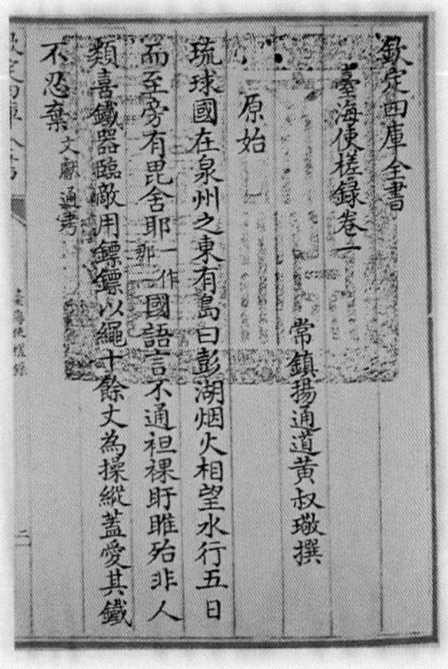

欽定四庫全書
臺海使槎錄卷一
常鎮揚通道黃叔璥撰
原始
琉球國在泉州之東有島曰彭湖烟火相望水行五日
而至旁有毘舍耶一作國語言不通袒裸盱睢殆非人
類喜鐵器臨敵用鏢鏢以繩十餘丈為操縱蓋愛其鐵
不忍棄文獻通考

■《台海使槎錄》書影

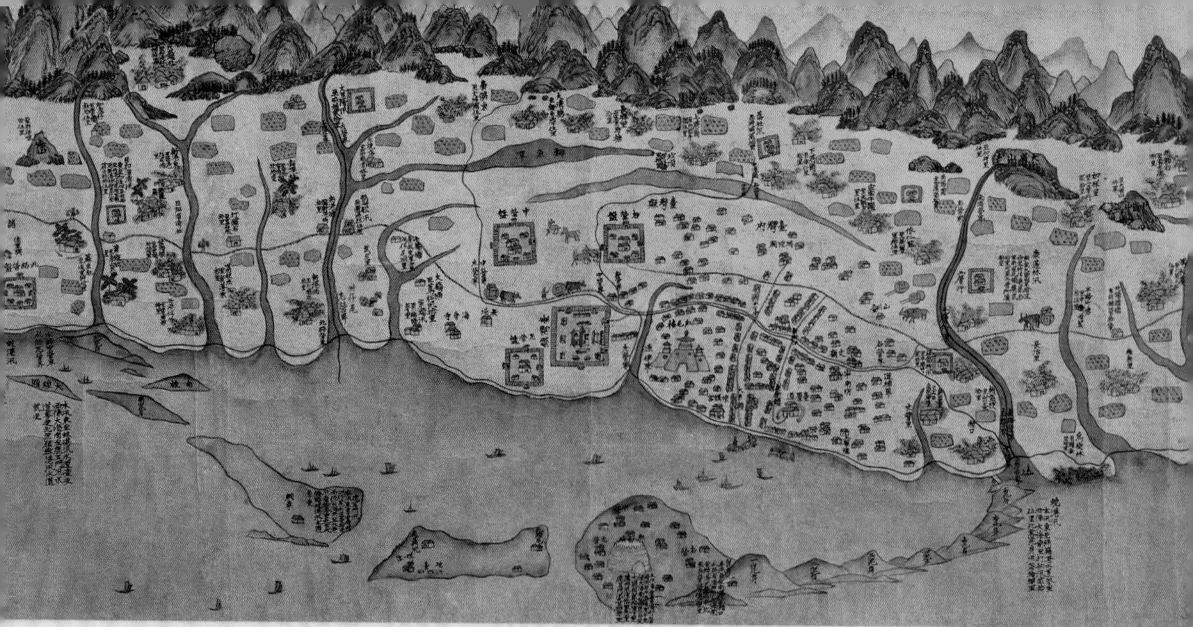

黃叔璥命人繪製的「台灣番社圖」

也是探究台灣植物文化、了解植物利用歷史不可不讀的文獻。

台海見聞錄

作者董天工曾來台擔任彰化縣儒學教諭，返鄉後根據自身在台見聞，加上相關文獻，於乾隆十六年（一七五〇）編寫完成。內容涵蓋台灣的山川、建置、漢俗、番俗等。

《台海見聞錄》對刺桐等植物有詳細的描述

並有專章描述花木蔬果：有台卉三十二種、台果十四種、台蔬四種、台木六種、台竹四種、台草六種，合計六十六種。多種植物有形態、又名、典故、來源等較詳盡的敘述，如七里香、刺桐、扶桑、檳榔等，也是重要的植物文獻。

小琉球漫誌

朱仕玠於乾隆三十年（一七六五）所作。朱仕玠於乾隆二十八年來台擔任鳳山縣教諭，任職滿一年即回原籍福建。滯台時間雖短，卻留下眾多有關台灣的作品。《小琉球漫誌》即其中的代表作，描述乾隆年間台灣之風土、草木、鳥獸、山川景物等。所見所聞除逐日記載外，多賦為詩句以記其盛，關於植物的記述尤見詳細。全書十卷中，對研究台灣植物文學、歷史等最有價值的篇章，莫過於卷四、卷五之〈瀛涯漁唱〉，共一百首詩。內容都是當時在台之見聞經歷、台民所用之特殊物產及植物，而植物的詩篇尤占多數。最可貴的是，每篇詩作之後皆附有植物的解說，是辨識台灣植物名稱的重要文獻。

海東札記

作者朱景英於乾隆三十四年（一七六九）任台灣海防同知，三十九年任北路理番。《海東札記》即其於海防同知任內所撰，乾隆三十八年付梓。內容主要是記錄台灣之山川、氣候、物產等，植物約有百種，已載有玉米（番麥）、豌豆（荷蘭豆）、辣椒（番薑）、含羞草、蘆薈（龍舌草）等引進植物，並記有茄苳、咬人狗、杪欏、饅頭果等自生或特有之植物。

■《海東札記》稱辣椒為番薑

東瀛識略

丁紹儀於同治十二年（一八七三）所撰，記台灣的物產、奇特植物、習俗及異相。敘述植物三十五種，其中烏榕、筆筒樹（婆羅樹）、仙人掌等是其他文獻少見者。今人有取食檳榔筍的習慣，從本書的記載可知，約兩百年前先人就已得知此物「味甘鮮且嫩於筍」，視為盤中佳餚。

台陽見聞錄

唐贊袞於光緒十七年（一八九一）任台澎道及台南知府，此書就是其在任期內所寫。書中記建制、政務、山水勝景、人物之餘，也記下當時的器用、食物、竹木蔬卉草蟲鳥獸等，是研究台灣生物利用的重要史料。其中植物共計八十七種，包括夾竹桃（半年紅）、蘋婆（鳳凰蛋）等花木。最值得注意的是，本書已載有咖啡（加非果）的栽植，這是台灣文獻中目前所知最早的咖啡紀錄。另外，由本書的敘述得知，在日人據台之前，台人已知曉樟樹有不同品種之分，即所謂「樟有兩種，赤者腦多，白者無腦」；前者為本樟，後者為芳樟。

■《台陽見聞錄》已記載樟樹有不同品種

林投

【華露兜、簕茶、南桃】

樹起猿猴延澗躍，風翻鳥雀借林投。
蕭條景物他鄉異，中夜漫漫發旅愁。

——宋永清〈夜渡灣裡溪〉

林投今名華露兜，也是中原人士在中國不曾耳聞或親見的植物。林投為台灣本地名稱，可能源

■林投葉緣及背面中肋布滿銳刺，晒乾後卻可製成各種器物及繩索。

自平埔族語；劉家謀的〈海音詩〉稱簕茶，吳德功的詩稱南桃，都是音譯。早期先民移居台灣，於海濱或河口，常可見到林投分布，而大量生長的林投林，也為旅途中的鳥雀提供了歇息場所。

林投產於全台灣的海岸及華南地區，主要分布在砂灘和陸地交界處，多成叢聚生，構成海岸灌叢。繁殖極為容易，取其枝幹的一部分插

■林投分布在砂灘和陸地交界處，多成叢聚生。

◆植物小檔案◆

學名：*Pandanus odoratissimus* Linn. *f.*

科別：露兜樹科

形態特徵：呈灌木狀，高可達五公尺，莖多分枝，基部著生許多氣生根。葉長線狀，長一公尺以上，寬五公分，有鞘，葉緣及背面中肋具有長銳刺。雌雄異株，雄花序穗狀，長約五十公分，白色，具多數苞片；雌花序肉穗狀。聚合果球形，徑約二十公分，熟時紅黃色，由八十至一百個果實合成，每一小果心皮七至十枚。

入土中，即可長成新的植株。由於耐風、耐鹽，常作為山麓地區之防風、定砂植栽，也常種在居家周圍，標誌庭院界線或做成圍籬。

林投的形態特殊，除全株具棘刺外，基部長滿章魚爪般的氣生根，結實有如鳳梨。初次來台的中國文人乍見，無不大感興趣。馬清樞的〈台陽雜興〉說：「籬落天然結莿球，金鈴個個綴林投」，敘述的就是林投果。朱仕玠的〈瀛涯漁唱〉也說林投「栽成如柵阻牛羊，誤認黃梨逶道旁」，「黃梨」即鳳梨。此外，林投也常和刺竹混合栽植，用於防禦，如劉家謀〈海音詩〉所說的：「密密根連未肯疏，故應外禦藉箖茶」。

今日海岸前線，林投仍是主要的防風造林樹種。革質的長葉富含纖維質，晒乾後，可製成燈籠、草蓆或編成各式童玩；氣生根觸地後形成的支柱根，纖維更多更長，是海岸居民製作繩索的主要材料；莖頂嫩梢可採食，為一道可口的菜餚。林投植株可說是從頭到腳均有用途，古代夏威夷居民還會採下聚合果，取掉基部肉質部分後，沾顏料用作畫筆。

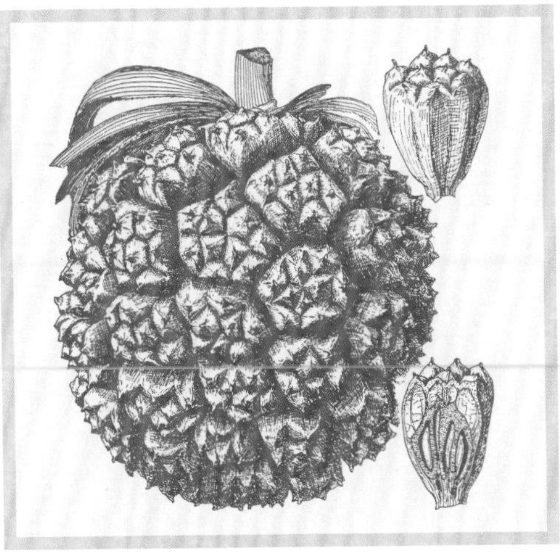

■《台灣樹木誌》的林投聚合果圖繪

■林投的雄花序由多數白色苞片組成

■台詩「籬落天然結莿球」詩句中出現之「莿球」即林投果；其外形如鳳梨，屬於聚合果。

尋訪地圖上的海岸原生植物

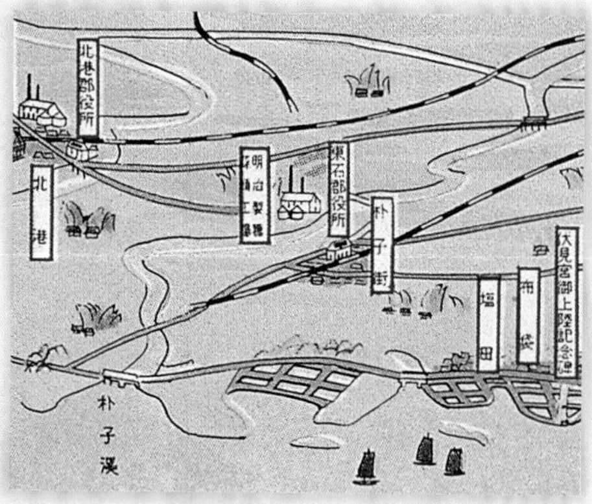

海岸地帶生育條件嚴苛，只有某些禁得起強風及高鹽分海風吹襲的植物，才能在此惡劣的環境生存。地名取自海岸植物者，大概都指示著該處緊鄰海岸或過去某段時期曾靠近海邊。林投是台灣比較常見的一種海岸植物，以林投為名的地方，幾乎毫無例外都靠海。如澎湖縣湖西鄉的林投；新北市林口區的林投厝；雲林縣四湖鄉的林投圍。

紅柴也屬海岸植物，以恆春半島分布最多，所以屏東縣恆春鎮有一名為紅柴坑的小村；宜蘭縣也有紅柴林的地名。棟榔為台灣海棗的俗稱，樹形特殊，多生長在海濱地區的岩石或衝風地上。台灣以棟榔為名的地方頗多，有桃園縣新屋鄉和台南市佳里區的棟榔；屏東縣恆春鎮的棟榔林；雲林縣的棟榔腳；嘉義縣布袋鎮的棟榔港等，台中、桃園兩縣市也有以棟榔或桄榔為名之地。嘉義縣朴子鎮鎮名的由來，應是當地多朴樹的緣故。欖仁亦為原生的海岸樹種，其橙紅的冬葉，傘形的樹冠，極適合當作庭園樹及乘蔭樹，近年來大量推廣到全台各地栽植。以欖仁為名者，有屏東縣滿州鄉的欖仁路和欖仁溪等。

以海岸植物為名的台灣地名一覽表

地名	所屬縣市	所屬鄉鎮市區
朴樹 *Celtis formosana* Hayata（榆科）		
朴子	嘉義縣	朴子鎮
林投 *Pandanus odoratissimus* Linn. *f.*（露兜樹科）		
林投	澎湖縣	湖西鄉
林投厝	新北市	林口區
林投圍	雲林縣	四湖鄉
紅柴 *Aglaia formosana* (Hayata) Hayata（楝科）		
紅柴坑	屏東縣	恆春鎮
紅柴林	宜蘭縣	三星鄉
欖仁 *Terminalia catappa* L.（使君子科）		
欖仁路	屏東縣	滿州鄉
欖仁溪	屏東縣	滿州鄉
棟榔（台灣海棗） *Phoenix hanceana* Naudin（棕櫚科）		
一棟榔	台中市	清水區
二棟榔	台中市	清水區
上棟榔	桃園縣	楊梅鎮
下棟榔	桃園縣	楊梅鎮

尋訪地圖上的竹

台灣許多地方的地名都與竹子有關，更具體一點說，全台各縣市均有以竹為鄉或村里之名者。這說明台灣多竹，且分布廣泛，非侷限於一時一地。

舉例來說，北部地區以竹為地名者，有台北市之竹子湖、竹子林、下竹子林；新竹縣之竹北、竹東等。中部地區有苗栗縣之竹港、竹南；台中市之竹林、頂竹圍；彰化縣之大竹、竹子、竹塘；南投縣之竹子城、竹山、竹坑；雲林縣之大竹帷、竹腳寮等。南部地區有嘉義縣之下竹圍、竹子腳、竹崎；台南縣之竹子腳、竹林；高雄市之大竹崙、竹子坑、路竹、竹子港、竹後；屏東縣之竹林等。東部地區有宜蘭縣之大竹圍、竹林；花蓮縣之竹田；台東縣之大竹社、竹湖等。

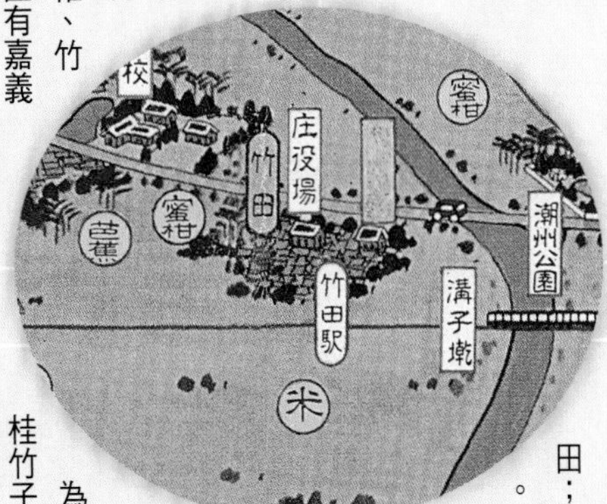

以上地名提到的竹，雖均未點出特定的種類，但所言顯然是指常民生活中普遍運用並大量栽植的竹種。在多得不可勝數的竹類地名中，只有少數採特定竹類來命名，如以台灣特產「桂竹」為名者，僅桃園縣中壢市之桂竹子，表示古時當地一定有大片桂竹林。另外，台南市佳里區有一處稱做烏竹林的地方，是以烏竹或烏腳綠竹為名。而新北市雙溪區的麻竹坑，以麻竹為名，想必當地至少曾經種有大量麻竹。

以竹類為名的台灣地名一覽表

地名	所屬縣市	所屬鄉鎮市區
竹 *Bambusa* spp.		
下竹子林	台北市	陽明山
下竹子腳	彰化縣	彰化市
下竹圍	嘉義縣	朴子鎮
	雲林縣	崙背鄉
	桃園縣	桃園市
下竹圍子	雲林縣	土庫鎮
		虎尾鎮
大竹	彰化縣	彰化市
大竹坑	新竹縣	關西鎮
大竹林	台北市	景美區
大竹社	台東縣	大武鄉
大竹崙	高雄市	杉林區
大竹帷	雲林縣	北港鎮
大竹圍	宜蘭縣	礁溪鄉
竹子	彰化縣	溪湖鎮
竹子山	新北市	雙溪區
竹子山腳	台北市	陽明山
竹子坑	高雄市	旗山區
竹子林（籃）	台北市	士林區
	新北市	淡水區
竹子城	南投縣	草屯鎮
竹子腳	嘉義縣	民雄鄉
	台南市	仁德區
	南投縣	水里鄉
竹子港	高雄市	小港區
竹子湖	新北市	金山區
	台北市	陽明山
竹子寮	高雄市	大樹區
竹山	南投縣	竹山鎮
竹田	花蓮縣	富里鄉
	屏東縣	竹田鄉
竹坑	高雄市	林園區
	南投縣	中寮鄉
竹林	台南市	佳里區
	屏東縣	林邊鄉
	苗栗縣	卓蘭鎮
	宜蘭縣	羅東鎮
竹後	高雄市	楠梓區
竹圍子	台北市	中興大橋
竹崎	嘉義縣	竹崎鄉
竹腳寮	雲林縣	土庫鎮
竹港	苗栗縣	通霄鎮
竹湖	台東縣	長濱鄉
竹圍	高雄市	路竹區
	新北市	淡水區
頂竹圍	台中市	大甲區
頂竹圍子	雲林縣	土庫鎮
竹塘	彰化縣	竹塘鄉
竹塹	新竹市舊名	
竹寮	高雄市	大樹區
竹頭角	高雄市	美濃區
竹東	新竹縣	竹東鎮
竹南	苗栗縣	竹南鎮
竹北	新竹縣	竹北市
竹西	高雄市	路竹區
桂竹 *Phyllostachys makinoi* Hay.		
桂竹子	桃園縣	中壢市
烏竹 *Phyllostachys nigra* (Lodd.) Munro		
烏竹林	台南市	佳里區
麻竹 *Dendrocalamus latiflorus* Munro		
麻竹坑	新北市	雙溪區

刺竹

【莿竹】

潤綠編青上拂雲，下枝勾棘最紛紜。
到門卻步遙成趣，未負生平愛此君。

……孫元衡〈刺竹〉

◆植物小檔案◆

學名：*Bambusa stenostachya* Hackel

科別：禾本科

形態特徵：地下莖合軸叢生竹類，稈叢生甚密，植株可高達十五公尺。稈徑可達十五公分，節間長三十公分，稈肉厚而堅實。小枝端及枝節有一至三根彎曲銳刺。葉長八至十二公分，寬一．二至一．五公分，葉耳有鬚毛。籜密生暗紫色毛，籜耳甚大，叢生褐色鬚毛；籜葉三角形，銳尖。

刺竹（或寫作「莿竹」）是竹稈密集叢生的高大竹類，小枝的節上長有銳刺，因此得名。早期漢移民渡海來台披荊斬棘時，治安極差，為了自保，常在居家周圍環植刺竹，所謂「人入竹下，往往牽髮毀肌」，除了用以防禦，也兼作地界範圍的宣示。

一百多年前，詩人曾留下「平原四望正離迷，幾座

■刺竹屬高大竹類，台灣先民常環植在居家或村落周圍，用以防衛，也兼作地界。

人家莿竹西」詩句（黃廷璧〈村莊漫興〉）。二十年前蘭陽平原的農家，仍然保有這種竹圍景觀：平闊無垠的水稻田，散布由高大刺竹四面圈圍的農舍，成為當地風光的一大特色。

刺竹原產中國華南之廣東及福建等地。台灣的刺竹，一說是原生種，但也有人主張是從華南引進。不過，即便是引進，年代亦一定相當久遠，清康熙年間寫成的《台灣府志》（約一六八五年）即已記載刺竹「竹節處有刺，

竹節上長有銳刺

竹稈密集叢生的刺竹可集生成堅實的防禦圍牆

台人種以為圍」，可見當時就很普遍栽植刺竹為綠籬。

刺竹不僅護衛了家園、村落，也被運用於築城的防禦工事中。清乾隆年間（一七六〇年左右）來台的孫霖，眼見的台灣府城（台南）就是「竹枝環繞木為城」的景象。另根據方志記載，嘉慶年間噶瑪蘭廳（宜蘭）環植九芎樹為城後，又「加栽刺竹」數周（一八一二年）。不難推想昔時全台只要是人類群集的聚落四周，都可見「繞籬刺竹插天青」的景觀。

可惜的是，從前隨處可見蓊鬱成林的刺竹，現在多已消失無蹤。如今只能在荒郊野外、廢棄的村落邊緣，才偶有機會見到隱藏於密林中的刺竹叢。

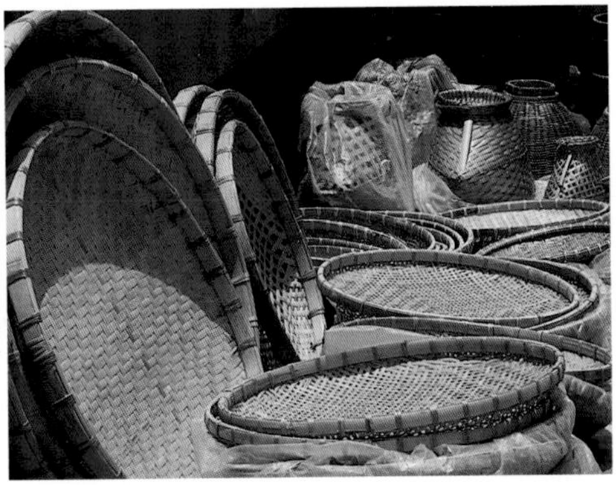
刺竹竹簍堅韌，可供製作各類器具。

詩詞典籍中的竹

竹虛心有節，歷代中國文人雅士常用以自況，比喻君子的志節。台灣多竹，在台灣詩詞中，竹是最常出現的植物，不過多與氣節風骨之隱喻無關，而是反映先民物質生活與竹的密切關係。竹稈可供製作器物、家具，或當造屋、築牆的建築材料，竹筍是重要菜餚，竹葉、竹籜供製笠帽、雨具；此外，竹也是觀賞植物。正因竹子長久以來被廣泛運用在生活中各個面向，台灣歷代方志多有關於竹類的記載，也記錄了不同時代引進的竹種。而且，島上不同族群相互學習竹子的使用方式，逐步發展出有別於中國內地的竹文化。

竹在台灣詩作出現的頻度居所有植物之冠，是中國歷代詩詞著作中較為罕見者。總計《全台詩》六千四百五十四首詩中，共有四百八十六首詩出現竹。而全部有關竹的詩篇中，高達四百三十三首是敘述生活環境所用或所見之竹，極少為感懷寓意的竹。大部分詩篇所引述的竹並未特別指明種類，如黃元弼的〈法華寺〉：「茶廚不認避煙鶴，竹徑猶存映月川」，說的是路徑兩旁所種的竹；范咸的〈三疊台江雜詠〉：「改歲無從問落蓂，千茅添竹結莎廳」，所言是台人當時房屋所用的竹材料。而王忠孝的〈感時〉：「鳳凰非竹實，忍飢不肯舐」，則是感懷之句。

在可辨明竹種的詩作中，以刺竹最多，顯示其在台灣先民生活中扮演很重要的角色。城池築造防禦工事所用的竹大部分是刺竹，如孫霖的〈赤崁竹枝詞〉詩句：「竹枝環繞木為城，海不揚波頌太平」，詩後註解有言：「台郡以木柵為城，環植刺竹」。而村落周圍或村落外散戶的外緣，也常栽有刺竹，如：

■七絃竹即今之條紋竹

■台灣農村住宅周圍常植以竹類，本圖之竹樹形高大，應該就是刺竹。

書山的〈勸農歸路經海會寺與諸同人分賦〉詩句：「莿竹排簷種，優曇滿院開」，和范咸的〈台江雜詠〉謂：「繞籬刺竹插天青，小草幽花未有名」，描寫的是屋前成排種植或環繞住家四周的刺竹。質地堅緻的刺竹莖稈，不僅有前述禦敵的功能，也是良好的建材，各地多有種植。可以說，凡平原山麓地區有人煙之處，就有刺竹相伴，形成當時農村的特殊景觀。黃廷璧的〈村莊漫興〉詩句：「平原四望正離迷，幾座人家莿竹西。雞犬有情皆入畫，陰晴無景不成題」，重現了刺竹圈圍、雞犬相聞的鄉間景色。

桂竹，舊志稱筀竹，是台灣原產的竹種，古時用途很多：從編製簍籃、製作家具，到編籬築屋都派得上用場，桂竹筍直到今日都是滋味最佳的筍種之一。除了天然竹林外，已多有栽培。不過，讓人有些不解的是，明清時代的詩人竟無人注意到此一竹種。僅日本時代的醫師兼漢文詩人賴和，有詩作提到桂竹，他的〈偶成〉詩：「桂竹籬腳綠草齊，芭蕉墻角夕陽低」，說的是編成籬笆的桂竹。在農業時代的台灣，桂竹曾是極重要的竹種之一，早年的桌椅、床鋪、嬰兒車等器具的骨架，多由桂竹製成。目前台灣各地均有當年大量栽培而遺留在山坡地的桂竹林，但僅部分竹林有撫育、施肥等管理，目的是生產竹筍供市場需求。

七絃竹是觀音竹的栽培變種，黃色莖稈上，具數條粗細不等的綠色縱紋。朱仕玠的〈瀛涯漁唱〉有一首詩云：「夜涼風起戛蒼玉，髣髴秋堂鳴七弦」，當中的七弦即為七絃竹。

竹與生活

竹在台灣古人生活中，是除了食用作物以外最重要的植物。村落曠野多有種竹，如「客舍春郊裡，陰陰翠竹圍」（陳輝〈半路竹〉）、「野橋低澗水，深竹暗村煙」及「數點香塵溪水外，萬家煙火竹林中」（楊二酉〈南巡紀事〉與〈鳳山道中遇風〉）。竹圍、竹叢成為明清兩代台灣農村極具代表性的景觀，生活中舉凡衣、食、住、行、育、樂，甚至保家衛國的兵器工事，無一不與竹有關。

十八世紀初，台灣剛納入清朝版圖後不久，府治、縣治所在之地多尚未築城或僅以簡單的木柵圍城，因此常種竹為籬作抵禦之用，有許多詩人記錄了這樣的景象，如夏之芳〈台灣雜詠百首〉之一：「道是孤城還少郭，竹環廛市起炊煙」，描寫今彰化市於一七三四年（雍正十二年）時，街巷外遍植刺竹圍城的情形。章甫的〈次廣文吳友山台陽懷古雜咏元韻〉：「珊樹環村竹繞城，承天古郡允更名」，說的是府城周圍種有刺桐（珊樹）和竹兩種植物。李若琳一八三七年（道光十七年）任噶瑪蘭通判時寫下的〈竹城〉：「設險城何恃？週遮竹四圍。由來森幹節，亦足固藩籬。」則是以竹作城的宜蘭。如今，這些地方都已成為台灣主要的城市。

■桂竹

不只築城時插種刺竹，使城垣更加密實，個別房屋的周圍也多栽竹以為防禦，或以竹籬為界線。陳學聖的〈竹圍〉詩，生動地描述清道光年間的環屋竹籬：「千竿綠竹勢參天，四面圍青色倍妍。」台灣目前仍可見以竹圍為地名的鄉鎮或村

■古時房舍多栽竹以為防禦，屋牆房頂也常以竹編製之。

竹製圍牆至今仍在中南部鄉村盛行

現代竹椅

落，應即昔日聚落實況的紀錄。早年一般人民的住屋多以茅草覆頂、竹竿為構，所謂「剉竹編茅蓋自間」（黃叔璥〈番社雜詠〉）。當時駐台官員看到的民居，是「家家茅蓋屋，處處竹編牆」。台灣鄉間這種以茅、竹搭建而成的房屋，一直到中華民國政府來台後的一九六〇年代都還十分普遍。

「伐竹搆江亭」的詩句說明，古時連涼亭也可用竹子築造。而且，不僅房屋本身，屋內的擺設、家具也常是竹製品，「几淨搘木凳，窗白倚竹牀」（謝家樹）和「臥我新竹榻，茵鋪稻蒿香」（黃清泰）等，說的都是竹製的牀。可見得在古早時代的台灣，各種竹類在「住」的方面有其不可取代的重要性。

至於「食」的部分，眾所周知，台灣一年到頭有多種竹筍可食，有時還是應時佳餚。除了有風味絕美的各色竹筍來滿足人的口腹之欲，由竹稈製成的杯碗、湯瓢，一直到明清時代，對台人（特別是原住民）來說，仍是主要的食具之一。如黃叔璥的〈番社雜詠〉：「鄰舍招邀同報賽，竹盃席地俗仍同」，其中「番人」飲酒的酒杯就是竹節削製而成的。不只是酒杯，釀酒用的容器也以竹為之。馬清樞的〈台陽雜興〉詩句：「生性渾渾偏嗜飲，竹筒釀酒學郫筒」，提到當時原住

日本時代，編製竹簍亦為鄉村重要的行業之一。

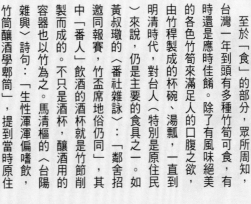

民用大竹筒釀酒。年代更早的郁永河〈土番竹枝詞〉亦有「竹筒為甕床頭掛，客至開筒勸客嘗」之句。

在衣著、裝飾上，竹子也有不少用處。原住民的男性從小即接受射鹿逐獸技巧的訓練，奔跑速度是其中最重要的一環。腹大既走不遠也跑不快，因此，自孩孺起就用竹片編成的腰帶束其腰，以保持腰身細瘦，如此才能獲得姑娘的青睞，等到結婚前夕始將腰帶斷去。郁永河的〈土番竹枝詞〉記其事：「輕身矯捷似猿猱，編竹為箍束細腰。等得吹簫尋鳳侶，從今斷割伴妖嬈。」

■大型竹類的莖稈可製成釀酒用的容器

■現代竹帽

有些原住民族群以耳大為美，「耳不垂肩不威儀」。從小開始穿耳洞，用竹纖塞之，漸長則用更大的竹棍撐之，直到「耳大如盤，立則垂肩，行則撞胸」為止。郁永河的〈土番竹枝詞〉有另一首詩提到：「番兒大耳是奇觀，少小都將兩耳鑽。截竹塞輪輪漸大，如錢如椀復如盤。」此習俗至一八七五年（光緒元年）左右仍盛行於原住民部落，馬清樞〈台陽雜興〉的詩句「怪狀爭看大耳兒」足可說明。

有關行的方面，竹子亦別有用途。在陸地上，竹橋是古時鄉村常見的景色，如陳輝的〈二贊行溪〉：「竹橋平野路，春水漲清溪」和〈村中〉：「草屋寒煙迷橘柚，竹橋秋水映芙蓉」；黃清泰的〈宿貓霧戍田家〉：「竹橋通柴門，燈火明草堂」，都敘述了各地跨溪的竹橋。由於各種竹類均「虛心有節」，先民早懂得運用其浮水特性，把刺竹或麻竹稈製成竹筏，當作水上交通工具或漁民作業的船隻，這也是早年竹類的主要功用之一。陳輝的〈郊行古意〉：「竹筏散不收，一篙不知處」，卓肇昌的〈東港竹枝詞〉：「截竹編成不繫舟，東涯天際水雲悠」，王凱泰的〈台灣雜詠〉：「截竹編篩用作舟，乘潮人亦水中鷗」，描述的皆為不同時期所

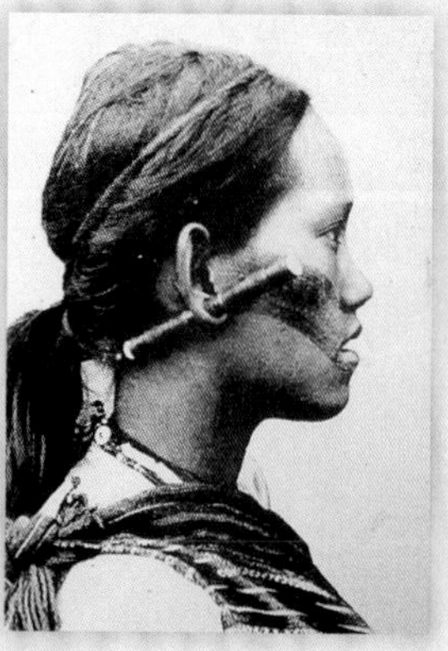

■古代有些原住民以耳大為美，取用竹棍撐耳洞。

見的水上運輸工具——竹筏。

古時的狩獵用具，也少不了竹子。以弓箭而言，當時所用的箭是取自枝稈強韌而細直的種類，如台灣矢竹、包籜矢竹等；弓則採用居家附近的樹木枝幹，有時也會使用較大型的竹類。郁永河的〈土番竹枝詞〉詩句：「竹弓楛矢赴鹿場，射得鹿來交社商」可以為證，詩中說明「番人」拿射中的梅花鹿交付社商以為賦稅。無獨有偶，一百五十年後的范咸在其〈三疊台江雜詠〉也提到：「髑髏高奉群相壽，野伏長鈚恃竹弓」，不單打獵，連獵取異族人頭的出草習俗，也使用竹弓了。此外，竹子也可製成樂器，「削竹為弓，長尺餘，以絲線為弦，一頭以薄篾折而環其端……」，男士用之以傳情，即夏之芳〈台灣雜詠百首〉所言之「不須挑逗費閒心，竹片鉛絲巧作琴。」

由以上諸多詩作可知，竹類深深影響台灣先民的生活，也孕育不少與中國大陸內地相異的民俗文化。

■日本時代的明信片可見：漁民以竹筏在水上捕魚。

◆原生植物◆

月桃

【虎子花、玉桃】

角黍懸蒲俗共誇，漫驚蹤跡滯天涯。
海東五日標新樣，兒髻環簪虎子花。

——朱仕玠〈瀛涯漁唱〉

作者在詩中自註，說虎子花即月桃。每年仲夏開花時節，剛好在端午節前後，「台人取其葉以為角黍」（角黍為粽子的古稱）；因此月桃和菖蒲、艾草一樣，已成為台灣端午節的代表植物。人們除在門前懸掛菖蒲、艾草及榕樹枝外，亦常摘採清豔的月桃花，插戴於兒童頭上，以為佳節點綴。南部及東部地區，至今仍保有端午取用月桃葉包粽子的習俗，其特異的香氣與一般竹葉截然不同。

月桃所屬的薑科植物，是熱帶地區主要的代表植物之一，世界各大洲均有分布，喜生長在潮濕的林地下層地表，耐陰性極強。

月桃分布範圍極廣，除常見於台灣全島低海拔山

■虎子花即月桃，台灣低海拔地區到處可見，常叢生在潮濕林地。

◆植物小檔案◆

學名：*Alpinia zerumbet* (Persoon) B. L. Butt & R. M. Smith

科別：薑科

形態特徵：多年生直立草本，高可達三公尺，塊莖發達。葉披針形，長六十至七十公分，寬十至十五公分，兩端漸尖，葉緣有短密毛。圓錐花序，長二十五至三十公分，每梗著生二朵花；花乳白色，三裂，唇瓣大而帶黃色，並具紅色條紋；有孕雄蕊一枚，不孕雄蕊二枚；子房下位。蒴果外有脊，球形，一端具宿萼；種子黑色，外披白色假種皮。

端午時節，常在兒童髮髻上「環簪虎子花」。

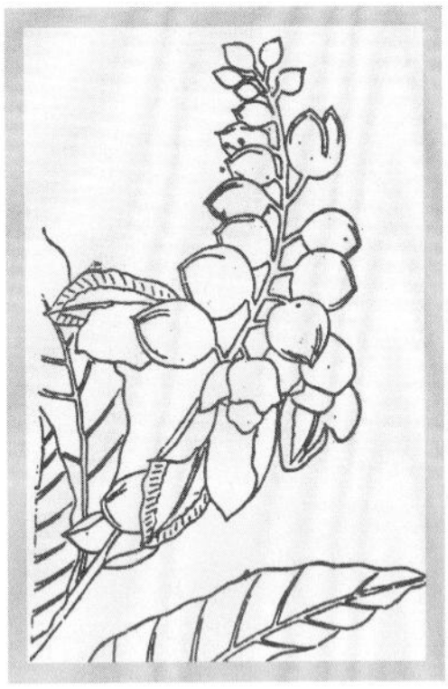

《植物名實圖考》所載之玉桃即月桃

野外，尚分布華南、馬來半島、爪哇、琉球、日本等地。

月桃古稱玉桃。歷來中國古文獻記載甚少，僅明代《植物名實圖考》一書將其列為群芳類，有極短的文字介紹，說「葉如芭蕉，抽長莖，開花成串，花苞如小綠桃」；又說「偶一有之，故人罕見」，是長久以來被忽視的植物之一。台灣古文獻記載亦少，要到清康熙年間撰成的《諸羅縣志》（一七一七年）才有登錄，上述朱仕玠的詩作則又相隔了約莫五十年的時間。

月桃直立的「莖」，其實是葉鞘環環包被形成的假莖。將葉鞘剝取後壓平晒乾，可用來編成繩索、置物籃或草蓆等，在日本時代曾是重要的手工業產品；直到今日，仍是中南部及東部鄉間很特殊的民俗技藝，偶可見販售。種子具辛香味，被用作同科藥材植物——砂仁的替代品，是製作爽口沁涼藥品「仁丹」的原料，至今猶有使用。

月桃的果實

歲時禮俗中的植物

人們如何運用植物，關係著一個族群、社會物質文明的發展；因此，台灣風俗文化的獨特性，也展現在植物的使用上，如七夕互贈結緣豆，端午節戴龍船花、月桃花等禮俗。以及賦予植物特殊的象徵意義，如吃檳榔是財富和美豔的象徵。或者植物用途上的差異，如與中原漢人相較，台人除了一樣嗜食檳榔子外，還知檳榔筍是美饌佳餚，檳榔鞘可比之羽扇；甚至甘蔗莖稈可做鴉片煙槍等等，都是昔日中原人士嘖嘖稱奇，前所未聞的「殊風異俗」。

▍端午戴花｜端午時節，台灣適逢兩種代表性植物的花盛開，一為月桃，又名虎子花；一為龍船花，又名赬桐。台人常採月桃葉包粽子，又摘其白色的花插在小孩髮髻上，以為端午的時令習俗，這在大陸內地是見不到的。朱仕玠〈瀛涯漁唱〉詩中出現的「角黍懸蒲俗共誇」、「兒髻環簪虎子花」兩句，說的正是台人取用月桃度端午的習俗，「角黍」即粽子。另外，男女老少還喜歡摘採龍船花，佩戴在頭髮上，這也是大陸內地沒有的習慣，胡承珙一八二一年（道光元年）作的〈午日〉詩特有載錄：「赬桐好顏色，回首惜年芳。」

▍七夕結緣豆｜農曆七月七日為七夕，台灣古老民間習俗當日祭拜織女。除「食螺螄以為明目」外，還會煮豆和糖及芋頭、龍眼等物相互餽贈，稱為結緣。鄭大樞於一七二一年（康熙六十年）寫下的〈風物吟〉詩中：「今宵牛女渡佳期，海外曾無鵲踏枝。屠狗祭魁成底事，結緣煮豆始何時？」不單描述了七夕煮結緣豆一事，並且提到當夜士子齊赴「魁星會」，舉行殺狗取頭，以祭魁星的儀式。這些風俗向來未見載於中國典籍，應是台人發展出來的七夕特有禮俗與祭儀。

▍腰葫蘆｜葫蘆是瓠或匏的一個品種，其果實成熟後晒乾，果皮堅硬，成為古代一種重要的容器。在台灣常用以汲水或貯水，一七二八年（雍正六年）任巡台御史兼學政的夏之芳，在〈台灣雜詠百首〉中，有首記述了當時「南路鳳山番」借助葫蘆涉水的詩句：「臨溪問渡少艅艎，石澗分流遠擊撞。腰上葫蘆頭上羽，隻身飛過水淙淙。」古人常將葫蘆繫於腰際，平常用作容器，渡水時利用葫蘆質輕的浮力，可充為救生圈。而專為汲水用的大葫蘆，稱「大蒲崙」，被視為一種財富的表徵。有錢人家中多喜收藏大葫蘆，如吳廷華〈社寮雜詩〉詩句所言：「還似老僧新駐錫，纍纍東壁大葫蘆」，牆壁上掛滿大葫蘆，自然是大戶人家。

■蔗管煙槍 清代中葉，中國興起吸食鴉片的風氣。在中國內地，吸食鴉片所用的長管形形色色，從竹製、木製到金、銀等各種金屬，甚或象牙製者皆兼而有之，除實際功能外，煙槍的材質、形式也彰顯了吸食者的身分、地位和財富。來台的官員儘管大多目擊過上述各種鴉片煙槍，卻萬萬沒想到台灣煙民所選用的材料會如此奇特。黃逢昶的〈台灣竹枝詞〉有首詩云：「煙飛漠漠繞千家，珠玉輝增蔗管華」，提到台灣的鴉片煙槍是用甘蔗莖稈製成的，上面並嵌以金飾珠玉。台地蔗產豐富，先民發揮智慧和創意，將此台灣特產運用於鴉片煙槍的製作上，讓詩人留下深刻的印象。

■檳榔相關的禮俗 無論是原住民或者是後來渡台的漢人，常以檳榔作為相互餽贈的禮物，或宴客的珍品。一七一九年（康熙五十八年）任台灣府海防同知的王禮，於其〈台灣吟六首〉中有：「相逢坐定問來航，禮意殷勤話一場。急喚侍兒街上去，捧盤款客買檳榔。」以檳榔代茶來招待賓客。鄰里之間有齟齬訴訟，也常致送檳榔以消怨釋忿，如張湄〈檳榔〉詩所言：「睚眦小忿久難忘，牙角頻爭雀鼠傷。一抹腮紅還舊好，解紛惟有送檳榔。」或劉家謀的〈海音詩〉詩句：「解釋兩家無限恨，不如銀盒捧檳榔」，所謂爭訟「大者親鄰置酒解之，小者饋以檳榔」。

■檳榔是台人的果品及嗜好品

檳榔原是台人的果品及嗜好品，吃的部分是幼果，和蔞藤葉、石灰合食，有提振精神、消除疲勞的效果。另外，檳榔樹的嫩梢，稱檳榔筍，也是古人喜歡食用的部分，是名貴的菜餚，價格高昂。何徵〈台陽雜詠〉詩句之「檳榔筍折春風綠」，說明必須大風吹倒檳榔樹時才有機會享用。今稱為「半天筍」，身價一如往昔居高不下。王凱泰〈台灣雜詠〉詩：「誰知瘴霧蠻煙裡，別有花豬二尺長」，句中之花豬即指檳榔筍，當時就有「檳榔筍較竹筍尤嫩」的說法，實非一般人消費得起的奢侈品。

由羽狀複葉下部延成，包被枝梢幼嫩部分的苞狀構造，稱為葉鞘，長可達八十公分，寬二十～三十公分，可製成檳榔扇。王凱泰詩後的自註提到，此扇「傳聞用於士大夫」，被認為是古雅之用。黃逢昶的〈台灣竹枝詞〉也有首詩言道：「引得清風拂面來，張葵曾畫放翁梅。何如贈我檳榔扇，一路揚仁到上台。」至少在前清時代，檳榔扇如同羽扇綸巾一般，是台灣文人雅士的裝飾物品。

鼠麴草

【厝角草、清明草】

宜雨宜晴三月三，糖漿草粿列先龕。
鳳頭龍尾衣衫攏，踏遍郊坰酒已酣。

……鄭大樞〈風物吟〉

■《本草圖譜》所繪生長在乾燥或貧瘠地的鼠麴草，植株較矮小。

◆植物小檔案◆

學名：*Gnaphalum leteoalbum* L. ssp. *affine* (D. Don) Koster

科別：菊科

形態特徵：一年或二年生草本，莖直立，高可達四十公分，全株披覆白色綿毛。葉互生，匙形至倒披針形，長二至六公分，寬〇．三至一公分，而有突尖，基部狹細，無柄，抱莖，全緣，質柔軟，兩面均密被白綿毛；花後基部葉片脫落。頭狀花多數，緊密排成繖房狀；總苞黃色，乾膜質。瘦果之冠毛白色。

台灣民間每逢重要歲時節令，都有製作各類食品以拜祭祖先及神明的習俗。農曆三月三日即清明節，正值梅雨紛飛又春暖花開的時節，草類新芽初萌，鮮嫩可食。把採集到的鼠麴草嫩葉磨碎，混合糯米粉漿製成清香可口的草粿，是鄉間主要的美食之一，大都用於清明掃墓祭祀祖先。

鼠麴草多生長在海岸至低、中海拔的開闊地，幾乎全台各地皆有分布。就世界範圍而言，本種

■清明時節用以製作草粿的鼠麴草

也是廣泛分布型，從亞洲之中國，經東南亞達澳洲均可見到，常成群於耕地中現身。台名「厝角草」，發音近似「鼠麴草」，顧名思義，為居家四周屋角、庭院之草。

鼠麴草之名在中國典籍出現極早，唐人撰寫的《本草拾遺》就已著錄。華中地區亦有清明節時採製「龍舌粁」的習俗，此粁即米餅，和台灣之草粿同，也用以祭祀祖先，意為至親亡故後，又

見春草青青。

中醫學上，鼠麴草含有黃酮苷、木犀草素、葡萄糖苷及維生素B、胡蘿蔔素等成分，主治脾寒寒熱（中醫名詞），具止咳除痰、調中益氣之效；因此迄今仍是台灣民間的重要藥材。食用草粿，當有取上述藥理之意，而於春季摘取嫩葉製作草粿的習慣，鄉間也依舊盛行，連都會型的台北都有鼠麴草粿的專賣店，可見其功用和特殊的口感風味已深植本地人心。不過，若是作藥材使用，則一般都在夏秋之後，待植株成熟硬化、有效成分已累積最多時才行採集。

■鼠麴草開黃色花，植株滿布白色綿毛。

■《本草圖譜》的彩圖說明鼠麴草的葉呈匙形至倒披針形

■鼠麴草通常在開闊的生育地成片生長

原生植物

愛玉

惟台嘉之炎烈兮，近熱帶之中央。
恨無方以避暑兮，能消夏而生涼。

——吳德功〈愛玉凍歌〉

炎炎夏日裡，品嘗晶瑩冰涼的愛玉凍，可說是一大享受。而「愛玉」這獨特美麗的名字，相傳源自一個女孩之名。根據吳德功在前引詩歌的序言中提到：有愛玉植株結實纍纍，垂浸在溪水中，剛好一名樵夫飲水時吃到，頓時涼澈心脾。於是採果實回家洗成凍，著愛女賣之於市。由於女兒名曰愛玉，故稱「愛玉凍」；此後逐漸成為台人夏季消暑的重要飲品。

■剖開晒乾的愛玉果，可見內部細小的種子。

愛玉產於台灣全島中海拔（一千～一千八百公尺）森林中，亦分布蘭嶼、菲律賓中北部。種子細小、種皮硬，應屬鳥類傳播之植物。大部地區雖無本種植物之記載，但有同屬植物薜荔（*Ficus pumila* L.）之分布。薜荔古稱木蓮，《植物名實圖考》敘述江南地區「以其實中

■結實的愛玉植株

植物小檔案

學名：*Ficus awkeotsang* Makino

科別：桑科

形態特徵：常綠攀緣藤本，有乳汁。莖多分枝，幼枝有細柔毛，節上生根，攀緣他物而上。葉互生，橢圓形，成熟葉長五至十二公分，寬二至五公分，先端鈍，基部鈍至圓形，全緣。隱頭花序，花單性，雌雄異株；花多數，著生肉質花托內壁上。隱頭果橢圓形，兩端鈍尖，表面綠色，密布白點，瘦果小。

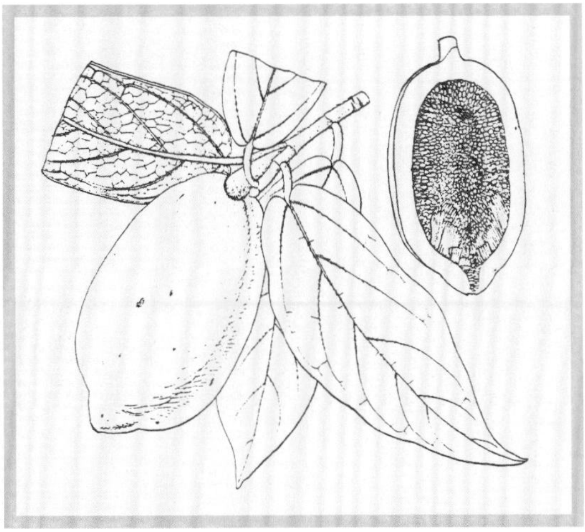

■《台灣樹木誌》描繪的愛玉隱頭果（左）及其縱剖面圖（右）

子浸之為涼粉，以解暑」，與愛玉之功用相同，可見有些薜荔可能就是愛玉。

台灣典籍極少有關愛玉的記載，愛玉的科學敘述最早由日本植物學家牧野富太郎於一九○四年發表其學名開始。愛玉和薜荔形態差異不大，牧野氏所發表的愛玉學名，有人將其併入薜荔，現視為薜荔的變種（*Ficus pumila* var. *awkeotsang*），即顯示兩者有許多相似之處。但在台灣，愛玉分布於海拔一千公尺以上的山區，而薜荔多見於五百公尺以下的山麓地帶；前者之種子可製凍，後者則否。惟薜荔在中國大陸的天然分布北可達湖南、陝西，西可至四川，生育環境類似台灣的中、高海拔氣候；而且有些單株可供製果凍。可見兩者之間的差別，應屬遺傳學上的連續性變異（clinal variation）。

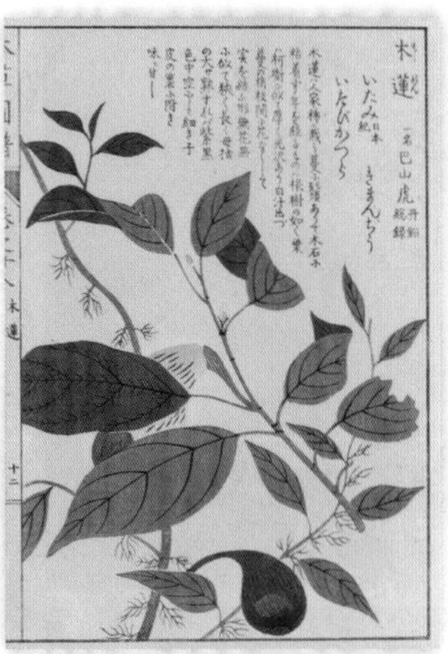

■《本草圖譜》描繪的木蓮就是薜荔

愛玉種子表面含果膠脂酶，加水以後產生生化反應，使水分子連結成立體性結構而結膠。結膠的速度和果膠脂酶的活性有關，活性強的單株所結的愛玉子，搓洗後可馬上結膠，反之則需時較長。愛玉凍製成後，最好盡快享用，否則時間一久，結膠就又慢慢還原成液態水了。

■成熟的愛玉果實內含有數以萬計的種子，用之洗製愛玉凍。

◆原生植物◆

黃藤

一種纖籐繞樹陰，柔調嫋嫋軟難任。
盤來纖手爭誇示，絕勝閨中纏臂金。

……薛約〈台灣竹枝詞〉

◆植物小檔案◆

學名：*Daemonorops margaritae* (Hance) Becc.
科別：棕櫚科
形態特徵：木質藤本，莖長可達七十公尺以上，葉脫落處留下環紋。葉羽狀全裂，葉軸頂端伸長，以爪刺攀緣他物而上；葉鞘密布長刺，包被莖部。肉穗狀花序腋生，佛燄苞球莖狀，花序長可達四十公分。果橢圓形，長約二公分，外被覆瓦狀鱗片。

詩中的「纖籐」即黃藤。成熟的黃藤莖稈呈黃色，古稱金絲藤。原住民少女用細藤篾做成手環以為飾物，互相誇耀，有如漢人女性手上的金鐲，或甚而勝之。

黃藤手環質輕而細柔，最適合經常在野外工作的女性佩戴。

黃藤屬全世界約有一百一十五種，均生長在舊大陸（即非洲、亞洲）的熱帶雨林內。本種產於華南之廣東、福建兩地，台灣海拔一千公尺以下的山區均有分布，為中、低海拔闊葉林內最常見的植物之一。

黃藤莖質堅柔軟，可用以綑綁

■黃藤果實外包被蛇皮狀的鱗片

■葉柄及包被莖稈的葉鞘均布滿長銳刺

■黃藤利用葉軸上的倒鉤刺攀緣他物而上

器物及縛建茅屋，或編製成日常生活用品，如背籃、盛器等，為先民倚賴很深的植物。採收黃藤時，必先將盤據在樹冠上的藤莖用力拉下，用刀除去包裹在莖上的有刺葉鞘，謂之「抽藤」。早期漢移民為了取得黃藤，翻山越嶺，深入林中，除了得用雙手和長滿棘刺的黃藤葉及葉鞘搏鬥之外，尚須小心是否闖入原住民的活動範圍。否則流血爭鬥難免，即所謂「抽藤與伐木，莫浪越山頭」（李若琳），又如林樹梅之〈抽籐歎〉所言：「蚪籐萬大深山盤，抽籐較易防刀難」。

黃藤製材工業直到一九七〇年代都還頗為興盛，八〇年代起才漸漸銷聲匿跡。早年嘉義地區設有藤椅製造廠，各都會區之藤製工廠亦如雨後春筍般大量出現。當時的家具櫥櫃，多由黃藤製成。直徑較大的藤材可製各種器物，藤皮則適合編織。近年來，黃藤已不再生產作家具用，反倒以蔬菜的角色為大家所知悉。其莖稈頂部的幼嫩枝芽，稱為「藤心」，拿來炒食或煮湯，味道苦中帶甘，有退熱消火的效用；往日是原住民阿美族的傳統食物，如今則漸趨風行，成為台菜中的美味佳餚。

■台灣東部許多村落近年來栽植黃藤，採收嫩枝芽供蔬菜食用。

植物與在地原住民風俗

台灣原住民的一些特殊風俗文化，也反映在植物的運用與栽培上，如極富特色的浮田耕作，或少女除夕竊花，男子以艾葉纏頭等習俗，以及祭祀時丟擲藤球的儀式等。

■黑齒■長久以來，對婦女美妍的標準本就古今不一，而古代台灣原住民的審美觀，也與當時漢人明顯不同。早在荷、鄭時代，沈光文就已注意及此，在其一首〈番婦〉詩中，描述所遇的原住民婦女「野花頭插滿，黑齒草塗成」。髮上插滿花朵的裝扮，並非漢人婦女習見的頭飾，所以引起詩人的注意。最奇特的是，成年婦女牙齒均塗成黑色。清道光年間渡台的劉家謀在其〈海音詩〉中提到：「黑齒偏云助豔姿，瓠犀應廢國風詩」，說明黑齒才是婦女美妍的表現，和中土歷來以白齒（瓠犀）為美的審美觀截然不同。

黑齒主要是長期嚼食檳榔的結果。古代的原住民社會，檳榔代表社會地位，也代表財富，所謂「檳榔千數賽千囷」。地位高，財富多，才有能力取食更多檳榔；檳榔嚼食愈多，牙齒愈黑，顯示家中愈是富有。「婦女以黑齒為妍」，劉家謀詩中的注釋說：「多取檳榔和孩兒茶嚼之」；朱仕玠則記載：「台地婦女，不解蠶織，惟刺繡為事，檳榔則日不離口」；吃檳榔一來嗜食，一來增加姿色。牙齒不黑甚至可致嫁娶不成，因此萬一齒不夠黑，只好借助塗抹其他植物使之變黑。所用的植物，根據《彰化縣志》的〈番俗考〉，是以「澀草或芭蕉花」

■《番社采風圖》中原住民採集椰子和檳榔果實的寫實畫面

擦之。而黃叔璥的〈番社雜詠〉也說：「贅壻為兒婦是家，還憐鑿齒擦蕉花」，可見芭蕉花可能是當時牙齒黑度不夠時，「擦齒令黑」最常用的材料。

藤球—丟擲藤球是一項十分古老的儀式，台灣原住民族群中，有些至今仍保留此一習俗。例如排灣族的五年祭就有祭竿刺球活動，活動的高潮是往空中拋擲藤球，底下用削尖的長竹或木棍刺接之。一般認為古代的藤球是使用材質較好的黃藤所製作，或用其他木質藤本植物如葛藤（*Pueraria lobata* (Willd.) Ohwi）等纏製。張湄於一七四一年（乾隆六年）來台擔任巡台御史時，對擲藤球的儀式印象深刻，在題為〈番俗〉的六首詩中，有一首寫道：「藤球擲罷舞鞦韆，世外嬉怡別有天」，舞鞦韆和擲藤球都是祭儀活動中的一部分。

浮田—吳廷華於一七二五年（雍正三年）來台協助弭平諸羅縣亂事，眼見當時台地諸多民俗，並以文字記錄下來。其中最有名的是〈社寮雜詩〉二十五首，當中一首記載了原住民的浮田耕作：「臨流架竹作浮田，犁雨鋤雲事事便。萬頃滄溟倘移試，蜃樓藏盡口農年。」說明浮田是在溪流或水塘中，用竹稈編製成方形或長方形的籃架，倒土其中，然後播種栽培農作物。這種作業方式不似耕作水田般耗費灌溉成本及人力，也無須掛慮旱季時農作物會面臨缺水的窘境，是一種省時省力的耕作模式。一百五十年後的一八七五年（光緒元年），時任台灣府學教諭的馬清樞，在其〈台陽雜興〉中又記錄了原住民以浮田種植水稻的情形：「高岸萋萋草似煙，白波青幛水沙連。編茅繞嶼千椽屋，架竹浮湖萬頃田。」描寫的是大聚落的原住民，在面積廣袤的湖中架設浮田，想來一定十分壯觀。

艾葉纏頭—十五、六歲接近成年的原住民男子，稱為「麻踏」。麻踏常以艾葉之類的香草纏頭，並將螺殼磨成的圓珠（稱為螺錢）穿繩戴在頸上以為裝飾，用以驅邪並吸引異性。范咸〈北行雜詠十二首〉中有一首言及此俗：「香草纏頭渾似錦，螺錢束項美無瑕」，該詩所載為當時（一七四五年左右）西螺一帶的原住民習俗。至今，仍有原住民族群保有此一風俗，惟纏頭所用的植物未必是艾草，頸上的螺錢也已由各種寶石所取代。

除夕竊花—「偷挽蔥，嫁好尪」，至今仍是台灣民間習用的順口溜，亦即偷採蔥會嫁得好夫婿之意。古代原住民也有類似習俗，例如馬清樞的〈台陽雜興〉詩句：「年少社童能出草，臘除鄰女共偷花。」前句中的「出草」指的是捕鹿，這是長大後成為優秀男性的必備技能；後句描述的，就是少女夥同知心好友，於除夕夜至鄰家花園偷採花，以求將來能覓得良緣。除了說明原住民少女自古愛花的習慣外，也有鼓勵少女勇於追尋理想伴侶的含義。

◆原生植物◆

金線蓮

瞥見番山金線蓮，霎時掏取莫流連。
若還轉眼無從覓，阿妳瑯嶠草亦仙。

……屠繼善〈恆春竹枝調〉

金線蓮有退熱消炎之效果，先民自古即了解此草的醫療和養生功效，視之為仙草。在山區伐木及打獵之餘，都會隨手採集金線蓮晒乾備用。傳說金線蓮同人蔘一般，如看見不採，植株隨時會消失無蹤。詩中「阿妳」為台語，意如此或這樣，瑯嶠為恆春一地的古稱。

■金線蓮的花序（鍾詩文／攝）

金線蓮屬植物全世界有二十五種，皆分布於熱帶亞洲、澳洲及太平洋群島。台灣有兩種：台灣金線蓮（*A. formosanus*）及恆春金線蓮（*A. koshuensis*），兩者間的差異十分細微，且都為僅在台灣才有分布的特有種。所謂金線蓮是兩者的泛稱，生長於海拔一千五百公尺以下之陰涼潮濕處，全台均可見之。

素有「藥王」之稱的金線蓮，亦可用來醫治毒蛇咬傷等症狀，是台灣民間最重要的藥材之一，因此成為許多採藥者的首要目標

◆植物小檔案◆

學名：*Anoectochilus formosanus* Hayata

科別：蘭科

形態特徵：多年生草本，高可達十公分，根莖匍匐，莖節明顯。葉二至四片互生，卵形至卵圓形，長二至五公分，寬一至三公分，先端銳，基部圓；表面深綠色，密布白色網紋，背面紅紫色。花序總狀頂生，可長至二十公分高，花梗紅棕色，被腺毛。花淡黃色。

野生金線蓮已不易尋覓，多人工栽培提供市場需求。

。不過，也因大量採集，野生的單株逐漸減少，自然愈來愈不易在林地中發現，於是後來才被視為像鹿茸一樣的珍品。李鴻儀的〈詠台北內山番社雜詩〉就說道：「鹿茸解籜新抽角，雉血垂藝老皺皮。第一清涼消暑腦，圓圓連葉多金絲」，其中的金絲即金線蓮。中國大陸把同屬中一些形態相近的種，皆視同為金線蓮，如金絲蘭（*A. roxburghii*），而且《本草綱目拾遺》、《關東本草》均將金線蓮列為重要藥材。

鑒於野外族群日漸稀少，台灣近年來發展以組織培養方式大量栽培幼苗的技術，進行專業式培育供應市場需求。不但可供傳統藥材之需，還另研製成飲料上市，成為全世界獨一無二的金線蓮產業。

野生金線蓮單株多生長在潮濕林下（鄭育斌／攝）

颱風草

【風草、颱草】

風草欣無節，雙筠怯走鞭。
玉香花媚晚，金綴菊迎年。

……孫爾準〈台陽雜詠〉

風草即颱風草，昔日台灣民間相信，其葉片上與縱軸垂直的橫摺條帶，可預示當年颱風的次數，即本詩所言之「節」數。《台灣府志》記述：「此草生無節，則週年俱無颱；一節，則颱一次；二節，二次；多節，多次；無不驗者。」也就是說，看到颱風草的葉片無摺痕，即表示可歡慶來年無風災，屬於大豐年的吉兆。

■相傳葉面一節橫紋，預示當年會有一次颱風。

颱風草為台灣森林最常見的高草類之一，有時在林緣成群生長。本植物屬於廣布型，舊世界熱帶均產之。中國大陸北起湖南、湖北，南達廣西、廣東；西自西藏東部，東至浙江、福建皆有分布，但並未發展出此草可預示颱風或其他災害的說法。

■颱風草通常分布在林緣或有孔隙的森林下

◆植物小檔案◆

學名：*Setaria palmifolia* (J.Konig) Stapt.

科別：禾本科

形態特徵：多年生草本，高可達一公尺，根莖短。葉披針形，長可達五十公分，寬五至六公分，全葉具縱向深皺摺，背面有毛。圓錐花序頂生，呈疏鬆狀散開，長度可達四十公分；成熟小穗不易脫落。穎果卵狀披針形，長〇．二至〇．三公分。

颱風草有時簡稱颱草，如林則徐為孫爾準詩冊所題的詩句：「颱草無風番樣熟」。有趣的是，在這首歌頌天下太平的應酬之作中，林則徐無疑也採用了台灣民間有關颱風草的傳說。由台灣最早的方志《台灣府志》（撰於一六八五年前後）就已記載「土番識颱草」，可見此說淵源流長，而且可能是來自原住民的風俗。以後的志書亦均有載錄，文人墨客多從其說，謂為「占風小草」（范咸語）。

■颱風草的花排成頂生圓錐花序

颱風草葉片上的摺痕數目，各地不同。同一地區的植株，也可能出現數目不一的摺痕。台灣的颱風草，以摺痕一摺的單株數量最多；不過，有時同一單株在同一時間，會有無摺痕和不同摺痕數的葉片並存的情況發生。

■颱風草屬高大禾草，常成群聚生。

台詩中的中國植物與本地植物

台灣的文學作品包括詩詞、散文、小說、戲曲、地方詩歌等，其中最能反映植物典故歷史，且內容優美、寓意深刻的作品應屬歷代詩詞。詩詞收錄不易且多數散逸泯滅。但由於先輩先賢的努力，經過五十年（或說兩代人）的編輯收錄，有數部集大成的綜合詩集問世，作為研究台灣植物歷史及文物的依據。其中最具代表性者有兩部：一為台灣省文獻委員會出版的《台灣詩錄》，連補遺共四冊；另一則為遠流出版公司出版的《全台詩》，已推出五冊。

《全台詩》目前收錄自鄭氏時代至清同治年間的在台詩人所寫的詩，共六千四百五十四首，經統計總共出現三百四十九種植物，多數植物在中國歷代文學作品中均有引述。《全台詩》出現頻率最高的前十種植物如下：竹（四百三十三首）、柳（兩百三十六首）、松（兩百二十六首）、荷（一百九十八首）、梅（一百七十五首）、菊（一百七十一首）、桃（一百五十二首）、桑（一百二十五首）、蘭（一百零四首）、茅（一百首）。《台灣詩錄》收錄的詩共有五千七百二十首，從唐、宋、元、明，一直至日本時代，只要是與台灣有關的詩篇都收錄其中，包括部分作者不曾到過台灣的作品。與《全台詩》僅收錄在台、來台詩人的詩作稍有差異。《台灣詩錄》中植物出現頻率的排名如下：竹（四百二十一首）、柳（一百八十二首）、桑（一百七十一首）、梅（一百七十一首）、松（一百五十四首）、荷（一百三十七首）、菊（一百二十一首）、茶（一百一十一首）、桃（一百一十首）、茅（一百零二首）。兩本全集和出現在中國歷代文學作品中的植物種類並無不同，例如《全唐詩》、《全宋詩》、《全元散曲》、《明詩綜》等。惟《全台詩》和《台灣詩錄》均以竹出現最多，而中國歷代詩詞則以柳為最多。

■遠流版《全台詩》書影

依詩作內容分析，詩人在台灣真正看到而入詩的種類，有刺桐、美人蕉、檳榔、鳳梨、甘蔗、番茄等，共一百一十種，占全數的百分之三十一．五。一些當時僅分布台灣而罕見於中國大陸，判斷作者因在台灣目睹而入詩的種類，如檬果（様）、文旦柚、蓮霧、釋迦、林投、刺桐、月桃、相思樹、愛玉等，有四十二種，僅佔百分之十二。

占多數的是，那些不適在台灣生長，而僅見於北方，但歷代中國文學作品中出現頻率很高，詩人或引喻自寓、或有感而發，並非生活周遭真正存在的植物。如白楊、槐、杏、海棠、棠梨、牡丹、芍藥、樺木、蒲柳、貝母……等，這些植物原生於華北，或較寒冷的華中地區，無法在台灣做露地栽培。文人見景思物，常在詩句中引述台灣看不到的植物，如陳輝「為是東風吹我醒，海棠花外聽流鶯」詩句，台灣不產海棠，作者卻以長在華北、華中地區的海棠花開來形容春日。台詩中亦多引用《詩經》中的植物，如梓、楸、木瓜、木李、葛藟、蕁、松蘿、白芷、薇、蔡蔚、蓍草、莪等；或引《楚辭》中的植物，如揭車、宿莽、杜若、杜衡等。可見台詩受中國傳統詩詞的影響極鉅。連台籍詩人，也許一生歲月多在台灣度過，所寫的詩文，卻常引述台灣不產的北方植物；甚至也有完全不識台產植物者，仍有詩詞傳世。

不過，台灣自明清以後，大量移民湧入，詩詞之中雖仍充塞中國傳統文學作品常見的植物，但也開始出現熱帶植物的種類，例如荷蘭時代引進的檬果、釋迦、番石榴等，均為原產熱帶之果樹。經濟作物如甘蔗、鳳梨亦屬熱帶植物。台灣詩詞中引述的熱帶植物，尚有月桃、颱風草、美人蕉、金合歡、緬梔、綠珊瑚、椰子、檳榔、林投、黃藤、蔓藤、鷹爪花、相思樹、愛玉、含羞草等等，這些植物中國詩詞均很少提及，而且其中有些種類是台灣的特產，只出現在台詩之中。

一個有趣的比較是：有些植物雖然大陸地區亦產，但未曾出現於其歷代文獻及詩詞之中。相反的，台詩中卻屢有引述。例如茄苳也產於華南各省，但中國傳統詩詞文獻均不見載錄，而台詩及方志則多有詠頌及記載，相思樹亦然。另一種蔓狀的觀賞花卉鷹爪花原產華南，鄭氏時代隨鄭成功部隊引入台灣，亦少見中國內地詩詞引述，但卻常見於清代台詩之中。此外，台人相傳可用來預測颱風頻率的颱風草，華中、華南亦產，不過從未見內地文獻描述或提及之。

■詩人愛竹，古詩中出現頻率最高的植物就是竹。

◆原生植物◆

仙草

六月不寒仙草凍，四時常燠佛桑般。

——林樹梅〈台灣感興〉

仙草凍加糖蜜拌之，是台灣民間最常見的消暑解渴飲品。詩中所述的農曆六月，已是仲夏時節，正是仙草凍上市的季節。「佛桑」又稱扶桑，即今之朱槿（見一八二頁），也稱大紅花。

仙草是唇形科植物，分布山麓地區，全台各處均可見之。常在開闊地與白茅等植物物混生。筆者小時常跟隨家母在野外尋覓、採集仙草，猶記當時仍隨處可見，如今要尋得野生仙草，已不大容易了。

■大面積的人工栽培仙草

仙草在台灣的使用極早，清康熙年間（約一六八五年）寫成的《台灣府志》就已記載。該書說到仙草：「搗爛絞汁和麵粉煮之，雖三伏日亦成凍，和蜜飲之，能解暑毒」，其製法和效能皆與現代無異。一般相信早在鄭成功渡台之前，本地即已形成飲用仙草凍的習慣。

製作仙草凍，要先將陰乾、晒乾的仙草莖葉，以文火烹煮兩、

◆植物小檔案◆

學名：*Mesona chinensis* Benth

科別：唇形科

形態特徵：多年生草本，莖直立或匍匐，高可達五十公分，全株有毛，小枝四方形。葉對生，橢圓形至卵形，先端銳，基部半截形，長三至七公分，寬一至三公分，鋸齒緣。花序頂生或腋生，長約十五公分，數朵花輪生，形成總狀。花冠鐘形，二唇瓣，上唇三裂，下唇三角形，白色至深紅色，雄蕊四枚。

■仙草葉部邊緣有鋸齒

三個小時，再加澱粉糊化，冷卻後所呈的黑色膠狀物，就是清涼退火的仙草凍。從前野地開發的情形還不嚴重，製作仙草凍也僅供自家享用，加上仙草的生育習性又不致過於挑剔，因此野生的群落尚稱繁多。近年來隨著經濟發展，植物生育地多遭侵墾占用，野生仙草已不敷市場所需，專業化的生產方式乃應運而生。目前市面上販售的仙草製品，絕大多數是來自人工栽培的仙草。

■野生的仙草已不易尋覓，本圖亦攝自栽培的植株。

樟

一從行省建，風土倍繁華。
鍊木樟成腦，採出金有沙。

……陳榮仁〈哀台灣十首〉

樟樹的開採，早在清光緒十一年（一八八五）台灣建省之前。但建省之後，移民漸多，開採樟腦的規模也隨著增加。在人工合成樟腦發明之前，台灣是世界主要的樟腦生產地，最盛時期的樟腦出口量占全世界總產量的百分之七十以上。可見當時樟腦產業炙手可熱的程度，足以媲美金礦金沙。

樟樹的天然分布區域極廣，北從東亞的日本，經中國大陸的華中、華南，到琉球、台灣，乃至中南半島均產之。台灣全島則自山麓地區至海拔一千五百公尺，都有自生群落

■彰化縣新庄國小校園內的大樟樹

■樟樹的花通常三朵一組，為聚繖花序。

■《本草圖譜》的樟樹枝葉圖繪

◆植物小檔案◆

學名：*Cinnamomum camphora* (L.) Presl.

科別：樟科

形態特徵：常綠喬木，全株均有芳香，樹皮縱向深裂。葉互生，薄革質，卵形至橢圓形，先端漸尖，基部銳；長七至十公分，寬三至四公分，表面有光澤，背面有白粉，三出脈不明顯，全緣。頂生複聚繖花序，花小，綠白色。果球形，徑〇．五至一公分，成熟時紫黑色。

樟樹的熟果呈紫黑色

。樟樹木材堅硬又防蟲蛀，是製作家具、櫥櫃等的上等用料。台灣人也常取用樟木，來刻製具有永久擺設價值的神像、藝術品。

早年樟腦的提煉蒸製，多在交通不便的山區進行，從伐木、刨木、蒸製到運送，各個環節都有專人分工。不過，樟樹生長的丘陵地區，往往也是原住民的生活領域，因此導致「漢番衝突」頻仍，入山砍樹煉腦的風險相當高。而運送收集樟腦，表面上已是危險性最小的一環，但徐莘田在一八九八年寫就的〈基隆竹枝詞〉詩句：「教郎莫去收樟腦，聞說生番出草多」，說明即使僅是收購樟腦，仍存有可能威脅生命安全的潛在因素。

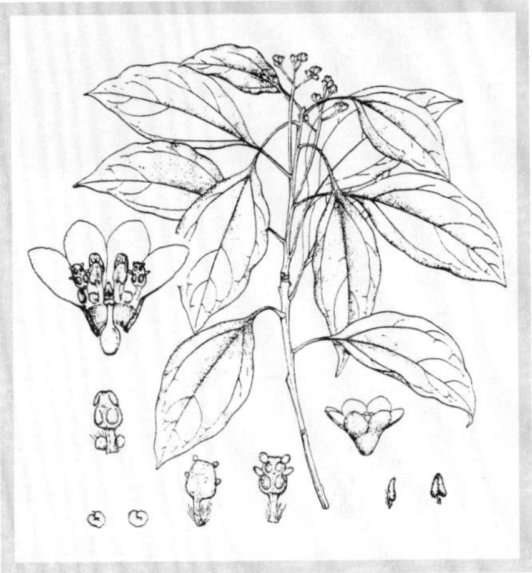

《台灣樹木誌》描繪的樟樹花枝，左有花縱剖面特寫圖。

台灣開發樟腦的年代久遠，清朝以後來台的移民，很多都與樟腦的生產有關。開發順序也與漢人墾拓台灣的腳步一致，始於南部，漸及中、北部，最後才到東部。當初開始入墾東部時，大多數地區仍由原住民控制，漢人不易深入。據說清朝官府認為「番地民性兇悍」，攻伐數次失敗後，居然想到「以虎制夷」的方法：從福建引入老虎，計畫先讓老虎制伏原住民，再來接收林地開採樟腦。但真實的情況是，原住民個個是獵虎高手，所有出柙的老虎，最後都只落得牙齒、骨頭變成獵虎英雄頸上項圈的下場。

神木級樟樹通常只能在寺廟中倖存

早早躍上世界舞台的樟腦

一九三〇年代的台灣樟腦包裝盒

由原生植物樟樹所提煉出來的樟腦，是台灣一項獨特的經濟產物，在二十世紀人工合成樟腦尚未問世、普及之前，樟腦是醫學、化學、香料工業的重要原料，用途廣泛。

日本時代伐採樟樹削木片，預備生產樟腦。

樟腦丸除蟲、防蛀，是保存衣物紡織品最常使用的天然藥劑之一。台灣是世界上最著名的樟樹產地，樟腦早在荷蘭時代以前即曾零星開採，清朝時代生產達到極盛，至日本時代又有另一波高峰；二次世界大戰之前，全球樟腦與腦油的產量，僅台灣一地，就擁有高達百分之七十的占有率，其在世界舞台上的重要性不言而喻。

荷蘭據台前的一六二一年（明天啟元年），顏思齊和鄭芝龍以台灣為基地，開採過樟腦。但荷蘭據台之後，卻未有相關的記載，至少荷蘭人並不認為樟樹是台灣重要的天然資源。鄭氏時代也未曾大規模伐採樟樹，這是因為雖然漢人懂得提煉樟腦的技術，不過當時遷移來台的軍民中缺少這方面的專家。從清康熙年間成書的《台灣府志》對樟樹的記載：「木理潤密，可為器材，氣辛味烈，熬其汁成腦，取置水上，火燃不息，人呼樟腦是也，台莫識熬法」，可見早期台灣少有人知曉樟腦的提煉法。

一六八四年（康熙廿三年），台灣剛納入清朝版圖，局勢尚未完全穩定，與軍火有關的資源均禁止開發，此禁令包括樟腦。這項禁令大幅度減緩了樟腦的開發速度。一七二五年（雍正三年）「軍工料館」砍伐樟樹建造軍船，但仍禁止私人採伐。直到一百年後的一八二五年（道光五年），清廷才開放伐樟製腦。從此開始大量採伐台灣中、低海拔之樟樹林，而在一八二五～八五年這六十年間，樟腦的經營權由官方轉到外商之手，使其變成國際貿易商品，加速台灣樟腦的開發。一八八六年（光緒十二年）劉銘傳設置撫墾局，輔導人民採腦，恢復政府專賣，製腦業邁向第一個盛產巔峰。

■山區白煙裊裊處，就是昔日樟腦寮的所在。

日人領台後，了解到樟腦的經濟價值，視之為重要的天然資源，收歸政府專賣，積極鼓勵開採。同時設置現代蒸餾設備及運輸買賣系統，有計畫地伐採樟樹，提煉樟腦。出口量因此節節上升，使台灣的樟腦業走入國際舞台，並近乎獨占世界的樟腦市場。不過，在如此有規模、有計畫的伐採之下，台灣原生樟樹林也幾乎被砍伐一空，天然樟樹林已完全消失，僅在各地留下被視為神木的數株大樹，及散生於次生林中的天然更新小樹。在樟腦生產的全盛期，桃園大溪，新竹竹東、關西，苗栗三義、獅潭、三灣等地是產量最多之處。

台灣光復後，樟樹資源所剩無多，僅於較深山、較偏遠、交通不便的國有林班地，尚有零星大樹或小面積天然林留存。平原山麓的巨大樟樹因被視為神木而得以存留至今，但全台不過十數株。光復初年，樟腦仍舊替政府賺取了不少外匯，使當時的總統蔣中正先生對樟樹懷有極大的好感。台北市中山北路一段到六段，從總統府到士林官邸的大道安全島上，之所以栽植了成列樟樹作為行道樹，就是基於這段緣由。此後，由於樟樹資源逐漸耗竭，而樟腦又有人工合成品研製成功，市場需求萎縮。台灣的樟腦業自一九六〇年起開始一落千丈，一九六八年七月，首先是省營的台灣樟腦工廠關閉，然後私人工廠也紛紛歇業，橫跨數代歷史、輝煌一時的樟腦產業自此走向終點。

■早期簡陋的蒸餾製腦設備

大甲藺

【蒲草、蓆草、藺草】

家家織席當編蒲，八尺銀床妥貼鋪。
夏日涼生冬日暖，勝他異草拂龍鬚。

李鴻儀〈詠台北內山番社雜詩〉

清朝以前，台南以北的地方，大多稱台北。據作者註解，本詩是描寫清光緒年間（一八八七年左右）的彰化縣，即今台中大甲地區的製蓆產業。該地所產的「異草」，比中國大陸產、也用於製蓆的龍鬚草還要優良，而且那時就已是家家織蓆的盛況，所製的草蓆夏涼冬暖。品質上等者，甚至價值萬錢，夠格作為進京上貢的珍品了。

大甲藺又名蒲草、蓆草。世界分布範圍極廣，亞洲溫帶地區的河口沼澤地、歐洲南部及地中海沿岸的濕地均有之。原產於台灣，生長在中部以北和東北部的河口濕地和沿海魚塭。大安溪下游的苗栗苑裡，宜蘭的五結、冬山目前尚有分布。大甲藺具有堅韌的莖稈，自古即使用來編製草蓆或其他日常用品。

■大甲藺成熟的果穗

陳貫為新竹人，於光緒年間寫了一首〈趣園閒居雜詠〉詩，云：「青青藺草擘花傍，三五嬌娃學織忙。低語端陽佳節近，好將小簟易香囊。」「藺草」即大甲藺，詩中提到連小女孩都在學習

◆植物小檔案◆

學名：*Schoenoplectus triqueter* (L.) Palla

科別：莎草科

形態特徵：多年生濕地草本，高可達一公尺，具有紅色的長地下莖；稈三稜，深綠色，基部有由二或三枚葉退化而成的鞘。鞘長五至十五公分，膜質。聚繖花序側生於枝稈頂端，每單元三至十五個小穗。小穗橢圓形，長〇．七至一．三公分。瘦果倒卵形，紅棕色，有稜。

■大甲地區少數僅存的大甲藺栽培田

■收割後綑成束，擺在廣場曝晒的大甲藺。

織蓆的方法，年幼者負責編織小蓆（小簟），織成的小蓆還可換取端午節用的香囊。另外，從道光年間「洋印花綢為腳纏，嘉文草席當帆吹。世間暴殄知多少，莫笑漁人事倒施。」一詩可知，大甲藺編製的草蓆與遠道進口的印花布料，當時同為價昂難得的珍物，但是不識其價值的人卻拿來當風帆及作纏腳布，以此諷喻世人暴殄天物。

除了編製草蓆，大甲藺的製品還有草帽、提包、背籠等，都是台灣早期的生活必需品。日本時期曾大量外銷到日本內地，受到日人的歡迎。

■大甲藺又名蓆草、蒲草，是水生植物，生長在河口濕地。

編織帽蓆傳奇的大甲藺

以大甲藺編製而成的草帽

台灣使用大甲藺做編織材料的歷史應該很早，只是未有文字記錄流傳。根據現存方志和其他文獻的記載，早在一七二七年（清雍正五年），就有原住民以大甲藺編織草蓆和裝物袋。當時的織物亦有當成商品進行買賣者，惟生產量不多，無法形成穩定的製造及銷售網。直到一七六五年（乾隆三十年），有漢人看到大甲藺織物的商品遠景，才雇工於水田中大量栽植，用來編織草蓆販售。這是大甲藺首次由野生植物採集進入商品化的作物栽培。

日人來台後，也看上大甲藺的潛在商機。自一八九七年起，一方面推廣大甲藺的種植，一方面教導農民編織更多樣的產品，諸如草帽、女用手提袋等，銷往日本內地。而日人臥室及客廳使用的「榻榻米」鋪面也多由草蓆製成，製品需求量的增加，促成大甲藺栽培業及織品製造業的蓬勃發展。於是，在今大甲、苑裡一帶興起許多小型工廠，家家戶戶——不論男女老幼——都成為大甲藺手工業的參與者。一九〇一年，大甲藺的產值及栽植面積達到第一次高峰。之後，台灣地區的經濟持續成長，工商業都有突飛猛進之發展，大甲藺手工業亦有相當亮眼的成績。

大甲草蓆、草帽的榮光一直維持到台灣光復初期。一九四八年左右，曾達到另一次高峰，當時栽植面積有三百公頃之多。可惜好景不常，塑膠製品及其他合成產品的出現與普及，漸漸取代原大甲藺製品。一九六〇年代大甲藺手工業開始衰退，一九六七年的栽植面積，縮小到僅剩十七公頃，一九六八年稍有增加，為二十四公頃。其後一九七〇年代全球爆發能源危機時，大量生產的機械製品受到嚴重影響，手工編織的大甲草蓆、草帽、坐墊、

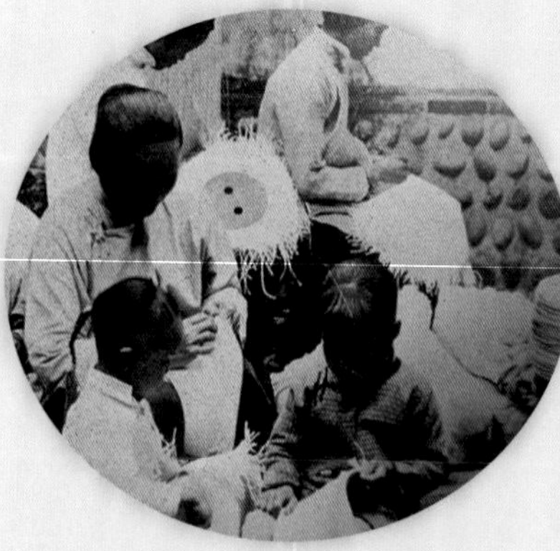
婦女甚至於小孩，都是編織大甲帽蓆的主角。

■日本時代，大甲、苑裡一帶家家戶戶都是大甲藺手工業的參與者。

菸盒、手提包等製品又活絡起來，大甲藺的栽植面積短期間暴增至一百五十八公頃，年生成量達一千七百多公噸。但盛況只是曇花一現，一九八〇年代以後，西式的建築格局和彈簧床的普遍使用，使大甲蓆成為夕陽工業，目前僅在中部地區能見到零星且面積極小的大甲藺栽培田，市面上也少有製品出現。

■一九〇一年前後，大甲藺手工業發展達到高峰。

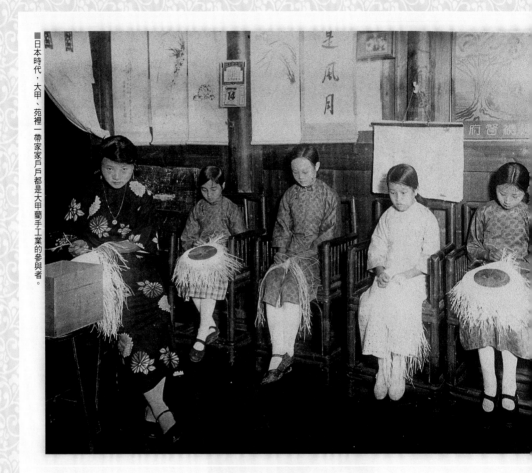

◆原生植物◆

台灣百合

仙桃高樹佛桑紅，花信難憑廿四風。
百合奇香收鹿港，千年積雪望基隆。

……馬清樞〈台陽雜興〉

◆植物小檔案◆

學名：*Lilium formosanum* Wallace

科別：百合科

形態特徵：多年生草本，具鱗莖。莖直立，高可達一．五公尺。葉互生，無柄，線形，長八至二十公分，寬〇．五至一公分，基部抱莖。花一至數朵，漏斗形，白色，花被片六枚，長十至十五公分，中肋外紅褐色，內淺綠色。蒴果長橢圓形，長四至七公分，胞背開裂。種子多數，褐色。

■開白花的台灣百合象徵純潔與神聖

台灣雖是個小島，但緯度跨熱帶及亞熱帶，地形又起伏多變，從平野田疇到高山林立，因此即使是同一種植物的開花季節，也會有南北及海拔高度的差異，無怪乎前引詩特別提到「花信難憑廿四風」。百合花，台灣原生的種類有四種，其中分布最廣、最常見者，可能就屬台灣百合。鹿港有百合花，全島各地的春季也都能一睹百合花綻放的迷人丰姿。花開時帶有飄逸清雅的香氣，自古即受到人們的青睞，栽植於庭院當作觀賞花卉。詩中的「百合」亦可解作百合香，用諸花合之。

■台灣百合的蒴果

百合的鱗莖形似大蒜，古籍上形容其「數十片相累，狀如白蓮花」；正因為其鱗莖是由許多肥厚肉質的鱗片合抱而成，所以稱為「百合」。在中國，百合鱗莖既是珍貴藥材，也是美味食蔬。魏晉年間的《名醫別錄》即已著錄其「無毒，除浮腫、臚脹、痞滿、寒熱、通身疼痛……」，而且古人相信吃百合「最益人」，遺風流傳至今。

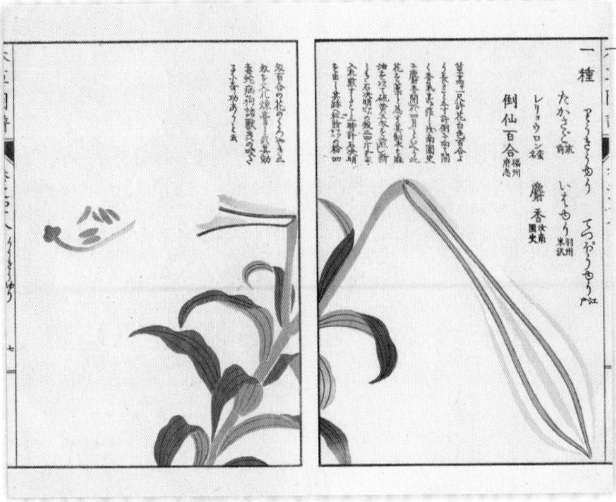

■《本草圖譜》描繪的鐵砲百合

台灣百合屬台灣特有種，全島從海平面至海拔三千五百公尺高山之開闊處均有分布。冬季，植株的地上部分會枯萎，然後翌年春天，再從宿存的地下鱗莖萌發新芽，約在清明節前後開花。昔日原野曾到處可見迎風招展的台灣百合，但自一九七〇年代起，因遭到大量人為的盜採濫挖，以供應藥材及餐館食材所需，族群急遽減少。同屬另有一種，稱為鐵砲百合（*L. Longiflorum* Thunb.），產北、中部海拔五百公尺以下的丘陵地及海邊，亦為台灣常見的百合花。

■台灣百合從古代就已進入台灣的庭園

◆原生植物◆

破布子

【破故子】

破故子，樹葉似梧桐而小，結子如苦楝。煮成以鹽醬浸之，甚甘美。

……薛紹元、蔣師轍《台灣通志》

◆植物小檔案◆

學名：*Cordia dichotoma* G. Forst

科別：紫草科

形態特徵：落葉喬木，高可達十五公尺。葉互生，卵狀披針形至闊卵形，長六至十五公分，寬五至十公分，先端鈍至漸尖，基部略心形，背面疏生毛。花序繖房狀，多頂生；花黃白色，幾無柄，合瓣花，四至六裂，喉部具毛。果為核果狀，球形，徑〇．七至一公分，成熟時橙黃色。

前引這部清末方志中提到的「破故子」，不是別的，就是往昔台灣鄉間重要的菜蔬植物——破布子。果實成熟時，如苦楝般呈橙黃色，內含透明黏質液體，煮熟、和鹽浸漬，會凝結成白色至青灰白色的塊狀固體，吃起來帶有甘味。

■破布子的花

過去，農家常趁夏天破布子結果的時節，將一粒粒指尖大的熟果摘下，煮熟、攪拌壓破後，捏製成塊狀，用以佐餐，特別是早餐時配食稀飯。鹹鹹甜甜的破布子，不僅美味下飯，也被認為能幫助消化、健胃整腸。如古籍所謂「取以熬熟，成凍醃醬，能消積食」。其實，直到一九六〇年代，破布子都還是台灣鄉間尋常的早餐菜色，幾乎每個家庭主婦都懂得如何醃製。

破布子，琉球、中

■台灣的農村居家周圍，至今仍多破布子的植株。

破布子的結果枝

國華南地區及中南半島均有分布，台灣原生於低海拔一千公尺以下之叢林內，後來才移植於家屋周圍。近代由於食品加工業發達，破布子重新登上消費食品的行列，原料需求亦因而大增，目前各地紛紛成立專業栽培區，不但採大面積列植方式栽種，更重視施肥、施放生長劑等撫育工作，以提高產量，滿足市場所需。

在物資匱乏的年代，破布子是台灣鄉下或貧窮人家經常食用的菜餚；後因社會變遷、飲食習慣改變，逐漸為人忽視與冷落。近年來，鄉土意識高漲，大家才又回首去重新檢視傳統藝術及食品。曾被遺忘了數十年的破布子，再次以其特殊的甘味擄獲了現代多數人的胃與心。但製作方式多不再完全遵循古法，而是以近代食品工業之加工法醃製，做成罐頭保存出售；如今已是超級市場十分受歡迎的「古早味」之一了。

《台灣樹木誌》的破布子結果枝及花枝（右下），果實基部可見宿存之花萼。

清代方志中的植物身影

荷蘭時代之前，台灣的植物缺乏文字紀錄。荷蘭人據台三十八年，主要目的是取得對中國和日本的貿易據點，而且經營的地方僅限於南部台南、高雄一帶，及後期的淡水，對台灣的植物文獻幾乎沒什麼貢獻。鄭氏統治台灣又僅短短二十餘年，留下的文獻亦少。自清代起，領有台地兩百多年，儘管多數時間清廷並未積極治理，但派駐四方的官員稟承中國文人撰寫地方志書的傳統，先後留下各地之文物、官制、地理、風俗等紀錄，以為治理斷事的依據。於是也留下了各時期的物產紀錄，包含植物文獻在內。因此，保留豐富植物紀錄的方志，主要都集中在清代。

清廷統治台灣期間，派駐的官員有三年回任的規定，來台官員人數相當多，編纂了為數不少的方志。起初，台灣只設一府，隸屬於福建省之下，撰寫的志書稱為府志。等到光緒年間台灣建省後，所寫的志書則稱為通志。二者內容均包括建制、物產等。清初，台灣府之下首先設三縣，分別是台灣縣、鳳山縣、諸羅縣，三者均有縣志。隨著人口遷移，移民人數增加，又陸續增設不少廳、縣，如彰化縣、新竹縣、淡水廳、噶瑪蘭廳等。各廳、縣也承襲府志體例，分別纂有縣志、廳志等。這些方志中關於台灣植物的引進、利用和相關的風俗習慣的紀錄，是研究早期台灣植物史的重要文獻。

一　蔣毓英的《台灣府志》

為台灣最早的一本方志，由蔣毓英於一六八五年（康熙二十四年）前後撰成。因為當時台灣剛列入清朝版圖不久，因此，所寫應是鄭氏時期或更早的荷蘭時代的典章制度和風土民情。

《台灣府志》共十卷，其中卷四〈物產〉篇，羅列當時台灣常見的經濟植物及本土特產。本書記載的大多是鄭氏以前的民生植物，包括引進的植物種類及作物品種，可供研究荷蘭據台以來引進植物的類別。物產篇的植物類分成稻、麥、黍稷、菽、蔬、果、藥、竹、木、花、草等十一大類，種數共有二百零九種之多。其中稻類就登錄了十三個品種，也得知高粱、花生、蓖麻、曼陀羅等，在鄭氏、荷蘭時代或更早以前即已引進台灣，有些植物後來並大量栽植，成為台灣的重要產業。

其後六十年內寫就刊行的《台灣府志》（高拱乾，一六九六）、《重修台灣府志》（周元文，一七一二）、《重修福建台灣府志》（劉良璧，一七四二）等，皆有專章介紹台灣的風土、風俗及物產。但所描述的植物種類與內容均不出本書之範圍。

范咸、六十七的《重修台灣府志》

在《台灣府志》脫稿六十年後，台灣方志有關植物的記述，出現另一個里程碑：即范咸、六十七同修，於一七四七年（乾隆十二年）刊行的《重修台灣府志》。有別於前期完成的志書，本書對植物的敘述方式及內容，開始有創新的寫作格式，後世的志書皆因襲之。

全書共二十五卷，其中卷十七、卷十八為物產篇，描述了各類別植物，包括：五穀、蔬菜、草木（含花、果、木、竹、草、藥）等章節。每一大類均詳細介紹當中每一種植物之來源、形態、用途等，有些更描述花期、收穫期。最特別的是，各個植物大類章節之後都有詳細的附考，大量引述每種植物過去出現的文獻、典故，並對植物種類的辨正做出描述。是研究台灣植物歷史及文化背景不可或缺的材料，也是相當具權威性的台灣植物文獻。

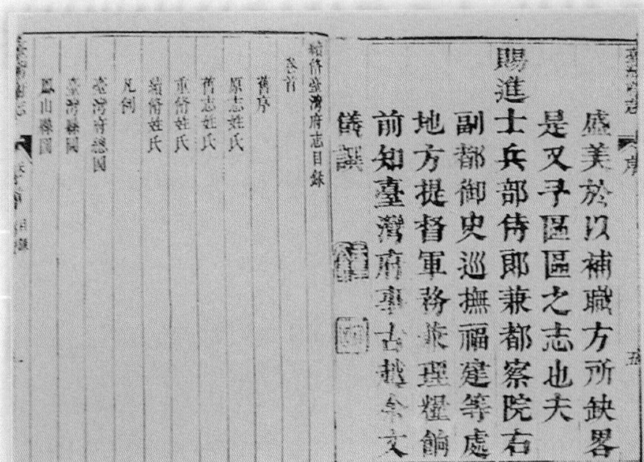

■《續修台灣府志》書影

其後撰寫的台灣志書物產篇，特別是植物部分，大都不出本書架構：十七年後刊行，由余文儀主修的《續修台灣府志》，不但植物種類相同，連敘述亦多原封不動沿襲本書。一百多年後，由林鴻年於一八七一年撰述的《福建通志台灣府》有關物產部分的描寫，不僅內容比本書簡略許多，且植物種類不增反減，後出的志書多遠不如本書。

薛紹元的《台灣通志》

一此書於一八九五年（光緒二十一年）寫就，是清代最後一次的官修台灣志書。書剛完成台灣即割讓給日本，原稿無法付梓。一九〇七年

（光緒三十三年）日人得知有此書稿，托人購買送回台灣，藏於當時的台灣總督府圖書館。本書由於在台灣異幟前撰成，是研究日本時代前台灣各項典章制度的最佳文獻。就植物學的觀點而言，此書可確定日人據台前即已引入並大量使用的植物種類，是研究台灣植物引進史的重要參考材料。

《台灣通志》由薛紹元主筆完成，全書共分成七大部分，關於植物的描述皆置於特產這一大項下，該項又區分成五穀類、蔬菜類、草木類……等。其體例沿襲范咸、六十七的《重修台灣府志》：即將上述的五穀類又細分成稻、麥、黍等細類，每一細類包含多種植物，其餘各類亦然。講述完各種植物之後，在各細類之後又有特考，說明各植物出現之典籍、來源、傳說、用途等。所引述的植物種類達四百四十五種，是至清代為止，所有刊行的志書中植物種數最多者。

連橫所撰的《台灣通史》一八九五年付刊，雖說是台灣志書中之集大成者，植物種類亦多達三百五十四種，惟各種植物的描述稍嫌簡略，價值稍遜。

《諸羅縣志》與其他縣志

縣志是方志中的方志，台灣現存最早的縣志，是周鍾瑄在康熙五十六年（一七一七）寫就的《諸羅縣志》。諸羅縣管轄今嘉義縣、台南縣北部和雲林縣南部等，本書著重規章、藝文、人物、風俗等，其中亦有物產專章。物產志下又細分為穀、蔬、果、花、木、竹、草、藥等，共引述兩百五十七種植物，惟植物的描述大多引用早先修纂的各種台灣志書。

■《諸羅縣志》書影

■《諸羅縣志》中的山川圖

其後又有各地縣志的撰寫，如一七二〇年王禮主修、陳文達等編纂的《台灣縣志》，為約當於今台南市、台南縣轄區範圍的志書，列有二百二十八種植物。一七五二年又刊行王必昌總輯的《重修台灣縣志》，植物增加一百三十四種。此縣志一八〇七年又修過一次，即謝金鑾和鄭兼才的《續修台灣縣志》，但植物種類反倒減少，只簡略提到一百一十種。《恆春縣志》則出現較晚，完成於一八九三年（日人據台前兩年），共描述了一百五十四種植物。此外，尚有《彰化縣志》、《噶瑪蘭廳志》、《鳳山縣志》、《淡水廳志稿》等。所有縣志的植物種類均不出同時代各種台灣志書的規模。

台灣重要志書所引各類植物統計表

書名	修纂者	刊行年代	稻（品種）	麥	黍稷	菽	蔬菜	果	竹	木	花	草	藥	其他	總計
台灣府志	蔣毓英	一六八五以後	1（13）	2	5	6	40	19	8	26	41	25	36	—	209
台灣府志	高拱乾	一六九六	1（12）	2	5	6	38	18	3	20	37	19	30	—	179
重修台灣府志	周元文	一七一二	1（12）	2	5	6	38	18	3	20	37	19	30	—	179
台灣志略	伊士俍	一七三五	1（5）	1	2	6	—	12	1	5	15	—	—	2	45
重修福建台灣府志	劉良璧	一七四二	1（27）	4	5	8	34	28	11	35	53	15	83	—	277
重修台灣府志	范咸、六十七	一七四七	1（27）	4	5	11	29	28	12	45	65	27	83	—	310
續修台灣府志	余文儀	一七六四	1（27）	4	5	11	29	28	12	45	65	27	83	—	310
福建通志台灣府	林鴻年等	一八七一	1（14）	3	2	10	38	37	15	47	66	25	41	—	285
台灣通志	薛紹元	一八九五	1（39）	4	13	18	40	39	19	64	84	163	—	—	445
台灣通史	連橫	一八九五	1（43）	3	5	13	34	43	20	68	83	66	—	18	354
諸羅縣志	周鍾瑄	一七一七	1（15）	4	4	5	38	31	12	36	63	20	34	9	257
鳳山縣志	李丕煜	一七二〇	1（12）	4	5	7	32	29	7	22	47	13	40	—	207
台灣縣志	王禮、陳文達	一七二〇	1（11）	4	4	7	32	31	9	29	62	16	33	—	228
重修台灣縣志	王必昌	一七五二	1（27）	4	6	15	39	29	14	45	69	21	123	6	362
續修台灣縣志	謝金鑾、鄭兼才	一八〇七	1（?）	1	—	—	3	13	2	24	52	2	7	5	110
淡水廳志稿	鄭用錫	一八三四	1（26）	4	4	13	30	25	14	42	63	18	79	2	295
彰化縣志	周璽	一八三六	1（14）	4	4	14	26	29	11	28	56	28	36	7	243
噶瑪蘭廳志	陳淑均	一八五二	1（24）	3	3	14	34	29	9	48	54	23	129	2	349
恆春縣志	屠繼善	一八九三	1（4）	2	7	7	32	22	2	15	19	9	37	1	154

◆原生植物◆

大葉山欖

【台灣膠木、矗古公】

一身黑褐色樹幹的大葉山欖，因全株富含略似橡膠的乳汁，所以又稱「台灣膠木」。原產菲律賓北部及台灣，台灣之天然分布區則僅有蘭嶼、綠島和恆春半島。在原產地的沿海村落，大葉山欖多種植於屋前供乘涼用。最近十幾年來才受到廣泛的注意，並引種到台灣各地，是少數被大量推廣栽植的原生樹種之一。由於其樹形高大優美，葉片革質、濃綠，病蟲害少，且耐鹽、抗風、耐旱等特性，

■大葉山欖新枝由老枝下端長出，葉叢生枝端。

■樹形高大優美，葉片革質、濃綠、病蟲害少等特點，使大葉山欖逐漸被推廣栽植。

◆植物小檔案◆

學名：*Palaquium formosanum* Hayata

科別：山欖科

形態特徵：常綠喬木，高可達二十公尺，全株具乳汁。葉叢生枝端，厚革質，橢圓形至倒卵形，長十至十二公分，寬五至八公分，先端圓或有凹缺，基部鈍，全緣，常稍反捲。花叢生葉腋，花合瓣，六裂，淡黃白色。核果球形至橢圓狀，長三至四公分，徑一至二．五公分。種子大，單一。

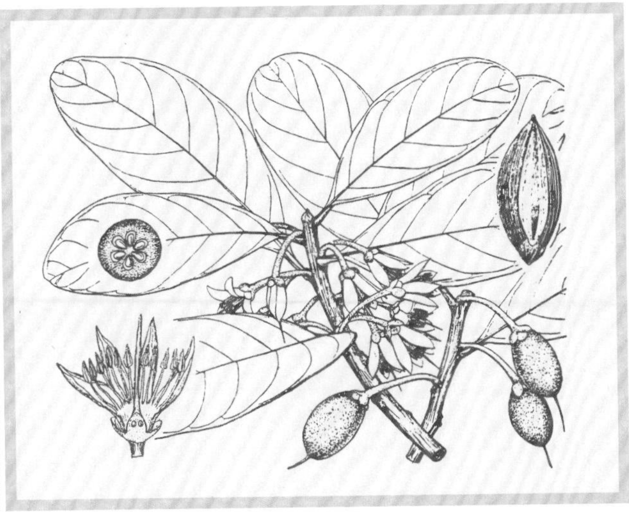

■《台灣樹木誌》中的大葉山欖花枝及果枝圖，果實先端的細長物為宿存花柱。

被認為最適合位居颱風帶的台灣，而用作行道樹。近海地區栽種者尤多。

略呈橢圓形的果實，無論形狀、色澤、大小都類似橄欖。台東海岸山脈的居民稱之為「橄子」，海岸公路近花蓮市郊有一小村落，名為「橄子樹腳」，就是源自於大葉山欖。未熟果味極澀而難以入口，但若把採摘下來的果實於陰涼處後熟幾天，等果皮變軟，則變得香甜多汁而可口，在蘭嶼當地甚至有「蘭嶼芒果」之美稱，是昔日海邊村落的重要果樹。

■大葉山欖的結果枝

大葉山欖也是古時平埔族的族樹，住屋之屋角或屋後必種此樹。台東海岸平埔族聚集的地方，如新社、長濱、成功等地，到現在仍能見到大葉山欖巨木，成為部族的表徵。此外，在原產地蘭嶼，大葉山欖的木材是達悟族（即雅美族）造拼板舟的重要原料之一，用以製作船首、船尾板、船槳及坐板等，木質優良的程度可見一斑。

■大葉山欖的花枝

荷前時代

一六二四年荷蘭人占領台灣之前，稱為荷前時代。因缺乏文字紀錄，有時也稱之為台灣的史前時代；歷經的年代自四百多年前至數千年以前。這段期間的移民，主要是南島民族，移入的植物以原生於中南半島與南洋群島，或已在該地區長久栽培的植物為主。由於無歷史記載，植物引進的年代都難以考證，只能根據明清以後的紀錄及原住民生活習慣的獨特性，來推測個大概。如從明人陳第於一六〇三年所寫的台灣第一部可徵的文獻——〈東番記〉，可知當時原住民日常使用的植物有大小豆、胡麻、薏苡、椰子、蔥、薑、番薯、甘蔗……等。加上其後明清兩代文人陸續留下的記述台灣的文獻，不難拼湊出荷前時代即已存在的外來植物種類。

一般認為台灣島上的原住民是在不同時期，由不同地區陸續遷移至台灣。移入台灣時，至少有部分族群同時攜帶原居住地的植物繁殖體進入。這些植物中，以與生存相關的食用植物最為重要，其次則為香料或嗜好品。食用植物諸如稻、小米、芋等，均為南島民

族（特別是熱帶雨林區域）的主要糧食作物，人類栽培的時間也最久，具有數千年以上的馴化歷史。椰子用途極廣，舉凡房屋建築、生活用具、糧食衣物等，均可派上用場。至今東南亞地區的鄉間，生活材料仍多取自椰子。古代原住民進入台灣，椰子應是主要引入的植物種類之一。檳榔的利用史也超過千年，在中國，遠自魏晉南北朝時期即有引進及食用的紀錄，唐宋以後中國版圖擴大，嗜食檳榔的文獻更多。而南島民族也早有嚼食檳榔的風俗，遇遠行或遷移時，沒有不攜帶同行的理由。檳榔在新石器時代即已引進台灣，成為先民生活不可或缺的植物。

另外，從不同時期的方志、詩詞、遊記文獻的研究顯示，一些重要經濟植物引進台灣的時間，比現代大多數植物學者所認知的要早上許多，例如甘蔗、椰子、番薯等。本篇針對荷前時代所引進的植物，至今仍在民眾生活中占重要地位或具代表性者，描述其引種歷史與影響等。

稻

饁擔羅田畔，婦媚依土傍。兒童四五人，裸走拾穗狂。

……黃清泰〈宿貓霧戍田家〉

■《本草圖譜》中的無芒普通品種稻穗

◆植物小檔案◆

學名：*Oryza sativa* L.

科別：禾本科

形態特徵：一年生草本，稈高可達一公尺。葉披針形至線狀披針形，長二十至四十公分，寬〇．八至一．五公分。圓錐花序直立或下垂；小穗橢圓形，含三小花，下方兩小花退化，穎極小；花柱二個，羽狀，雄蕊六枚。穎果橢圓形，兩側稍平。

引詩中的「饁」（音頁），意指送食物給在田裡工作的農夫。農業社會稻作收穫時，大多全村里一起動員，彼此互助收割。農田主人則會準備點心，或甜食或稀飯，招待參與收成的農人。本詩中負責送飯、送點心的是年輕的女主人。稻作收割後，有些稻穗會掉落在田中，窮人家的小孩於是三五成群在剛採收過的田地上，尋找遺落的稻穗，歸為己有。努力、細心加耐心，一天下來也會積少成多，頗有斬獲。

■盛開中的稻花

明清以後，台灣的平原地區，多已墾拓開發。能引水灌溉的地方，早成沃野千里，遍植穀物，而其中主要的作物就是水稻。例如清道光年間，林占梅的〈憩內灣莊家〉詩，就有「平疇土沃肥秫稻」句；同治年間，陳肇興的〈肚山道中即景〉詩，也有「竹圍稻屋自成家」句。豐年時節，稻穀堆積如山，一片豐衣足食的繁榮景象。陳肇興另一首〈秋田四詠——穫稻〉詩描寫道：「黃雲重疊畝西東，一歲還逢兩稔豐。萬斛稻粱如阜立，數聲耞拂近年終。」用黃雲來譬喻連綿阡陌的金黃稻穗，以土山來形容纍纍堆積的收成稻穀。

原住民嗜飲酒，稻穀收成之後，除儲留年中所需的食糧外，大多釀製成酒。

■《本草圖譜》的稻穗圖繪，此為長芒型的品種。

■接近成熟的稻穗呈黃棕色

范咸的〈莊副使惠女貞酒走筆賦謝〉詩，就曾記錄及此：「裸人種稻手自舂，咀嚼作麴塵埋封」。首先用杵臼舂米，然後把米煮熟，由婦女咀嚼發酵成酒麴，再加以密封，即可成為美酒佳釀。

■連綿阡陌的水稻，自古就是台灣農村的主要景觀。

填飽島民肚腹的稻米

亞洲的栽培稻起源於印度東北部、緬甸北部及中國西南部一帶，經長期傳播，已廣泛分布於世界各地。而長時間在不同環境下栽培、選育，也形成了不同澱粉特性、不同海拔、不同緯度、不同生態（水域或旱地）的眾多品種。一般可分成秈、粳兩大類，依早熟、晚熟、水、陸、軟黏、乾鬆等，又區分為不同品種或型。在植物分類學上，亞洲稻可細分成三型：粳稻（日本型，即蓬萊稻）、秈稻（印度型）及爪哇型稻。東南亞盛行栽培的水稻，則屬爪哇型稻。

台灣早期的原住民就有種稻，台南的南關里遺址和恆春半島墾丁遺址，都出土了四千年以上的碳化稻米。一般認為當時的稻種是由印尼或菲律賓引進的爪哇型稻。陳第撰於一六〇三年的〈東番記〉，是最早記錄台灣物產的文獻之一，作者敘述所見之台灣「無水田，治畬種禾……粒米比中華稍長，且甘香」。顯示當時原住民所栽的稻種和中土者不同，且應屬爪哇型稻中的旱稻。但彼時台灣人口不多，稻作面積不大，所引進的品種應在少數。

荷蘭時代開始有為數較多的漢人移民，陸續由福建、廣東引進中國的秈稻，最初只是滿足來台華工的糧食需求。後來發現「台地土壤肥沃，田不資糞，種植後聽之自生，不事耘子，坐享收成，倍於中土。」荷蘭政府見栽培水稻和甘蔗一樣獲利頗豐，遂也鼓勵種稻，一方面自給自足，一方面又可向日本、中國等地出售。這時引進的水稻品種並無詳實紀錄，但根據在荷蘭人撤退二十餘年後成書的《台灣府志》（約一六八五年），所記載的台灣稻米品種已有早尖、早仔、埔尖……過山香、鴨母跳等十三類以上。

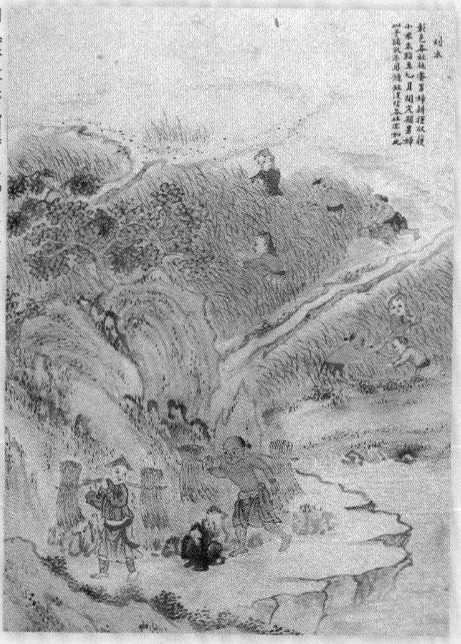

■《番社采風圖》之「刈禾」，可看出原住民所栽植的稻為旱稻。

■農家孩童腳踏水車，以引水至田中灌溉。

鄭氏時代，鄭成功部隊來台，引入更多漢人移民，除了鼓勵農民栽種水稻，軍隊也在各地駐紮屯田。為滿足軍民糧食供需，新闢許多水稻田，面積比起前代當有數倍的增長。清代統治台灣兩百餘年，漢人移民更多，糧食需要量更大，幾乎所有平原地區均經開墾，栽植水稻及其他作物，有些地區田地已往丘陵及山麓地帶發展。水稻種植面積呈空前成長，引進的稻米品種也漸增，至日人領台前寫就的《台灣通志》（一八九五年），已記錄了早占穀、埔占穀、圓粒穀等三十九種以上的稻米品種。

一八九五年日人領台時，台灣的稻米生產還是秈稻（在來米）占絕對優勢。日人向來重視農業研究，來台同時即著手進行稻米品種的試驗改良。特別著重粳稻（蓬萊米）的育種，一九二二年以後，蓬萊米開始投入生產。由於米質較黏，口感較佳，加上政府刻意推廣，一九三八年全台種植蓬萊米的面積已達四十萬公頃，高於在來米的二十二萬公頃。從此，台灣稻米的栽植以粳稻為主，秈稻反而退居為零星栽培的配角了。

台灣的稻米生產量自古都是隨著人口的增加而攀升。日本時代末期大多維持每年六十萬公頃以上的栽培面積。中華民國政府接收台灣的最初幾年，稻米種植面積仍有微幅成長，一九四九年栽植面積已達七十五萬公頃。此後隨著台灣經濟發展，人口快速成長，年種面積曾高達兩百多萬公頃，幾乎是光復初期的三倍。近年來，國人飲食習慣改變，不再完全依賴稻米為主食，各種五穀雜糧，如小麥、玉米、馬鈴薯等西式食品逐漸進入台灣家庭。加上西方飲食習慣的入侵，稻米的需求量逐年減少。至一九九二年，台灣水稻面積已銳減為四十萬公頃，比日本時代中期還要少。

臺灣農村ノ收穫（臺北）
THE HARVEST-TIME IN FORMOSA. (61)

■日本時代稻田收割一景

小米

【黃粱、粟、粱、狗尾黍】

操臼何修月下容，紅顏赤腳鬢蓬鬆。
雙拳握杵聲聲喊，紫竹黃粱用手舂。

……黃逢昶〈台灣竹枝詞〉

■日本時代烏來地區的泰雅族舂小米一景

黃粱即小米。這首詩是描述清光緒年間原住民用杵臼舂小米的情境，操杵者是披著長髮、打赤足的婦女。一面舂米一面歌唱，是原住民社會日常生活的一景。日本時代留下的各族「寫真」，也常見用杵的畫面。直到今天，原住民舉行祭典活動時，舂小米仍舊是儀式中重要的一環。

小米又稱粟、粱，是人類最早食用的穀類之一。原產歐亞大陸，由於植株耐旱耐瘠，生長期短

■《本草圖譜》描繪的小米，與原住民沿用至今的品種相同。

◆植物小檔案◆

學名：*Setaria italica* (L.) P. Beauv.

科別：禾本科

形態特徵：一年生草本，高可達一．五公尺，常數莖叢生。葉線狀披針形，長十至四十二公分，表面粗糙。頂生圓筒狀或穗狀，密生至散生的圓錐花序，穗長十至三十公分，徑一至五公分。穎果小，但每穗果量極多，且排列緊密。

■小米耐旱、耐瘠，生長期又短，是人類最早食用的穀物之一。

，自古即為黃河流域乾旱地區的主要糧食作物之一。小米數千年前傳入雲貴高原，再由雲貴一帶傳至中南半島及其他南亞、東南亞地區，至今仍為中南半島高原或丘陵旱地的主要作物。一般相信原住民遷居台灣時，即已攜入小米栽種，並成為山區部落賴以維生的食糧。小米也是原住民族釀造小米酒及製作麻糬的原料。

穀粒很小，所以有小米之稱；因在分類學上與狗尾草同屬，形態也有雷同之處，故又稱狗尾黍。清康熙五十四年（一七一五）任北路營參將的阮蔡文，曾寫下一首以〈淡水〉為題的詩，記下當時淡水地區的農業概況。詩云：「凡此淡水番，植惟狗尾黍。山芋時佐之，原不需大米。」大米即稻米，說明此地原住民的主食為小米和芋頭。一直到清代，台灣先民常在平原水澤處植水稻，山地丘陵地則同時栽種小米及旱稻。糧食作物除稻米外，尚包括小米、黍秫等穀類植物，光緒年間陳瑚的詩：「數畝薄田生計足，半收秫粟半收秔。」（詩中的「秔」為稻，「粟」即小米）即可為證。

■小米收穫之後，果穗綑綁成束晒乾。

番薯

【甘藷、地瓜、紅芋、紅薯、朱蕷】

誰憐蕷做飯，果見釜生塵。
不歷郊原遍，焉知民苦辛。

……王兆陞〈郊行即事〉

■《本草圖譜》中葉近掌狀的番薯品種

◆植物小檔案◆

學名：*Ipomoea batatas* (L.) Lam.

科別：旋花科

形態特徵：一年至多年生宿根草本，莖呈匍匐生長，莖上有節，每節皆能生根發芽。部分根膨大成塊根，全株具乳汁。單葉互生，有心形、掌狀、戟形、三角形等多種變異，全緣至深淺不等之缺刻。聚繖花序，花三至十五朵；合瓣花，花紫紅色或粉紅色，有時白色。蒴果褐色，內含種子一至四粒。

■最晚在台灣光復初期，番薯已是重要的糧食作物之一，到處都有栽種。

王兆陞於清康熙廿七年（一六八八）任台灣縣知縣，時台灣剛入清朝版圖不久。王兆陞常深入民間視察，對一般百姓的生活疾苦有很深刻的印象。此詩是同題的八首詩之一。「蕷」據作者自註：「俗呼土瓜，無糧代飯者十之五」，按句意「蕷」即今之番薯，稻米歉收或其他主食不足時，可用來代糧充飢。

番薯自古即有多種名稱，如范咸詩句：「地瓜生處成滋蔓」，叫地瓜。另外，有紅芋、朱蕷、紅薯之名，如周凱詩「有錢家始煨紅芋」，蔡廷蘭詩「花生綿根荄，朱蕷長園圃」，何徵詩「斜

■番薯葉早年用來餵豬，今日卻是台灣地區重要的蔬菜。

日荒城紅薯大」等；這些寫於不同時期的台詩，儘管所用名稱各異，但所指之物皆是番薯。而朱仕玠之詩句：「別有細抽番薯好」，就稱之為番薯。

古時生產技術落後，即使是番薯這種不擇地利、易栽易長的作物，也有供應不足的時候。因此，昔日人們會在盛產期將新鮮塊根切條、晒乾成簽，以備荒時之需。自古「土瘠民貧」的澎湖地區，即因不產稻粱，而以「薯乾作食呼薯米」，並且就地取用大海賞賜的海藻、魚蝦，和薯米一塊煮成粥，名曰「糊塗粥」，如劉家謀〈海音詩〉所言：「一盌糊塗粥共嘗，地瓜土豆且充腸」，道盡貧苦地區居民生活的艱辛。

■開花的番薯植株

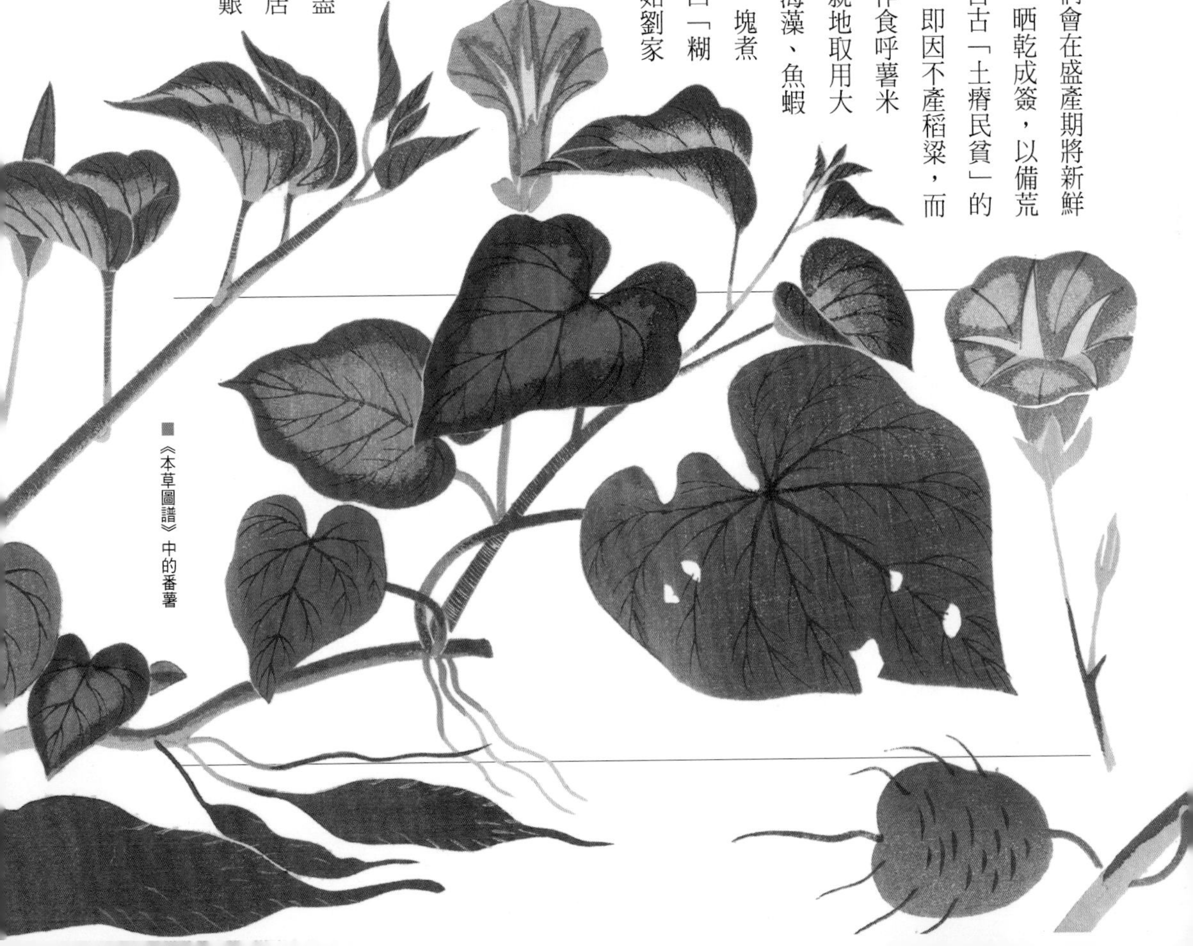

■《本草圖譜》中的番薯

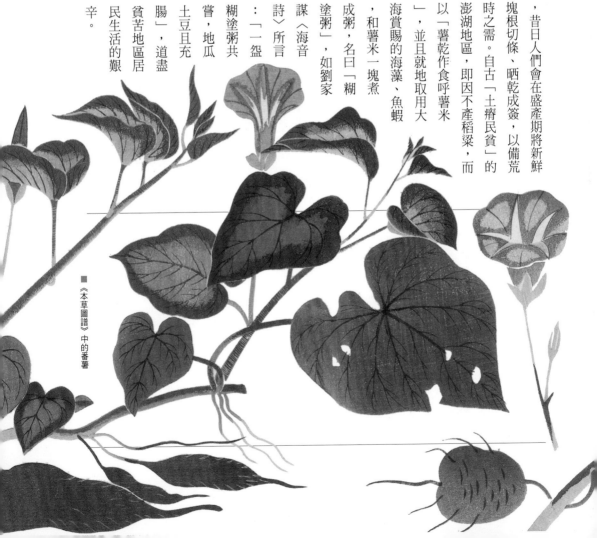

角色與時俱變的番薯

番薯雖遠在荷蘭時代之前即引入台灣，但初期並未大量推廣，直至日本時代大量引進不同品種，並致力於雜交育種研究，選育當中優良品種推廣栽植，才成為台灣重要的糧食作物，深深影響多數百姓的生活。番薯塊根「潤澤可食，或煮、或磨為粉，亦可釀為酒」，「可生食亦可熟食」。除了是糧食作物外，近代並以之作為工業原料，製造酒精、飴糖、醋等，或用於再發酵工業、農產品加工業。

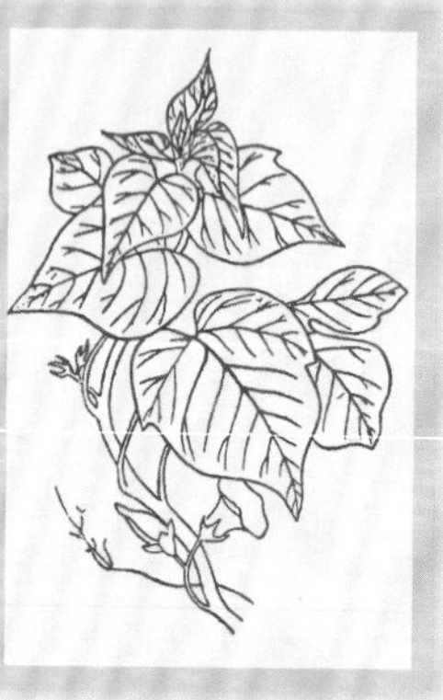

■《植物名實圖考》中的番薯圖繪

番薯原產於美洲「新大陸」，哥倫布一四九三年在海地發現後帶回歐洲。但其原產地經後人研究，應在墨西哥以及從哥倫比亞、厄瓜多爾到祕魯一帶的熱帶美洲，因此海地的番薯也是引進種。西班牙人據中南美洲時，將其引至亞洲的殖民地菲律賓。約一五八〇年（明萬曆年間），泉州人陳振隆從菲律賓的呂宋島引至福建。多數學者認為番薯是十七世紀初荷蘭人據台（一六二四年）之後，由漢人移民自福建引入台灣栽植。但撰寫於一六〇三年的〈東番記〉卻已有番薯的記載，只是其被列入蔬類，而非如往後的許多方志列在穀類項下。可見早在荷人來台之前，原住民即種有番薯，引進的地點可能也是呂宋。

台灣島上的資源，荷蘭人起初只注意到鹿皮，一六三六年以後才開始注意其他物產，如甘蔗和稻米等，並加速其生產，對番薯則不感興趣。相反地，漢人卻熱衷地栽種傳布。這是因為番薯不擇土宜，種下後三至四個月即可收成，栽植技術簡單，隨便栽一段蔓莖即可成活，所以比起技術要求高的水稻或其他作物，番薯是極佳的渡荒型作物。

鄭氏時期，軍務倥傯，基於軍事需要而在台灣徵糧。但當時稻米還來不及收成，於是轉徵番薯。根據記載，鄭軍初臨台灣之時，伙食是番薯摻合雜糧一起供應。當局了解番薯的重要性，曾鼓勵農民栽植，作為戰爭的儲備糧食。

台灣納入清朝版圖後，漢移民增加更為快速。平原上土性良好、質地鬆軟之處皆已闢為農田，栽植水稻、蔬菜及其他經濟作物。新移民只能墾殖較差的河灘地，土壤生產力差的貧瘠地、乾燥地，有時甚至必須在海邊砂地種植。而在糧食作物中，只有番薯能在這類生育地生長良好。清代中葉之後，人口持續增加，而平原地區之開墾已呈飽和，只能往山區發展。番薯耐旱、耐瘠的特性成為山區新墾地的先驅作物。最重要的是，番薯在這些生產力較差的生育地，可和粟、芋、旱稻等作物混作。番薯在清代台灣，栽植非常普遍。

從日本時代到台灣光復初期，番薯在台灣歷史上扮演十分吃重的角色，和稻米同為此時期台灣人的主要糧食。日人自一八九〇年代起，開始重視農業試驗，進行作物品質調查，收集並研發、推廣新品種，番薯是其中最重要的研究對象之一。對番薯品種的開發和推廣不遺餘力，從一九〇〇～三七年不到四十年的期間，番薯在台灣的栽植面積從三萬一千九百公頃激增至十三萬九千公頃，產量也由每年的二十萬公噸，增加到每年一百七十萬公噸。農業試驗所在一九二二～四四年研發出台農一號至三十四號新的品種推廣栽植，並鼓勵農民以番薯和其他作物輪作或間作。除了供應糧食，同時也當作化學工業原料，製造酒精、甲醇、丙醇、丁醇等。日本時代末期，恰逢戰爭，各項物資均有所不足，政府鼓勵大量栽種番薯。糧食匱缺的年代，連番薯都須進行配給。

中華民國政府接收後的一九四五～七〇年間，是台灣番薯的黃金歲月。光復初期物資極為匱乏，一九四五年約有百分之四十的人口以番薯作為主食，到一九六五年此一比例也仍有百分之十九。番薯作為台人主食的比例雖逐年遞減，但其生產量卻從一九四五年的一百一十六萬公噸增加到一九七〇年前後的三百四十四萬公噸。原因是養豬業在這段時期興起，番薯的角色從人類食糧轉為養豬的飼料。其間，農民栽植的品種是由農試所培育之台農五十七號黃番薯和台農六十六號紅心番薯。直到一九七〇年代末，養豬業改成企業化經營，豬的飼料由進口玉米和其他作物取代，番薯產量才急遽減少；一九九〇年後，已少有大面積栽培。如今，番薯又由糧食及飼料變身為其他用途：塊根加工製成薯條、麵條、番薯片、番薯餅等製品，在市場上販售；烤番薯在市街當零食販賣；番薯葉成為家家戶戶經常食用的蔬菜。與昔日相較，使用方式更是大異其趣了。

■昔時農人在番薯園中工作

甘蔗

微聞香氣來糖廍，屢見青蔥度蔗田。
翠竹叢中村犬吠，白沙池上水牛眠。

——六十七〈北行雜詠〉

■《植物名實圖考》中的甘蔗圖

◆植物小檔案◆

學名：*Saccharum sinensis* Roxb.
科別：禾本科
形態特徵：多年生高大草本，高可達四公尺，莖叢生，圓柱形，有節，實心，莖皮色呈淡黃、綠色至紫黑色，節間上部被有厚蠟粉。葉互生在莖兩側，葉片帶狀線形，長可達一公尺以上，葉緣有銳鋸齒，葉片下有管狀葉鞘，包被莖節。花呈頂生圓錐花序，白色。

六十七，滿洲鑲紅旗人，於清乾隆九年（一七四四）任巡台御史，在台時喜到處探訪民情，以詩詞、繪畫記錄各地風俗與物產。本詩描述的正是當時典型的農村風貌：竹叢遍生的村落，此起彼落的犬吠聲，水池泡浴取涼的水牛。再就是村落周遭青翠蒼鬱的蔗田，和空氣中飄散著從糖廍傳來的陣陣糖香。

■竹蔗原產於中國華南地區，是古老的野生種。

歷史上廣為栽培的製糖用白甘蔗有數種：原產中國華南的竹蔗（*S. sinensis* Roxb.）、產自印度的野生種蔗（*S. spontaneum* L.）、熱帶栽培蔗（*S. officinarum* L.），以及大莖野生種蔗（*S. Orbustum* Brandes et Jesw）等。前二者是古老的野生種，後二種

■大面積栽培專供製糖用的白甘蔗

則是雜交種及自然變異種。近代各地栽植的豐產甘蔗，大都是上述各種的雜交種。紅甘蔗稈皮呈紫紅色，莖粗質嫩、水分多，糖度及纖維含量均較低，是由熱帶栽培蔗選育出來專供食用的果蔗品種。

日本時代以前，台灣的甘蔗大多栽植在氣溫較高且雨量較少的西南部。比六十七晚一年任巡台御史的范咸，其〈北行雜詠〉詩說道：「一望青蔥十里遙，蔗田長是長春苗。窮冬不更愁無雨，衹恨難過鐵線橋。」鐵線橋位於今台南市新營區。「鐵線橋以南，自來少雨」，是適合甘蔗生長的地方，雨水太多反倒不宜。到了清嘉慶年間，甘蔗的栽植區至少已往北推進到今天的雲林縣，如黃清泰的〈西螺旅店早飯〉詩中，就生動描述了當時西螺地區「竹徑霧深來雨點，蔗林風起作潮聲」的地景風貌。

■紅甘蔗纖維較少，是台灣常見的果蔗品種。

■《本草圖譜》中的甘蔗圖應是紅甘蔗

撐起昔日經濟榮光的蔗糖

台灣原不產甘蔗，但蔗糖後來卻成為台灣主要的產業之一。台灣引進甘蔗的時間久遠，至於確切年代則尚無定論。一說台灣栽培甘蔗始於一四七二年，但缺少直接的證據。最可靠的紀錄是明代陳第的〈東番記〉，文中敘述其一六〇三年來台的見聞及物產。彼時所見皆為「番人」的生活點滴，所述的農耕見聞，在果類項下記「有椰、有毛柹、有佛手柑、有甘蔗」。而荷蘭人據台之後的《巴達維亞城日記》則記述台灣有生產蔗糖，此日記的年代為一六二四年。可見甘蔗引入台灣的時間應在荷蘭據台之前，可能是原住民自南洋引進，或明代偷渡來台的漢人從中國華南地區引入。

■台南新化糖廠矗立的煙囪

荷蘭人據台的目的是經商，剛開始

■《番社采風圖》之「糖廍」，描繪清代台灣生產蔗糖的方式。

日本時代農婦在蔗園中去蔗葉、蔗尾的情景

以鹿皮為主要商品，後來才改由蔗糖、稻米取代。為了栽種甘蔗，還特別越洋到福建招募華工，因為漢人的栽植技術較高，合乎當時的生產需求。根據紀錄，一六三八年在台的漢人約有一萬人，絕大部分是栽種甘蔗的工人。台灣的糖業經營由「荷蘭東印度公司」主其事，並擴大蔗田面積，同時陸續由華南地區引進竹蔗，開始了台灣糖業歷史中的「竹蔗時代」。可以說，台灣的糖業是由荷蘭人奠基。至一六五五年時，台灣的蔗田面積已達一千八百三十七公頃。

鄭氏時代因軍資需要，也承襲荷蘭人的米、糖業經營。鄭成功來台，更採納軍師劉國軒的建議，繼續推廣甘蔗的栽種。從福建引入更多的竹蔗，在今天台南平原一帶大量栽植，生產蔗糖輸日，以換取國防經費。

相較之下，清廷領台後並不鼓勵種蔗。不過，民間仍陸續有蔗糖的生產，只是生產技術落後，採取的是利用牛隻拖拉，壓榨研磨甘蔗，再予蒸煮的舊式糖廍作法。費時費工且產量低，卻是此時期台灣蔗糖的主要生產方式。直到日人治台之初，台灣全島糖廍上千家，製糖工人估計有三萬人，而參與甘蔗生產的蔗農人口也有二十萬人之譜。雖然清政府不提倡，民間的蔗糖業依然蓬勃發展，只是從蔗種、栽植技術、運輸到製作糖的流程，仍沿襲荷蘭、鄭氏時代的方法而未加改進：所植蔗種為產量差、糖分低的竹蔗，運輸則仰賴牛車，製糖用牛拉磨等。一七〇〇年左右，郁永河曾記下台灣「市中挽運百物，民間男婦遠適者，皆用犢車」，「犢車」

直到清代，牛隻都是運輸甘蔗的主力。

即牛車，所運送的百物當然包括甘蔗。其在〈台灣竹枝詞〉也有詩寫道：「蔗田萬頃碧萋萋，一望龍葱路欲迷。綑載都來糖廍裡，只留蔗葉餉群犀」，正是清代台灣大量栽種甘蔗及生產蔗糖的寫照。

日本時代最重視蔗糖生產，認為國運和糖業的興衰息息相關。除了改善經營系統，並引進栽培新蔗種，改良製糖及運輸設備，使製糖業率先達到現代化的生產需求，成為全台灣最熱門的產業。首先，於一九〇〇年由三井財團創立「台灣製糖株式會社」，開啟了企業化經營的組織改造。一九〇一年新渡戶稻造博士提出「糖業改良意見書」，陳述改良甘蔗品種、改良甘蔗耕作法、改善蔗糖製作及壓榨法等主張，大肆改革台灣糖業。日本政府於一九〇二年隨即頒布「台灣糖業獎勵規則」，改變了整個台灣糖業的經營面貌及內涵。首先改良糖廍，去除使用牛隻為拉磨主力，改裝新式之機械化製糖機器，成為所謂的新式糖廍。又建立新式機械化製糖工廠，同時設置可拆裝的鐵道，以蒸汽火車（即小火車）取代牛車來運輸甘蔗。位於高雄的「橋仔頭製糖工場」為最早設立的新式糖廠；到一九一二年為止，新式糖廠已達二十九家。在蔗種改良方面，首先於一八九六年從夏威夷引進玫瑰竹蔗，一九一二～一三年栽培面積達百分之九十六．二；再於一九二〇年由爪哇引進細莖、抗風力強、病蟲害少的爪哇品種。分別開啟了甘蔗產業史上的「玫瑰竹蔗時代」和「爪哇品種時代」。歷經以上改變，台灣成為世界主要的產糖國之一，最高紀錄曾在一九三八～三九年

■日本時代以前台灣各地普遍以牛車來運輸甘蔗

■日人以蒸汽火車（小火車）取代牛車運輸甘蔗

■台車也是另一種運輸甘蔗的工具

生產一百四十一萬八千七百三十一公噸糖，創造台灣糖業史的生產最高峰。

國民政府來台，接收了日本的「台灣製糖株式會社」，成立「台灣糖業有限公司」，管轄全台二十三家糖廠，賡續日本時代的糖業經營。由於糖業人員待遇佳，糖廠設備好，還擁有當時最好的員工宿舍，廠內並設有學校，各家糖廠儼然是個自給自足的獨立小社會。這種特殊待遇全拜蓬勃的糖業所賜。砂糖外銷，曾是政府獲取外匯的主要來源，最多時一度占外匯收入的百分之七十八，台糖在當時真的太重要了。這個盛況一直延續到一九七七年，台灣蔗糖產量達到光復後的最高點，有一百零六萬九千五百四十七公噸之多。當時以台南產糖最豐，嘉義、高雄、屏東、雲林等地次之。所栽植的品種先是一九五〇～六〇年代之南非品種，到一九六五年以後自育的新品種，台灣的糖業欣欣向榮，有機會稱雄世界。可惜自一九七六年以後，國際糖價迅速下跌，外銷市場逐漸為其他低成本生產的第三世界國家所取代。台灣糖業從此步入「生產一噸賠一噸」的淒涼時代，逼使台糖公司以裁員、企業轉型及轉賣農地因應，並陸續關閉各地糖廠。如今，原有生氣蓬勃的蔗田已一塊接一塊消失，糖廠機械也都棄置生鏽，台糖公司已呈奄息之狀。台灣糖業歷經了一場由盛極而衰的歷史發展。

(臺灣) 製糖工場 A suger-manufacturing factory, Formosa.
本島物產の主位を占める砂糖、その製糖工場數は全島では數十に達して居ます寫眞は一期に五六十萬擔を製造する臺灣製糖阿緱製糖所

■日本時代規模宏大的阿緱（屏東）糖廠

◆荷前時代◆

檳榔【賓門】

雌雄別味嚼檳榔，古賁灰和荖葉香。
番女朱唇生酒暈，爭看猱採耀蠻方。

……孫霖〈赤崁竹枝詞〉

■《本草圖譜》記錄的橢圓形果檳榔品種

◆植物小檔案◆

學名：*Areca catechu* L.

科別：棕櫚科

形態特徵：高大喬木狀，樹幹單一，幹徑十至十五公分，上有明顯環紋。羽狀複葉，叢生於幹頂，長一至二公尺，下皆苞狀葉鞘。肉穗花序包被於篦形佛燄苞內，雄花小，生於花序軸先端；雌花大，生於花序軸基部。核果橢圓形，長四至五公分，外果皮薄，中果皮富纖維質，熟時黃橙色。

古時檳榔分雌雄，「色青者雄，味厚；黑臍者雌，味薄」。其實檳榔並無雌雄之別，古人所謂的雌雄是指不同品種的檳榔。荖葉即蔞葉，蔞藤之葉。檳榔果實富含高分子的單寧（Tannin）酸，口感苦澀，因此加石灰（蠣灰）以分解單寧酸，咬食後呈紅色的就是分解後的單寧。蔞藤、蔞葉則增添其香氣與辣味。原住民一向擅於爬樹，採檳榔時亦不借助其他工具，而是手足並用騰躍而上，謂之猱採，即黃叔璥於〈番社雜詠〉詩中所描述：「猱升取子飛騰過，不用如鉤長柄鐮」。

檳榔含有興奮劑的成分，吃了會臉紅、心跳加速，具消除疲勞的效果。范咸的〈檳榔〉詩就說道：「南海嗜賓門，初嘗面覺溫。苦饑如中酒，得飽勝朝餐。」「賓門」即檳榔，一般人的印象

■檳榔果熟時呈黃橙色

■成片栽培的檳榔林，自古即形成台灣鄉村的特色景觀。

多認為檳榔是勞動階層的嗜好之物，從事勞動工作者喜藉由嚼食檳榔來提神解勞。但自古文士亦多有喜好此物者，據說宋朝大文豪蘇東坡遭貶

著生在果軸上的檳榔果實

謫海南島時，也學會了吃檳榔。陳斗南的〈檳榔〉詩句：「南海太守蘇夫子，日啖一粒未為侈」，說的就是此事。遠在新石器時代，檳榔即已引進台灣，並發展為先民生活不可或缺的植物，幾乎無處不種，形成台灣處處可見檳榔樹影搖曳的特殊景觀。孫元衡的〈過他里霧〉一詩：「舊有唐人三兩家，家家竹徑自迴斜，小堂蓋瓦窗明紙，門外檳榔新作花。」道出了竹徑和檳榔是當時他里霧一帶（今雲林縣斗南鎮）最醒目的景致。而山區村落更是每每見到筆直挺立的檳榔樹成林，前引的黃叔璥〈番社雜詠〉，另有二句言之：「盛植檳榔覆四檐，濃陰夏月失曦炎」，可知大量種植的檳榔樹，已多到能遮蔭消夏暑了。

《本草圖譜》描繪的檳榔可能是最早進入台灣的「粗幹節促」品種

從自用送禮到企業經營的檳榔

檳榔原是東南亞及南亞地區一些族群的特殊嗜好品，在原產國度乃至台灣歷史的大多數時期，皆僅零星栽培，供應生活所需。然後，逐漸發展為社會交際品，產量也隨之增加，最後還採企業經營，成為主宰農村經濟的作物。早期，檳榔即在台灣各地普遍栽植，經日本時代的限制而稍受影響。但到了中華民國時期產量卻又大增，成為炙手可熱的商品作物，影響多數民眾的日常生活及經濟活動。至今盛況雖有稍減，但高額的總體生產量仍可能持續一段時間。

■嚼食檳榔除了加石灰，還須加蒟醬（蔞葉）共食。圖為古籍《植物名實圖考》中的蒟醬圖繪。

檳榔原產於中南半島，並以此向外四處散播。中國有關檳榔的記載，可遠溯至魏晉南北朝時代，如《南史》所說：「劉穆之以金盤盛檳榔，宴妻兄弟」，當時檳榔已是款待賓客的珍品。只是在食用方式上，是單獨品嘗檳榔的滋味，或與其他物料共食，則不得而知。唐代李白也有「何如黃金盤，一斛薦檳榔」的詩句。到了宋代李綱的〈檳榔〉詩，則出現「蔞葉偏相稱，蠣灰亦漫為」這樣的字句。可見最晚到宋代，檳榔連同蔞葉、石灰共食的習俗已在鄉間通行。嚼食檳榔之風最初僅在中國南方流行，後來蔓延到了北方。清康熙年間完成的中國

■昔時檳榔林即為台灣鄉村的主要景觀之一

文學鉅作《紅樓夢》，提到賈寶玉、賈璉等公子哥兒吃檳榔，連年輕女子如尤二姐都喜食此物，而且由於檳榔是南方的物產，所以富貴人家才吃得起檳榔。直到二十世紀初，北京的富戶多有吃檳榔的習慣。

台灣的檳榔應是隨著南島民族先住民進入台灣，吃檳榔的原因推測是承襲自古老的一種嗜好，「雖家貧日食不繼，惟此不可缺也。」漢人起初看到「土人啖檳榔，有日費百餘錢者，男女皆然，行臥不離口」，覺得很詫異。但後來學著吃，吃上癮了，便說「蓋南方地濕，不服此無以祛瘴。」嚼食檳榔時，選取的是未成熟的果實，成熟者果皮纖維太多、太硬，反而不適合咬嚼。遇盛產期產量過剩時，檳榔以滾水燒煮後晒乾，可備歉收或非產期鮮果供應短缺時食用。晒乾的檳榔或纖維太硬的果實，年輕力壯牙齒健全者或能直接享用；老年人或牙口不佳者則須先用小型杵臼將果實碾破壓碎，俟纖維間稍分離而果實

■日本時代的明信片可見：高聳的檳榔樹林矗立在中南部鄉野間。

軟化後方得食之。鄭用錫的〈春檳榔〉詩記載此事：「生長蠻煙瘴雨鄉，非關消食餽檳榔。可憐衰齒全無用，薄味仍須借汝嘗。」南部鄉間至今仍有老人家使用此法取食檳榔。

雖然荷蘭人據台之前並無檳榔相關的記載，不過，中國南方土著早在兩千多年前就有嗜食檳榔的風俗，從華南渡台或南洋地區遷入的先民，想必在渡台之初即隨身攜帶檳榔，栽培於住屋房舍周圍，以便利取食。由距今四千年以上的恆春半島墾丁遺址發現的檳榔遺跡，可見其引進台灣的歷史極為悠久。因此，在荷蘭人入駐之前，檳榔應已種植於台灣各地。惟當時屬於自種、自食，並無商品交換之需求，全台的栽植面積和產量尚微不足道。荷蘭時代的情形亦復如此。

鄭氏、清朝時代移民漸多，不僅原住民嗜食檳榔，連新移入的漢人也逐漸融入檳榔的消費社會，開始形成台灣獨特的檳榔文化。一般的社交場合檳榔固然必不可少，「解紛者彼此送檳榔輒合好，款客者亦以此為敬」。逢婚喪喜慶，檳榔也是主要的禮

■本圖為日本時代美濃地區的景色，檳榔、椰子是主要的構圖。

■台灣南部今日仍然是檳榔的主要產區

品之一。一七二四年寫成的《台海使槎錄》記載平民百姓的訂婚禮可為佐證：「及笄送聘……禮榔雙座，以銀為檳榔形……貧家則用乾檳榔以銀飾之」，檳榔成為財富的象徵。「三邑（台灣縣、諸羅縣、鳳山縣）檳榔、浮留藤（蔞藤）俱盛出」，不難想見當時豐收的盛況。

日本時代，日人不喜檳榔，認為吃檳榔不衛生，是未開化民族的不良習慣。一九〇三年來台遊歷的佐倉孫三，在其《台風雜記》中寫道：「土人隨吃隨吐，唇皆帶黑色，齒亦悉涅黑，一見知蠻習矣！」因此不但禁食，也大量砍除檳榔樹。這段期間檳榔的分布面積及產量銳減，業者僅能在夾縫中求生存。

中華民國政府來台後，雖採取「不鼓勵、不倡導」的政策，但亦不禁止檳榔的栽培、行銷及消費，檳榔業從此經歷一番浮沉、鵲起、消褪的過程。台灣光復之初，百廢待興，凡能用來生財興利的事業，政府鼓勵都來不及，何來禁止之舉？但礙於檳榔的負面形象，政府於是採取消極的不理睬態度，嗜食檳榔的人口隨台灣經濟的發展而遞增。自一九七〇年起，種植檳榔就成為農民發財致富的一條途徑。

據統計，在檳榔業的高峰期，全台有兩百多萬人吃檳榔，檳榔的栽植面積隨著消費的增長而暴增，形成台灣檳榔的四大產區：屏東、嘉義、南投及花東。一九八〇年代末葉，種植檳榔的利潤之高，沒有任何農作物可出其右者。在百姓趨利若鶩，而政府又不管理督導的情況下，中部山區的私有造林地，全都改成檳榔林。種植檳榔成為羅致財富的保證，例如南投縣的雙冬鄉原是該縣最貧窮的一鄉，自從「雙冬檳榔」於九〇年代成功發展為全國品牌之後，搖身一變為全縣最富有之鄉。屏東縣的山麓及平原地帶也幾乎無處不種檳榔，檳榔林成為台灣鄉間的主要景觀。不過好景不常，由於檳榔獲利豐厚，自一九九〇年起，泰國走私檳榔以低價位大舉進入台灣市場，擾亂市場的供需，對原有的檳榔業造成嚴酷的打擊。加上農民無計畫的大量栽植，九六年以後檳榔出現生產過剩的情形，市場需求趕不上本地生產量及走私進口量，檳榔價格開始走低。台灣檳榔的「好光景」正持續在走下坡之中。

■《番社采風圖》中的檳榔、黃牛及香蕉

椰子

【可可椰子】

炎方入夏太郎當，空想冰盤沁午涼。
惟有傾翻椰子酒，從教一飲累千觴。

——朱仕玠〈瀛涯漁唱〉

椰子果實尚未成熟前，內含的透明汁液，具有解渴清暑的效用，我們稱之為椰（子）汁，古時則稱之為椰（子）酒。乾隆年間盧九圍的〈椰酒〉詩句：「玉液真神異，蒼匏出自然。何須誇醴酒，直欲勝甘泉。」誇讚其滋味勝過甘泉，與「醴酒」（甜酒）相比也毫不遜色。此椰酒其實是椰子種子內還未成熟的胚乳，當種子逐漸成熟，液狀胚乳也會變硬，形成一層厚厚的乳白色椰肉，富含脂肪，可以製油。

椰子的原產地目前仍無定論，可能是大洋洲，分布則遍及世界熱帶地區。荷蘭《東印度事務報告》記載，一六三五年麻豆平埔族「帶來一些檳榔和椰子樹」，表示對荷蘭人的歸順。荷、鄭時代的沈光文也

■椰子內果皮先端有三孔，幼苗由其中最大孔長出。（本草圖譜）

◆植物小檔案◆

學名：*Cocos nucifera* L.

科別：棕櫚科

形態特徵：高大喬木狀，可達二十公尺高，幹具環紋，不分枝。羽狀複葉長三至七公尺，螺旋狀排列在樹幹上。花序肉穗狀，外包以細長的佛燄苞，花單性；雄花小而極多，密生於花序上部；雌花一至五朵，形較大，球形，生於基部。核果徑二十至二十五公分，橢圓球形，外果皮革質，中果皮纖維質，內果皮堅硬。

■椰子樹是熱帶地區的指標植物

■《本草圖譜》中的椰子，所繪保護花序的佛燄苞比較肥厚，花序亦較實物簡化。

有題為〈椰子〉的詩篇，詠述椰肉性狀及用途，即「箇裡凝肪徑寸浮，誰叫番子裂為油」。可見早在荷蘭人據台之前，台灣就有椰子樹，而且引進的歷史可能已非常久遠。清康熙四十四年（一七〇五）任台灣府海防同知的孫元衡，其〈食檳榔有感〉一詩中有「連林椰子判雌雄」的句子，並在註文寫下原住民習於將檳榔與椰子樹同植間栽，否則檳榔易「花而不實」；十多年後（一七一七年），李丕煜任鳳山知縣所寫的詩〈魁儡番〉：「杯飲椰為酒，匡居穴是家」，說明椰子已成為當時原住民生活的一部分。

■椰子果實近照

古代台人舀水的瓢，有用成熟匏瓜製成者，也有以木料刻製、竹節剖製者，而椰子的內果皮（俗稱椰殼）也是常用的素材。太平洋群島居民至今仍大量使用椰殼當盛物或舀水器物。台灣原住民也用之作瓢、酒杯，雍正年間，巡台御史夏之芳有詩句云：「木瓢椰椀競奇麟」；時間再晚些的范咸則寫下：「椰瓢婦子共酣飲，醉奉客嘗情何濃」，道出了原住民祖先熱情好客的一面。

椰子用途繁多，長久以來一直是人類廣泛栽植的植物之一，且盛況維持至今，不單影響史前時代先住民的生活，也是之後人類依賴生存的重要植物。到了現代，其栽培面積及生產量更有長足的增長。

芋

自有蠻兒能漢語，誰言冠冕不相宜？叱牛帶雨晚來急，解得沙田種芋時。

——孫元衡〈茄留社〉

■《本草圖譜》中塊莖小的芋品種

◆植物小檔案◆

學名：*Colocasia esculenta* (L.) Schott

科別：天南星科

形態特徵：多年生直立草本，高可達一公尺以上，基部有巨大塊莖，塊莖上分布許多芽體。葉盾狀著生，具長柄，柄可達一公尺，葉片心形，徑二十至五十公分。肉穗花序，外覆以佛燄苞，花極小；雌花在花序基部，綠色；雄花在花序頂部，中段部分為白色無性花。果實在序軸上密生，漿果。

茄留社又稱目加溜灣社，荷、鄭時期西拉雅平埔族四大社之一，位於今天的台南境內。本詩寫成的年代，應為清初康熙年間。此時因移墾的漢人漸多，部分西拉雅族人已能說漢語，並愈來愈受到漢人農耕方式的影響，改以牛隻來代替人力耕作。農村水田的開拓日廣，喝牛聲和風雨聲交織迴盪在田間……。不過，這時芋頭仍為原住民的主食，村落周圍依舊種著許多芋田。

■自古至今，村落周圍分布的芋田都是鄉村重要的景致之一。

芋原產南亞或東南亞，是重要的糧食根莖作物，栽培的歷史可能比水稻還要悠久。由於其栽植容易，水澤地、旱地均可生長，無須精密複雜的栽培技術或特定的收穫季節，目前仍是熱帶雨林區域民眾的主食之一，如在巴布亞新幾內亞、印尼局部地區，或菲律賓東部及中部等地，人們賴以維生的食物即是芋頭。而且隨著南島民族的航海技術和移動足跡，芋還曾遠渡重洋，到達數千

■《本草圖譜》所繪塊莖較少但形體較大的芋品種

公里外的大溪地和夏威夷群島。如今，連美洲及非洲亦有栽種。

就亞洲而言，栽植芋最多的地區是印度和中國之華中、華南一帶。而芋引進台灣的確切年代已無法考證，但應是由南島先住民從原居地之馬來半島或太平洋群島移入。雖然水稻引進台灣亦有很長一段歷史，但先住民還是選擇了對環境要求不高的芋頭作為糧食作物，且歷經荷、鄭、清及日本時代，許多地方仍維持著種芋的習俗，特別是山區。無論是康熙年間黃學明的〈台灣吟〉詩：「山深深處又深山，一種名為傀儡番。負險殺人誇任俠，終年煨芋飽兒孫」，或是「積薪煨芋飽晨昏」、「果腹不須分甲乙」等詩句，皆提及山區部落人們餐餐靠芋頭果腹的情景。而山麓下水澤處，「濁淖分禾畝，新泉注芋區」，印證了芋頭是台灣先住民最重要的作物之一。時至今日，也仍有原住民族群以芋頭為主食，蘭嶼的達悟族即為一例。

■優良食用芋多屬水澤地栽培的品種

■《本草圖譜》所繪塊莖細小但數量較多的芋品種

薑

漫道龍宮出秘方，靈虛殿通路茫茫。
蠲除瘴癘輕廬扁，覓得岡山三保薑。

……朱仕玠〈瀛涯漁唱〉

◆植物小檔案◆

學名：*Zingiber officinale* Roscoe

科別：薑科

形態特徵：多年生直立草本，植株高可達一公尺；基部具肥碩腫大的根莖，帶有芳香及辛辣味。葉排成二列，線形至披針形，長度可達三十公分，先端漸尖；葉基有葉舌。花序由根莖直接長出，花穗呈卵形至橢圓形，長四至七公分，淡綠色，由許多苞片包被；花脆弱，早萎，花冠管狀，淡黃色。果為膜狀蒴果，紅色。種子小，黑色。

台灣民間相傳，明太監王三保曾在南部的岡山上種薑，此薑具有神效，可治療百病，特稱為三保薑。歷代文人來到岡山，都不免對此則傳說有所著墨：林夢麟的〈岡山樹色〉詩句：「聞道仙人曾種藥，良方擬向古樛尋」，說的就是三保薑；孫爾準的〈台陽雜詠〉：「病來煩未卦，三保存遺薑」，也是想找三保薑治病。但即使經過多方努力，也未必就能如願以償，如馬清樞的〈台陽雜興〉所云：「如何士卒開山路，辛苦難逢三保薑。」

薑原產熱帶亞洲，由於一直未發現野生植株，其確切原產地仍不得而知。薑傳至印度後，由印度經貿易傳至阿拉伯世界及歐洲。西班牙人再於十六世紀引入美洲，使本植物成為世界性分布的作物。關於台

薑栽植在土壟上，可增加根莖收穫量。

■《本草圖譜》所繪的薑，可見高大的植株及其下所結的食用根莖部分。

■薑的花序由基部根莖直接長出

灣有薑的文字紀錄，最早可追溯到一六〇三年的〈東番記〉，可見遠在漢人移民、墾拓台灣前的久遠年代，先住民即已引入栽植，一般認為應是從中南半島引進的。

種薑的地區，以熱帶低海拔且年雨量達二千五百～三千公釐的環境條件最適合；除灌溉外，還需有較高的空氣濕度。大致而言，台灣全島中、低海拔的生育條件均相當符合，因此自古以來，薑在台灣落腳、生長、繁衍。既是日常烹調時不可或缺的辛香調味料，也是能驅風禦寒的重要藥材，醃漬後的嫩薑更成為一道香脆爽口的蔬食。就薑的用途來說，今人與古人實無二致。

■嫩薑是當年生長季長成的幼根莖

苧麻

鄉村之婦一何苦！纖纖弱手兼數技。
漚苧漚麻靡明晦，雞鳴報曉整衣起。

——吳德功〈村婦嘆〉

昔日台灣農家的婦女，特別是為人媳婦者，不但有打理不完的家事，還得學會生產衣食住行日常用品的各項技藝。其中包括前引詩中的「漚苧漚麻」，即處理纖維植物，供編製衣物之用的所有技能，以備全家男女老少穿衣之所需。砍下的苧麻莖先浸水數日，等纖維以外的樹皮組織腐爛後，須以清水不斷洗濯，來去除麻莖裡黏稠的膠質及幾丁質，才能獲取品質良好的纖維。此一反覆搓洗的步驟，就稱為「漚」。

苧麻原產中國華南地區，後來散布到中南半島、菲律賓、玻里尼西亞等。其皮部纖維長、強度大、吸濕散濕快，是織布和製繩的優良素材，自古即為重要的纖維植物。台灣引進苧麻的確切時間，無法以現存文獻得知，但清康熙年間（約一六八五年）寫成的《台灣府志》已有載錄，列於〈貨之屬〉項下，說是「土民所種，可織暑布」，可見原住民栽植的歷史悠久，且已被視為經濟作物。

長期以來，苧麻一直是台灣原住民織製衣料

經過數次採收後，由莖基部萌芽的新苧麻植株常成叢生長。

植物小檔案

學名：*Boehmeria nivea* (L.) Gaud.
科別：蕁麻科
形態特徵：常綠小灌木，樹高約二公尺，莖多自基部長出呈叢生狀。葉互生，闊卵形至卵形，先端銳尖，基部近截形，長八至十五公分，寬六至十公分，緣粗鋸齒，背面密布白色絨毛；葉柄長二至七公分。花序成圓錐狀，腋生，花單性；雄花序在下端，雌花序在上端，花小。瘦果細小。

苧麻具花序的枝條

的主要資源。鄭氏時代雖引進桑樹，供養蠶取絲，但原住民並不習慣編製絲製品，故乾隆年間范咸的〈再疊台江雜詠原韻〉，有「蓬麻茜草能成錦，何必田園定種桑」這樣的詩句，詩中提到的麻即苧麻。而同一時期的《重修台灣府志》（一七四七年）云：「番婦自織布，以狗毛、苧麻為線，染以茜草，錯雜成文，朱殷奪目，名達戈紋」，描述了原住民使用苧麻及編製苧麻纖維的方法。

除了原住民向來長於運用外，到了清代漢人大量遷駐之後，苧麻也成為台灣重要的農業副作物，開始大面積栽培，供製作夏衣麻布及日常用品等，在市場販售。日本時代，衣物織品的纖維多以棉花取代，苧麻的種植面積縮減了不少；不過二次大戰期間，由於軍需供應火急，民眾衣物纖維來源嚴重不足，因此又鼓勵增產苧麻等植物以充軍備或自用，面積稍有增加。戰後初期，外來物資短缺，必須自行生產纖維製品，以應民生所需，苧麻的產量和栽植面積也逐有提升，產量以一九六一年最高，達一千一百三十五公噸。可惜，盛景維持不久，一九六九年以後產量開始下跌，栽植面積一路下滑，至一九七〇年代中、後期，苧麻業已停頓消失。

台灣大部分的原住民族群，迄今仍承襲著老祖宗種植苧麻和織麻的方法。家屋附近常栽有苧麻，依古法收成，並照古式樣編織，惟不再是為日常穿著，而是編製慶典祭儀所需的織物。

《本草圖譜》之苧麻開花枝條

荷蘭時代

荷蘭據領台灣，前後僅三十八年（一六二四～六二年），不過卻是台灣植物文獻最早的開端。十七世紀初，荷蘭為了爭奪香料市場，先在亞洲取得幅員廣大、物產豐富的爪哇殖民地（今印尼）。然後，為了擴大對中國和日本的貿易，在台灣島建立據點，進行有計畫的經濟活動。因此，荷蘭人來台之初，即從爪哇殖民地大量引進與民生相關的植物種類；其中除少數為當地原產，多數是在印尼馴化的外來植物，如原產中南美洲的銀合歡、含羞草、仙人掌、馬纓丹等，或原產印度的檬果、波羅蜜等。

荷蘭時代引進的植物只有三、四十種（見附錄三○○頁），但對台灣後來的生態系產生鉅大的影響。上述引自中南美洲的植物，如含羞草、馬纓丹等觀賞植物，或作飼料、燃材的銀合歡，皆因有繁衍速度快、種子數量多、不擇土宜，以及本身具毒他作用（allelopathy）等共同特性，而成為嚴重衝擊台灣生態的入侵植物。

另外一類這時期引進的植物為經濟植物，如蓮霧、

檬果、釋迦、番石榴等果樹。當中除蓮霧原產印尼外，其餘三者均是從他地先引進印尼爪哇後，再輾轉由荷蘭人傳入台灣。這些水果日後都成為台灣極具代表性的農產，對台灣的經濟活動有舉足輕重的影響，並在今高雄、屏東、台東等地形成主要產區，番石榴更是全台皆有。

緬梔、綠珊瑚引種作觀賞用，四百年來雖未逸出成為野生，但因花香濃郁、樹形特殊，至今仍是各地常採用的庭園植栽。至於荷人原先引進的小果品種番茄（今稱櫻桃番茄），亦原產南美洲。最初供觀果用，台人取之作為食品，現已馴化逸出，成為台灣植物生態系的一部分。

荷蘭時代引自中國內地的植物很少，只有少數如茉莉、山茶花、九層塔等，可能是荷人到大陸招募種蔗工人時，由漢人引進。

◆荷蘭時代◆

蓮霧

【染霧、軟霧、剪霧、輦霧、南無菩提果、爪哇蒲桃、蒲桃、洋蒲桃】

南無知否是菩提，一例稱名佛在西。
不染雲霧偏染霧，慈航欲渡世人迷。

——王凱泰〈台灣雜詠〉

◆植物小檔案◆

學名：*Syzygium samarangense* (Bl.) Merr. *et* Perry

科別：桃金孃科

形態特徵：常綠喬木。葉對生，揉之有強烈香味，橢圓形，長十二至二十公分，先端漸尖，近無柄。複聚繖花序腋生，花瓣淡黃白色，雄蕊多數，子房下位，萼四至五裂，宿存。漿果倒圓錐形，徑四至六公分，頂端扁平。

■殘存於台南麻豆的蓮霧巨木，胸徑達兩公尺，可能是台灣最老的蓮霧樹。

這是王凱泰在福建巡撫任內，於光緒元年（一八七五）來台視事的「台灣印象」之一。作者在詩內自註「菩提」即菩提果，俗名染霧。而染霧就是已成為台灣特產水果的蓮霧。

蓮霧原產馬來半島和南洋群島，以印尼的爪哇島栽植最多，荷蘭人據台時隨之引入。最初種在台南安平附近，尚未被當作主要的果樹，只是零星栽培在庭院中；康熙年間（約一六八五年）纂修的《台灣府志》還未見載錄。後來隨著漢人開墾的腳步逐漸擴展到全島，一直到同治年間（一八七一年）寫就的《福建通志台灣府》才登錄為台灣物產。其後的志書亦多有記載。

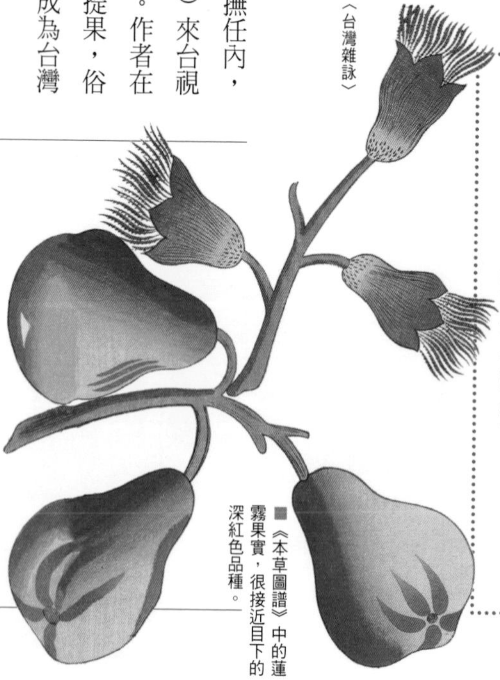

■《本草圖譜》中的蓮霧果實，很接近目下的深紅色品種。

「蓮霧」二字怎麼看都不大像是水果名稱：「蓮」者荷也，「霧」者雲霧也，對於不熟悉台灣文化的華人而言，恐怕很難把這兩字和植物聯想在一起。其實，蓮霧一名源自該植物的馬來半島土名Liem-bu。引進台灣後，以台語發音相近的漢字，如前引詩中的「染霧」，或「軟霧」、「剪霧」、「輦霧」、「連霧」等音譯名之，《恆春縣志》則名「南無」。日本時代，吳德功的〈大雨四詠〉詩（一九〇〇年左右）：「一樹南無果，搖落瑤階前」；王少濤一九三二年的〈逸園即事〉詩句：「兒童登樹摘南無，風味新鮮色美腴」，也都稱南無。

■蓮霧的花

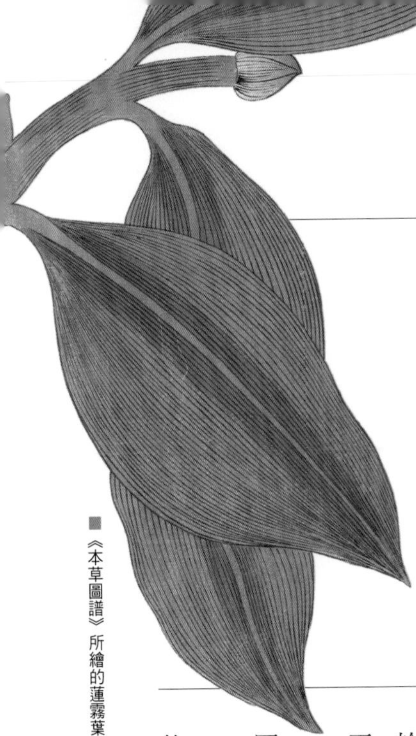

■《本草圖譜》所繪的蓮霧葉部特寫，與原植物形態有很大的出入。

在王少濤稱本植物為南無的同時，其另外一首詩〈港園題壁〉的詩句：「蓮霧木瓜薦客前，丹紅色愛兩新鮮」，則以蓮霧名之。可見長期以來，稱呼一直未定，要時至現代，「蓮霧」才名定於一尊。以屬名的命名優先性，正式中文名稱應為蒲桃或洋蒲桃；中國大陸稱爪哇蒲桃，則是因其於爪哇種植很多之故。

近二十年來，育種及栽培技術的改進，不但可控制蓮霧產期，也培育出許多品種，例如白色種的新市蓮霧、青綠色種的二十世紀蓮霧、粉紅色種的南洋種蓮霧及深紅色種的本地種蓮霧等。產期原在夏季的蓮霧，現已有春、秋季甚至於入冬生產的品種，果實也從原來之小型帶酸澀味，演進到顆粒變大且口感鮮脆、滋味清甜多汁。

■蓮霧的結果枝

◆荷蘭時代◆

波羅蜜

【優缽曇、刀生果、婆羅蜜】

想見如來紺髮鬖，荷蘭移種海東南。
誰知異果波羅蜜，別有佳名優缽曇。

……朱仕玠〈瀛涯漁唱〉

◆植物小檔案◆

學名：*Artocarpus heterophyllus* Lam.

科別：桑科

形態特徵：常綠喬木，高可達二十公尺，全株含有豐富乳汁，小枝條具環狀托葉遺痕。葉互生，革質，橢圓形至倒卵形，長八至十五公分，寬五至七公分，先端鈍至漸尖；成熟葉全緣，幼葉常分裂。花單性，雌雄同株，花序生於老莖或枝條上；雄花序肉質棒狀；雌花序粗短。果橢圓形至球形，長三十至六十公分，徑二十至四十公分。

波羅蜜黃綠色的果實外表布滿突起疣粒，形似佛祖如來頭頂，因此有「優缽曇」的別稱。若不結實，則以刀砍樹幹，「一砍一實，十砍十實」，故又名刀生果。先民觀察到：樹木受到傷害時，會產生促進其開花結果的反應，這與現代植物生理學的理論不謀而合。

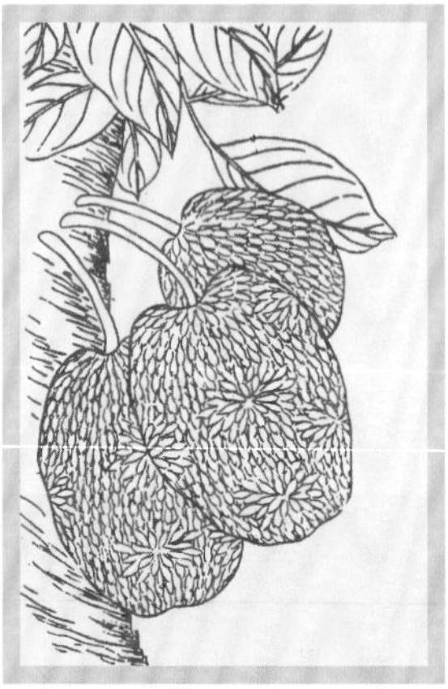

■《植物名實圖考》所繪的波羅蜜果實亦長在樹幹上

波羅蜜原產地不確定，可能是印度。早年即傳到中南半島、印尼及中國華南地區，成為當地重要的果樹，中國唐代的《酉陽雜俎》已有記載。台灣的波羅蜜多說是荷蘭時代自爪哇引進，如康熙年間《台灣府志》之記載。自此以還，所有的紀錄——包括前引朱仕玠的詩——都因襲之。由中國南方廣東一帶的栽植年代推算，波羅蜜引進的時間可能更早也說不定。

■波羅蜜之樹冠常呈扇形

波羅蜜是熱帶地區的重要果樹，開花結果於粗壯的樹幹或短枝上。果實為整個花序發育而成的多花果（multiple fruit），剖開後可見包裹種子的金黃色假種皮，成熟時香味濃烈且鮮甜可口，無論生食或炒、煮，風味皆相當獨特。此外，因其果實外形酷似「如來頂」，自古就被賦予濃厚的宗教色彩。如清代孫元衡的詩句：「解是西來真善果，十方供奉佛頂青」，及陳學聖的詩句：「香甜若供伊蒲塞，合有沙門一味禪。」台灣早期栽植波羅蜜，應與佛教信仰的傳播有關。

■波羅蜜成熟葉全緣及於枝幹基部結實的特性，是熱帶植物的特徵。

■生長在樹幹基部的波羅蜜雌花序

目前在斯里蘭卡、菲律賓中部（宿霧地區），均視波羅蜜為主要經濟作物。由於其碩大無比的果實，既不利貯藏與運送，也不符合現代消費習慣，育種專家正在選育果形小、滋味更香甜的品種。成熟木材金黃色，是熱帶亞洲重要的裝飾用材，菲律賓所生產的黃色吉他共鳴箱，即多由波羅蜜木材製之，極富熱帶特色。

■波羅蜜多在樹幹及枝條的基部結實

荷蘭時代

檬果

【檨子、番檨、香檨、黃檨、番蒜、芒果、樣果】

高樹濃陰盛暑天，出林檨子最新鮮。
島人豔說蓬萊醬，誰是蓬萊籍裡仙。

……王凱泰〈台灣雜詠〉

前引詩中提到的「檨子」即檬果，取其未完全成熟的果肉製成的果醬，稱作蓬萊醬。用來沾魚肉佐餐，即「兒家一盌蓬萊醬，待與神仙下箸餐」。

檬果屬於熱帶水果，原產印度，在印度已有四千年以上的栽培紀錄。早年即傳布至亞洲其他熱帶地區，相傳約莫唐代時傳入中國，但未大量栽植。台灣則於一六五一年前後由荷蘭人從爪哇引入，並廣為栽種，原住民多嗜食之。

最初以台音謂之「番蒜」，如《居易錄》。但因容易和蔥蒜混淆，後來在《康熙字典》上找到更貼切的「檨」字，遂改以「檨」字名之，謂為「檨子」或「番檨」。明清兩代文人多以檨、番檨或香檨稱檬果，從郁永河之〈台灣竹枝詞〉（一六九七年）至王凱泰的〈台灣雜詠〉（一八七五年）莫不如此。但仍有部分詩作以番

■早期栽植的「土芒果」，原產地在印度。

植物小檔案

學名：*Mangifera indica* L.

科別：漆樹科

形態特徵：常綠大喬木，枝葉有香味。葉互生，披針形至長橢圓形，長十至二十公分，全緣，革質。圓錐花序頂生，花小，黃色；萼瓣均四至五裂，雄蕊五枚，僅一枚有孕性；子房歪形，下有花盤。核果，核大而扁平，果核外被纖維。

■日本時代彩色明信片已顯示檬果為台灣重要的水果之一

蒜稱之，如朱仕玠的〈瀛涯漁唱〉（一七六三年）詩句：「番蒜新收暑雨時，青虬卵剖滿林垂」。謝金鑾的〈台灣竹枝詞〉（一八〇四年）則分別有詩以番蒜及檨子稱之，其一：「番蒜摘殘龍眼熟」；其二：「山風響動祇園木，恰落高林檨子黃」，似乎以番蒜稱果實，以檨子稱植株。陳肇興之〈王田〉詩句：「滿園黃檨半開花」，〈春天四詠——穫稻〉詩句：「荷擔人歸黃檨圃」，皆稱黃檨。

■檬果樹的花序

到了清代，檨果樹成為重要果樹，栽培已非常普遍，村落、路旁或庭院都不難見到，劉家謀的〈海音詩〉（約一八四九年）說道：「檨仔林邊徑路分，中藏羅漢腳紛紛」，檨果林甚至成為流浪漢（羅漢腳）的藏身聚集之處了。

今天習稱「檬果」或「芒果」，是源自其英文名（mango）或學名（*Mangifera indica*）之音譯，有時亦稱檨果。而且，經過人工精細的栽培育種，已有許多新品種問世，如愛文、海頓、聖心等。根據統計，在台灣以愛文種最為國人所愛，所以栽培面積最大。至於一般所稱的「土芒果」或「在來種」，則是早在三百多年前就入台落腳的品種，即上述詩詞所描述的「檨」。其雖果形小、果肉薄、纖維組織較粗，但卻具有醇厚絕妙的撩人香氣；可惜，市場上已逐漸為各式新品種所取代了。

■「土芒果」果形小，果肉薄。

當郁永河遇上檨果

—中國文人與台灣植物的相逢

■郁永河〈台灣竹枝詞〉中所描寫的番檨（檨果）

明清兩代，開始有中國文人來到台灣，尤以清代為多。這些來台的文人，有少數是遊歷或受聘教席，大部分則是朝廷派駐的官員。許多官員能詩，離鄉背井來到遙遠的台灣後，常用文字抒情，以詩詞言志，留下不少珍貴史料。而台灣的民情風俗，特別是有異於大陸內地的風情文物，大都能引文人入詩。台灣特殊的植物，也經詩人的描述潤飾而存之於文、發於詩，讓今人得以從詩人的字裡行間，管窺古人利用植物的真實情況。

郁永河於清康熙三十六年（一六九七）渡台，所作〈台灣竹枝詞〉、〈土番竹枝詞〉詩，每首均有註釋。其中一首描寫到檨果，云「不是哀梨不是楂，酸香滋味似甜瓜。枇杷不見黃金果，番檨何勞向客誇？」生平第一次看到、吃到檨果（番檨），用詩句記錄其味、其形，末了還註明：「番檨生大樹上，形如茄子；夏至始熟，台人甚珍之。」其後，敘述檨果的詩人和詩句相當多。除了當時令水果，先民也取未成熟的檨果果肉，加糖醃製成「蓬萊醬」，來做食物的佐料，如朱仕玠的〈瀛涯漁唱〉詩句：「瀛壖自重蓬萊醬，應笑嵇含狀未知」，嵇含是中國最早的植物志書《南方草木狀》的作者；謝金鑾的〈檨二首〉：「兒家一盌蓬萊醬，待與神仙下箸餐」，都提到這道獨特的佐料，也讚揚其道地的風味；如今讀來亦覺蓬萊醬滋味絕佳，可惜今人少有嗜食者。

波羅蜜（或寫作「婆羅蜜」）是熱帶果樹，果實碩大無比，長在樹幹上，大陸兩廣、福建以外地區甚難見到。康熙四十四年（一七〇五），任分巡台廈道標守備的婁廣，在〈台灣偶作〉詩中提到「佛頭碩果婆羅蜜」，用如來佛的頭像形容其具無數粒狀突起的果皮外觀。朱仕玠的詩也說道：「想見如來紺髮鬖，荷蘭移種海東南。誰知異果波羅蜜，別有佳名優缽曇」，以外觀似佛頭的波羅蜜果之樹來附會佛經上的優缽曇。也有認為波羅蜜就是菩提樹的說法，如陳學聖的〈波羅密〉詩句：「房子包金似斗圓，菩提樹上摘來鮮。」

釋迦又名番荔枝，出現最早的詩句，是荷、鄭時期沈光文一首題為〈釋迦果〉的詩，詩中註明中原未產。釋迦果味甚甜，是夏令期間的應時水果，朱仕玠的〈瀛涯漁唱〉詩記述如下：「溽暑薰人困欲迷，堆盤冷沁釋迦梨」。直到今日，釋迦仍是台灣特產的夏令水果之一。雖然如此，首次來台的中國人，對釋迦還是頗不習慣，何徵在〈台陽雜詠〉詩後的註釋中，嫌其「味甘微酸而膩」。由於果皮外有粒狀突起，有如佛頭，因此又稱為菩提果，如鄭大樞的〈風物吟〉：「香煙縹緲繞盂蘭，果號菩提佛頂盤」，句中菩提指的就是釋迦。但是台灣是寶島，也是傳說中的蓬萊仙島，外形如佛頭的水果特別普遍。馬清樞的〈台陽雜興〉詩可以為證：「蓬萊福地久傳疑，遠隔重溟古不知。佳果偏多名老佛（如釋迦、菩提之類），先人何處訪安期？」

■清代詩人何徵嫌釋迦「味甘微酸而膩」

台人嗜食番石榴，自古而然。接近成熟而果皮尚未軟化的果實清脆可口；成熟柔軟的果實則馨香甜膩，為多數台人鍾愛的水果，還製成果汁行銷於市。但明清以來，初次接觸番石榴的中國文人，卻不曾對此水果留下什麼好印象，說其「味臭澀口」。從郁永河、范咸……直到劉家謀，幾乎無一不然，如薛約的〈台灣竹枝詞〉詩：「見說果稱梨仔拔，一般滋味欲攢眉。番人酷嗜甘如蜜，不數山中鮮荔支。」前兩句說的是來客對番石榴（梨仔拔）的憎惡；後兩句則描述原住民的甘之如飴，且奇怪這些人反倒不喜歡漢人視為珍品的荔枝（荔支）。

■早期來台的中國文人對番石榴沒什麼好感

「花開五瓣，白色，木本，臃腫，枝必三叉……風度花香，頗覺濃郁。」這是郁永河描述的緬梔（雞蛋花），當時尚未引入中國內地。來台初見此花的詩人，無不驚豔。如康熙四十四年（一七〇五）任台灣府海防同知的孫元衡，抵台灣不久所寫的〈詠三友花〉，稱頌的就是緬梔，說其「爭迎春色耐秋寒，開向人間歲月寬」。沒有其他的花可與之比擬，因「蕊似木筆而小」，遂以內地常見的木筆花（辛夷）媲美之，即「嫩蕊澹煙籠木筆，細香清露滴銀盤」。由於其花香氣芬馥，作者想竟日坐擁蒂蕾，因此「日日呼童堦下掃，濃陰恰覆曲欄干」，簡直是另一種「花徑不曾緣客掃」的境界了。

緬梔

【雞蛋花、三友花、番茉莉】

青蔥大葉似枇杷，臃腫枝頭著白花。
看到花心黃欲滴，家家一樹倚籬笆。

……郁永河〈台灣竹枝詞〉

◆植物小檔案◆

學名：*Plumeria rubra* L.

科別：夾竹桃科

形態特徵：落葉小喬木，全株具乳汁，有毒。枝粗壯，多雙叉分枝，有時三叉。葉簇生於枝梢，卵狀長橢圓形，長二十至三十公分，側脈羽狀明顯。花頂生，聚繖花序；花苞時，花冠裂片捲旋；花白色、紅色或紫紅色，中心基部呈黃色。蓇葖果，種子有翅。

這首詩描述一七〇〇年左右，台灣民間屋前籬落一棵棵綻放著白花的緬梔模樣：葉形有如枇杷葉，粗肥的枝椏短促分叉；枝頭的花冠外部白色，中心基部呈鮮黃色，狀如煮熟的雞蛋，所以又名雞蛋花。

■《植物名實圖考》所繪之緬梔枝葉圖，具雙叉且粗壯的頂枝。

緬梔原產地在墨西哥，由西班牙人移至亞洲，再由荷蘭人於一六四五年間引入台灣，是最早引進的花木種類之一。古文獻多稱三友花，如孫元衡之〈詠三友花〉詩，或馬清樞的〈台陽雜興〉詩句：「滿樹花開三友白」等。由於花芳香迷人，有時又稱番茉莉。

緬梔花香如梔子，自農曆四月

■紫紅色花品種的緬梔

■白色花冠裂片基部的黃色斑塊，形似煮熟的雞

■緬梔是古時台人最喜栽種的花木之一

■緬梔冬季落葉，露出獨特的雙叉至三叉型分枝。

至十月花開不絕；濃郁的香氣只「宜於風過暫得之」，而不適合近處聞之，所謂「近則惡矣」。且花的香味可維持數日，「攀折累三日不殘」，是古時台人最喜栽植的花木之一，也是詩文中出現較多的香花植物。不過，朱景英的《海東札記》稱本種為貝多羅花，說「葉可以寫經，所謂貝葉也」，卻是把棕櫚科植物的貝葉棕和本種給混淆了。

緬梔的花除了白底黃心的主色外，另有粉紅、紫紅等品種。台灣早期引進者以白花品種為主，但間有粉紅單株，如蔣毓英的《台灣府志》所記之三友花即「瓣外微紅」。頗富夏季熱帶風情的緬梔花，到了美國夏威夷州，則被串綴成一個個用以迎賓送客的花圈，或是成為當地年輕姑娘別在髮際上的綺麗裝飾。

台灣另引進有葉片先端圓鈍的鈍頭緬梔（*P. obtuse* L.），花亦為白色，香味濃郁。

■鈍頭緬梔之花枝

銀合歡

◆荷蘭時代◆

在十五世紀末地理大發現之前，原產美洲「新大陸」的植物少有機會分布到地球上的其他地方；交通工具的更新改良則大大加快了植物在各大洲間交流的速度。銀合歡原產墨西哥南部至中美洲的熱帶乾燥地區，一直是當地主要的燃料用材及飼料植物，其富含蛋白質的葉部和種子，是餵養牲畜的極佳飼料。

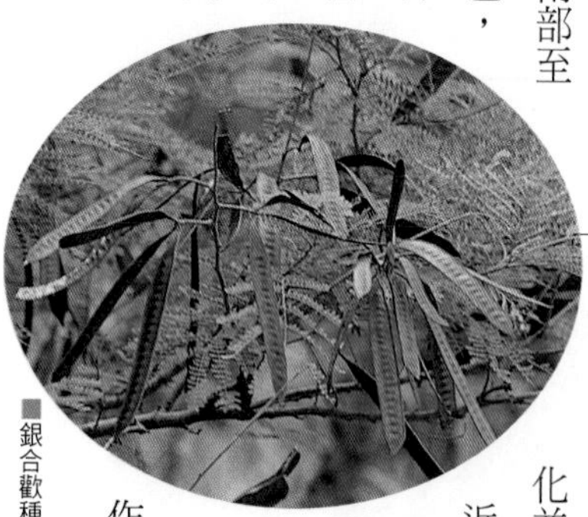

■銀合歡種子成熟時，莢果呈棕褐色。

一五六五年，西班牙人將銀合歡從墨西哥引進到亞洲的殖民地——菲律賓，也是當作飼料及燃料。由於適應力強，不擇土宜，種植容易，很快在菲律賓群島馴化並逸出。後來傳到鄰近的爪哇島，作為綠肥、飼料及庇蔭咖啡樹的植物。荷蘭人據台時再從爪哇引入台灣，主要供作薪材及飼料之用。

■銀合歡幾乎全年開花

◆植物小檔案◆

學名：*Leucaena leucocephala* (Lam.) de Wit

科別：含羞草科

形態特徵：常綠小喬木。二回羽狀複葉，羽片四至八對，小葉十二至二十對，長橢圓形，長約一．二公分。頭狀花序腋生，花開時白色；花瓣五片；雄蕊十枚；胚珠多數。莢果扁平，革質，舌狀，長十至十五公分，成熟時開裂，種子十八至二十四個。

■銀合歡原產墨西哥及中美洲，已占據台灣低海拔地區許多原生植物的生育地。

在南台灣，除了酷寒的冬季外，銀合歡幾乎全年開花。每一單株之開花結實量極為驚人，由於種子的萌發需要強烈的光照和適當的濕度，大多數的種子落地後並不即時發芽，而是存於土壤之中，稱之為種子銀行（seed bank）。等地上遮蔽物去除、環境條件適合時，才伺機萌芽生長。因此，銀合歡林地中的種子儲存量很大；根據估計每公頃林地的種子量，可高達八百萬粒之多。而且，銀合歡植物具有的毒他物質，能阻擋周遭植物入侵其領域，此一特性使其成為侵略性最強的植物之一。全世界熱帶地區，包括中南半島、夏威夷及其他太平洋群島等，銀合歡的族群都在逐漸擴張中，目前對於此種現象，尚未發現可以有效遏止的良方。台灣南部特別是恆春半島，受過人為干擾的生育地，大多為銀合歡所占據。

■銀合歡結實量極大，圖為未成熟之莢果。

含羞草

幾簇低垂曲徑間，王孫歸去不思還。
無情草木羞何事，我未成名始厚顏。

——錢元起〈含羞草〉

輕觸含羞草植物體，或風吹搖曳，小葉立即閉合靠攏，且整片複葉下垂，如少女嬌羞帶怯的模樣，因此得名。文人騷客看到不同的景物，總會勾起文思。含羞草的嬌羞姿態，無法不觸動詩人的感懷。

原產熱帶美洲的含羞草，由西班牙人傳至亞洲菲律賓，再由荷蘭人引進台灣。低海拔開闊地多有分布，成為常見的雜草。含羞草之名出現在台灣典籍的時間極早，清康熙年間（一七〇五年）任台灣府海防同知的孫元衡，即在其詩篇中以〈羞草〉為題，吟詠此物。本植物現已遍布全世界各大洲的熱帶及亞熱帶地區。

植物通常予人靜止不動的印象，相較之下，含羞草植株觸之即閉合的特性，格外引人注目。歷代台詩多有載錄，除了孫元衡的〈羞草〉外，朱仕玠的〈瀛涯漁唱〉詩句：「生同庶草碧離離，卻號含羞為阿誰？」說的也是含

■「無情草木羞何事」中含羞的草木，指的就是含羞草。

◆植物小檔案◆

學名：*Mimosa pudica* L.
科別：含羞草科
形態特徵：蔓狀小灌木，莖葉有短刺。羽狀複葉，第一回之羽片掌狀，第二回小葉羽狀，對生排列。頭狀花序，開粉紅色花；花小，花瓣五片，雄蕊十枚。莢果扁平，有節，邊緣有粗毛。

羞草。因為性狀特殊，在初來乍到的外客眼中，含羞草有時甚至躋身異草之列，與名花等量齊觀，馬清樞的〈台陽雜興〉詩句：「異鳥舞雷魚舞火，好花含笑草含羞」即為例證。

植株全草皆含有含羞草鹼（mimosine），具止痛消腫、治眼熱作痛、寧神安眠的功效。亞洲各地民間常採摘作為藥用。

■含羞草開粉紅色花

■含羞草成熟的莢果

■含羞草常在低海拔開闊地成片生長

仙人掌

荷蘭時代

恰如承露漢金莖，一樹翹然數片橫。
賦性稚宜辭豔冶，託根原合寄蓬瀛。

柯廷第〈仙人掌〉

仙人掌的葉退化成棘刺，而扁平、掌狀的莖先端會再生新的扁狀枝；最後，一片片橢圓的扁狀枝以不同方向交錯生長，變成一棵奇形樹，即所謂「一樹翹然數片橫」。而且，這些扁平枝條掉落之後，還可長成新的植株。由於繁殖容易，到處均有栽植。本詩應是記述清乾隆年間，作者在鳳山縣（今高雄）濱海地區所見之仙人掌樹群的景觀。

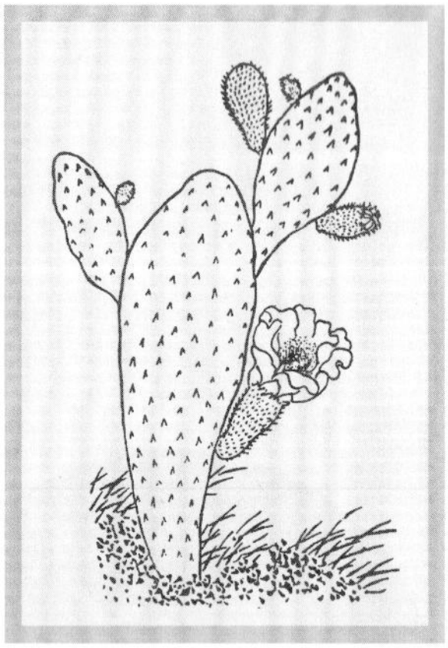

■《植物名實圖考》之仙人掌植株圖

仙人掌原產墨西哥至西印度群島之乾燥地區，被廣泛引種到世界各地，包括中南美洲、太平洋群島、澳洲等。在澳洲，仙人掌已散逸至原野，占據許多原生植物的生育地，族群數並持續擴張

■仙人掌一片片扁平枝以不同方向交錯生長

◆植物小檔案◆

學名：*Opuntia dillenii* (Ker.) Haw.

科別：仙人掌科

形態特徵：莖扁平如扇，老莖木質化而趨於肥厚，後呈圓柱狀，高可達二公尺。葉退化成針狀，針長可達二公分，在網眼處數枝叢生。花一至數朵長於扁平枝緣；子房下位，外散布白色刺點；花鮮黃色，花被多數，最外層綠色，漸呈黃色；雄蕊多數。漿果倒卵狀橢圓形，熟時暗紅色。

中，成為嚴重影響當地生態的入侵物種。至於台灣，自荷蘭時代引進作為觀賞植物後，各地皆有栽培，西南部沿海、小琉球及澎湖群島之仙人掌業已馴化，並和當地植物產生競爭作用，進占許多乾旱的生育地。

仙人掌出現在台灣文獻的時間相當早，《台灣府志》（約一六八五年）之〈物產〉卷中，就登載有本植物。雖然僅有「色綠如掌，不葉不花」八個字的描述，但顯示仙人掌在當時已頗為常見。仙人掌耐旱，多長於石壁上。有一段時期，海岸附近的家宅屋頂上多有栽植，原因是人們相信其可以驅災辟邪；《台灣通志》說仙人掌「植之牆外，可避火災」，乃此說的最佳註腳。

■仙人掌花、果均著生在扁平枝緣

■仙人掌的花被呈鮮黃色

仙人掌樹形別致奇特，至今仍常被栽種於盆栽當作觀賞植物。多刺的果實成熟時色澤暗紅、果肉柔軟香甜，早年先民採集當水果食用。澎湖群島較乾燥貧瘠的嚴苛環境，反而造就仙人掌於海崖野地四處蔓生，農田、居家附近亦隨處可見，有時還形成一整片的植物群落。當地居民暱稱其熟果為「澎湖紅蘋果」，甚至製成冰淇淋販售，成為極具特色的土產。

■仙人掌的葉退化成棘刺，莖呈扁片狀。

綠珊瑚

【綠玉樹、青珊瑚】

網羅瑰寶海東隅，玉樹交柯葉本無。
一笑看朱忽成碧，人家籬落盡珊瑚。

……王凱泰〈台灣雜詠〉

◆植物小檔案◆

學名：*Euphorbia tirucalli* L.

科別：大戟科

形態特徵：落葉小喬木，高可達十公尺。枝綠色、肉質，全株富含乳汁。小枝常不規則集生在樹冠上端。葉細小，線形，早落。大戟花序集生於小枝頂端，無柄，具五蜜腺；雄花退化成單一雄蕊；雌花退化成單一子房，心皮三個。蒴果，種子三粒。

本詩之「珊瑚」指的是綠珊瑚。綠珊瑚葉小，早落，全株由緻密之枝條組成，外形酷似海中的綠色珊瑚。又枝條細翠如碧玉，一名綠玉樹。枝條隨意扦插即可生根長成新植株，古時居民常在屋外繞籬種之，或在階前栽植供觀賞之用。

■台灣古時常在屋外或階前栽種綠珊瑚，供觀賞之用。

綠珊瑚原產東非馬達加斯加，很早就被引種到世界各地。首先隨歐洲人的商船傳播到中南半島及爪哇島，再隨荷蘭人據台而引入台灣。到達台灣之後，以現在的台南為起點，向南傳布至高雄、屏東；向北到嘉義、台中以至台北。目前仍以中南部之乾燥、酷熱環境分布較多，離島、東部地區及北部濱海公路沿線則偶然可見。

自荷蘭時代以還，枝條青翠繁密的綠珊瑚即常出現在台灣各處庭園中，而不同時代的詩人也多有載錄。如清康熙年間孫元衡的〈葉上花樹〉詩句：「突兀含姿向風雨，堦前百尺青珊瑚」，說的是長段迤邐的綠珊瑚籬列；乾隆年間張湄的〈綠珊瑚〉詩：「一種可人籬落下，家家齊插綠珊瑚」，則道出其栽植的普遍程度。綠珊瑚與林投、刺竹一起構成古時台灣鄉間居家的主要植物景觀，但其莖裡所含的乳汁有毒，會導致肌膚發炎潰爛，即嘉慶年間謝金鑾〈台灣竹枝詞〉所云：「妹家門倚綠珊瑚，毒汁沾人合爛膚」，是文人對綠珊瑚美中不足之處的喟嘆。

■綠色部分為枝條，葉則退化成細小線形狀。

由於植株富含乳汁，可供作煉油之用，在一九七〇年代能源危機之後，曾因廣被視為能取代石油的「能源植物」而名噪一時。其青蔥碧綠的美麗身影，至今仍在庭院或盆栽植物中扮演重要的一角。

■綠珊瑚全株由緻密之枝條組成，外形酷似海中的珊瑚。

蓖麻

夏採莖葉，秋採實，冬採根，……可治一切腫毒。

……晉．葛洪《肘後備急方》

◆植物小檔案◆

學名：*Ricinus communis* L.

科別：大戟科

形態特徵：一年生高大草本，高可達二至三公尺。單葉互生，具長柄，葉片盾狀，徑二十至四十公分，掌狀七至九裂，裂片深達二分之一，裂片邊緣有不規則鋸齒。頂生圓錐花序，下部生雄花，上部生雌花；子房三室，花柱三個，紅色，先端二叉。蒴果球形，外被長軟刺。

蓖麻原產印度、小亞細亞至北非，荷蘭時代引進台灣，當時可能是無意間引入。直到日本時代，才大量推廣種植，採收其種子作為工業上製造潤滑油的原料。

■蓖麻葉掌狀七至九裂，植株高可達兩、三公尺。

本種適應環境的能力很強，生長快速，栽植後短時間之內即能開花、結實並收成。近數十年來，原有的經濟價值不再，蓖麻卻逸出田野，在全台低海拔山區落腳繁衍。

清康熙年間纂修的《台灣府志》（約一六八五年）已有記載，稱萆麻。《諸羅縣志》引《圖經》描述本植物「葉似葎草而厚大；莖赤，有節如蔗。實類巴豆，形似牛蜱，故名」，說明其植株

■蓖麻在低海拔地區常成群生長

高大、掌狀裂葉似大麻；具褐色斑紋的種子，形如牛隻身上的寄生蟲牛蜱，所以稱萆麻，後轉為蓖麻。舉凡莖呈赤色者，葉柄及其他部位亦帶有赤色調，是為紅色品種；此外，另有全株皆為綠色並被覆白粉者，是為白色品種。兩者在台灣均呈野生狀態。

種子約含百分之五十的脂肪油，並含有蓖麻鹼（Ricinine）、蓖麻毒蛋白（Ricin），中藥上常作為瀉劑。《台灣縣志》說蓖麻子：「紅者幹葉俱紅，能治風疾，白者不驗」，此說法亟待驗證。但蓖麻子具毒性，微量即能致人於死，故不可輕易使用。而由種仁提煉的蓖麻油刺激性小，可製成油膏治療皮膚燙傷及潰瘍，或做皮膚潤滑劑。台灣各方志均將其列於藥草項下。

■《本草圖譜》所繪的蓖麻為赤莖品種

■蓖麻的結果枝

■蓖麻果實外密被長軟刺，成熟時自動開裂。

馬纓丹

這種花壇綠籬常用的植物原產熱帶美洲，最初由荷蘭人引進台灣。由於花色豔麗、栽植容易，長久以來，已成為園藝界最常使用的植物之一：無論是學校、公園或居家庭院、道路安全島、遊樂區等，都可見到其燦亮多彩的花顏。

馬纓丹性喜高溫，只要陽光充足，對其他生長條件的要求並不嚴格，幾乎任何濕度、酸鹼度的土壤均能生育良好。而且結實量大，可由鳥類或小型囓齒動物傳播種子。種子發芽後，植株開始橫生枝條，從基部又再萌發新枝，最後長成團塊狀的灌叢。具強烈排他性的馬纓丹，植株下方往往寸草不生，加上莖枝密生鉤刺，大型動物不易穿越踐踏，故常在野外形成一整片縱橫糾結的馬纓丹純林，搶奪了其他植物的生存空間。

由於馬纓丹的侵略性極強，已對原生地以外的世界其他熱帶地

■馬纓丹是居家庭院、公園綠地最常見的園景植物之一

◆植物小檔案◆

學名：*Lantana camara* L.

科別：馬鞭草科

形態特徵：常綠蔓性小灌木，枝密生倒鉤刺。全株具刺激性惡臭，小枝條四方形。葉對生，闊卵形，先端銳，基部闊楔形至略心形，鈍鋸齒緣。花序枝端叢生成頭狀；花紫紅色、淡紅色、白色或黃色，色彩豔麗。果球形，徑約〇．五公分，肉質，成熟時紫黑色。

花色金黃的馬纓丹

花色淡紅的馬纓丹最為常見

區造成危害，目前被聯合國列為入侵性最強的植物之一。在台灣，歷經近四百年的繁殖擴展後，海拔一千六百公尺以下的山麓及海濱，都可見到其聚生的身影。許多早期即遭入侵的地域，甚至演變成原生植群完全被排擠、驅逐，獨留連綿不絕的馬纓丹群落。離島許多生育環境不佳的濱海岩石地，也全由馬纓丹占領，例如小琉球原生海岸植物的生態系，就已大部分為馬纓丹及另一種外來植物銀合歡（見一三二頁）所取代。目前台灣大多數低海拔地區，馬纓丹等強勢入侵植物的族群皆持續擴張版圖中。

馬纓丹的結果枝條

番石榴

【茇仔、那茇仔、梨子茇、雞矢果】

壽香一炷表心香，刻意申祈鶴算長。
憩茇清風隨處在，台南台北詠甘棠。

林兆龍〈曹仁憲謹榮壽七言截句〉

這首祝壽詩撰於清領台灣的晚期（十九世紀上半葉），彼時番石榴樹已普遍栽植於全台各地。番石榴俗稱茇仔、那茇仔或梨子茇。詩人在番石榴樹下憩坐，頗得古人坐聽松風的雅趣。詩句末了，引《詩經》〈召南．甘棠〉篇的典故，以番石榴類比古代的甘棠樹，亦有稱譽壽星曹謹是位勤政愛民的地方官，堪為當世召伯的寓意。

■番石榴的花

番石榴落腳台灣的時間十分久遠，讓許多人都誤認其為原生樹種。其實，番石榴原產熱帶美洲之墨西哥及祕魯一帶，隨著歐洲人「地理大發現」而廣為傳播。

引入台灣的確切年代雖不可考，但一般多認為是由荷蘭人自爪哇帶進；從一六八五年前後纂修的《台灣府志》已列為常見果樹來推斷，估計引種時間應在荷蘭時代或者更早一些。成熟的漿果，鳥類及囓齒類動物皆嗜食之，故族群擴展的腳步極快，台灣各地都有逸出的野生植株。

台灣文獻稱番石榴為「茇」或「拔」，想是來自其英名guava的音譯。清康熙年間，王兆陞的〈郊行即事〉有「番榴生礙路，野鴃語誰鄉？」句，稱番榴，應是沿襲當時大陸內地以番石榴名之的簡稱。乾隆年間，范咸的〈

◆植物小檔案◆

學名：*Psidium guajava* L.

科別：桃金孃科

形態特徵：灌木至小喬木，無直立之主幹。樹皮薄，光滑，嫩枝四稜形。葉對生，全緣，長橢圓形至長卵形。花單生或二至三朵聚生葉腋；萼綠色宿存，不規則裂；花瓣四至五枚，白色；雄蕊多數，花絲細長；子房下位，四至五室，胚珠多數。漿果球形、倒卵形至梨形。果肉白，淡紅至紅色；種子多數。

台灣雜詠〉詩句：「因耽蕉果能清肺，酷愛番榴是別腸」仍採番榴之名，但註解說明「梨子茇，一名番石榴」。除梨子茇外，有些詩作會簡稱茇或梨茇者，如嘉慶年間吳性誠的〈諭戒書役口號〉詩句：「憩茇曾無召伯棠」，和咸豐年間劉家謀的〈海音詩〉句：「梨茇登盤厭荔支」等。

有趣的是，由前引范咸及劉家謀的詩作，不難看出原住民酷愛番石榴濃郁的熟果香，但是如此特殊的風味卻為多數初抵台灣的

■《植物名實圖考》所載之雞矢果即番石榴

■果實呈梨形的番石榴，俗稱梨子茇。

漢人所不喜，嫌其「臭不可耐，而味又甚惡」（郁永河語）。甚至直到一八九五年台灣割讓給日本之前撰寫的《台灣通志》，都仍認為台人嗜食的茇仔「味臭且澀」。與現代多數人視番石榴為滋味芬芳之水果，可說有天壤之別。

番石榴的果實中含有番石榴苷（Guaijaverin）、槲皮素（Quercetin）等澀味物質，入胃能制止胃酸發酵，入腸能收斂腸黏膜，使腸液分泌減少，因此可用來止瀉。台諺有云：「吃茇仔放槍子」，意指多食番石榴會使糞便水分減少而變硬。

■番石榴在台灣的栽培歷史已將近四百年

尋訪地圖上的蔬果經濟作物

■楊梅

糧食作物、花卉、果樹、蔬菜等人為栽培可換現金的植物，稱為經濟作物。台灣歷代移民都曾攜帶或刻意引進經濟作物，以提供生活所需或作為貿易商品。在開墾耕種的過程中，往往也改變了自然景觀，如使原先較複雜多樣的植被外觀，改易成較單純的單作系統。因此，一地若大量栽培或生產某種經濟作物，先民也常以該植物名來稱呼這個地區，慢慢地，該植物名就變成地名。台灣地方上以經濟作物為名的例子俯拾皆是。

桃、荔枝、番石榴、鳳梨、檬果、柑橘、柚、楊梅、香蕉等，是台灣早期重要的果樹，而每一種果樹均有地名相應之。其中最常被用來命名的，是番石榴、香蕉和柑橘。番石榴台語稱「茇」或「拔」，有時也稱「𦰡菝」，與其相關的地名，如台南市新化區有𦰡拔林；嘉義縣、桃園縣有拔子林；台北市有拔子埔；

■甜橙（柑橘）

新竹縣有拔子窟等；這些地點應曾是番石榴的生產地或交易站。檬果古稱檨或檨子，以檨果為名的聚落，有雲林縣斗六鎮的檨子坑；台南市之檨子林；屏東縣、高雄市之檨子腳。香蕉又稱芎蕉，芹蕉，彰化縣員林鎮有一地叫芎蕉；苗栗縣有芎蕉坑、芎蕉坪、芎蕉灣；高雄市有芎蕉腳。楊梅這種果樹在台灣中、低海拔地區有天然分布，用楊梅當作地名的村鎮中，就數桃園縣的楊梅鎮最負盛名；楊梅台語又稱樹梅，新北市瑞芳區之樹梅坑，想必就是昔日盛產楊梅之地。

至於蔬菜，如絲瓜、韭、蒜、匏仔等，均為台人日常生活中經常食用的種類。絲瓜台語謂菜瓜，雲林縣斗南鎮的菜瓜寮，相傳即因早年栽種很多絲瓜而得名。新竹市有韭菜坑，主產韭菜。嘉義縣六腳鄉有地方名喚蒜頭，應即生產蒜頭之所在。以匏仔為名的地方亦不少，如台南市白河區之匏子園，南投縣草屯鎮之匏子寮，宜蘭縣之匏崙等。

以經濟作物為名的台灣地名一覽表

地名	所屬縣市	所屬鄉鎮市區
桂花 *Osmanthus fragrans* (Thunb.) Lour.（木犀科）		
桂花樹	新北市	淡水區
桃 *Prunus persica* (L.) Batsch.（薔薇科）		
桃園	桃園縣	桃園市
桃子腳	新北市	淡水區
桃子園	南投縣	竹山鎮
荔枝 *Litchi chinesis* Sonn.（無患子科）		
荔枝林	台南市	佳里區
茶 *Camellia sinensis* (L.) O. Kuntze（山茶科）		
茶山	新北市	鶯歌區
茶厝	台南市	新化區
番石榴 *Psidium guajava* L.（桃金孃科）		
那拔林	台南市	新化區
拔子庄	花蓮縣	富源鄉
拔子林	嘉義縣	嘉義市
	桃園縣	大園鄉
拔子埔	台北市	
拔子窟	新竹縣	竹北市
拔林	台南市	官田區
絲瓜 *Luffa cylindrical* (L.) Roem.（瓜科）		
菜瓜寮	雲林縣	斗南鎮
鳳梨 *Ananas comosus* (L.) Merr.（鳳梨科）		
黃梨園	新竹縣	竹北市
韭 *Allium tuberosum* Rottl. ex. Spreng.（百合科）		
韭菜坑	新竹市	
韭菜園	高雄市	林園區
檬果 *Mangifera indica* L.（漆樹科）		
檨子坑	雲林縣	斗六鎮
檨子林	台南市	佳里區
	台南市	白河區
檨子腳	屏東縣	潮州鄉
	屏東縣	屏東市
	高雄市	橋頭區
柚 *Citrus grandis* (L.) Osbeck（芸香科）		
下柚子埔	嘉義縣	朴子鎮
柚子林	高雄市	美濃區
柑橘 *Citrus reticulata* Blanco（芸香科）		
下柑子腳	彰化縣	彰化市
內柑林	新北市	土城區
柑子林	南投縣	集集鎮
柑子崎	苗栗縣	頭份鎮
柑子園	台南市	關廟區
柑子樹下	苗栗縣	大湖鄉
柑腳坑	新北市	坪林區
柑林	新北市	板橋區
柑腳	新北市	雙溪區
酸柑	花蓮縣	玉里鎮
蒜 *Allium sativum* L.（百合科）		
蒜頭	嘉義縣	六腳鄉
楊梅 *Myrica rubra* Sieb. & Zucc.（楊梅科）		
楊梅	桃園縣	楊梅鎮
樹梅坑	新北市	瑞芳區
番木瓜 *Carica papaya* Linn.（番木瓜科）		
木瓜潭	南投縣	竹山鎮
芋 *Colocasia esculenta* (L.) Schott（天南星科）		
芋子寮	雲林縣	
匏仔 *Lagenaria siceraria* (Molina) Standley（瓜科）		
匏子園	台南市	白河區
匏子寮	南投縣	草屯鎮
	高雄市	甲仙區
匏厝	彰化縣	芬園鄉
匏崙	宜蘭縣	礁溪鄉
香蕉 *Musa* spp.（芭蕉科）		
芎蕉	彰化縣	員林鎮
芎蕉坑	苗栗縣	苑裡鎮
	苗栗縣	大湖鄉
芎蕉坪	苗栗縣	公館鄉
芎蕉腳	高雄市	鳳山區
	高雄市	大寮區
芎蕉窩	新竹縣	竹東鎮
芎蕉灣	苗栗縣	苗栗市

■五稜絲瓜

釋迦

【番荔枝、番梨、釋迦梨、釋伽、菩提果、亞波羅、亞波羅蜜】

稱名頗似足誇人，不是中原大谷珍。
端為上林栽未得，祇應海島作安身。

……沈光文〈釋迦果〉

■《植物名實圖考》中的釋迦圖繪

◆植物小檔案◆

學名：*Annona squamosa* L.

科別：番荔枝科

形態特徵：熱帶半落葉性小喬木，高可達三公尺。葉互生，橢圓狀披針形。花單生或二至四朵簇生葉腋；花被六片，青黃色，肉質；雄蕊多數；心皮多數。果為聚合果，圓錐至球形，徑八至十二公分，由多數心皮聚合而成，心皮在果面形成瘤狀突起；果肉乳白色，味極甜。種子黑色，表面有光澤。

沈光文為鄭氏時代著名文士，在台歷經荷蘭至鄭氏三代的統治。此詩大約作於一六七〇年代，是台灣文獻中最早關於釋迦的紀錄。屬於熱帶水果的釋迦，原就難以在乾燥冷涼的大陸中原地區生長；相較之下，僻處東南海外的台灣反而水土相宜。加上其果實甜度極高，頗對台人喜好甜食之脾味，因此也就順理成章地在台灣「安身立命」。

釋迦原產地在美洲的西印度群島，由荷蘭人自爪哇引入栽培。雖是產自熱帶雨林地區，但性喜排水良好的砂質壤土或礫質土壤，故以無霜之河川地，微酸至中性的土壤最適合其生長，所產果實才會甜度適中，並具特殊果香。全台以北迴歸線以南之台東縣卑南鄉、太麻里鄉等地最適合栽培釋迦，該區域也成為台灣最大的釋迦產區。而外形奇特的釋迦果成熟後不耐久放，也不宜置於冰箱低溫冷藏（冷藏後果皮變黑），形成了一種必須鮮食的特殊果

■釋迦屬半落葉性小喬木，但分枝處極低，主幹不明顯。

青黃色的釋迦花

品產業。

由於果實外觀有幾分像綠色的荔枝，但果形明顯比荔枝碩大了許多，又是引自「番邦」，所以中文正式名稱為番荔枝。而果實表面密布心皮形成的瘤狀突起，酷似釋迦牟尼佛的髮髻，因此台語習稱釋迦。清道光年間，胡承珙的〈半舫偶題〉詩句：「砌畔花開羅漢面，窗前果結釋迦頭」，說的就是釋迦。釋迦有時寫成釋伽，例如何徵〈台灣雜詠〉（一八七五年）句：「青映山光上釋伽」。另外，昔日詩文也常稱釋迦作菩提果，同樣是源於其形如佛頭之故，如鄭大樞在〈風物吟〉（約一七二〇年）詩句所言：「香煙縹緲繞盂蘭，果號菩提佛頂盤」；或張若霳的〈觀音竹〉（一七四六～四七年）詩句：「綠染菩提果，聲含簷蔔林」。

朱仕玠〈瀛涯漁唱〉（一七六三年）的其中一首曰：「溽暑薰人困欲迷，堆盤冷沁釋迦梨」，詩後的註解云：釋迦梨「實大如柿……味甘而微酸，一名番梨」，由此得知釋迦果又名釋迦梨、番梨。古人認為其外形似一般所稱之梨，但實際上二者毫無親源關係。至於王凱泰的〈台灣雜詠〉詩曰：「釋伽名亦亞波羅」，則是由於其果皮略如波羅蜜，而果粒遠小之故。

值得注意的是，佛教的傳說和風俗習慣隨著漢人移民進入台灣後，在植物名稱上亦可見到宗教教義的影響，果形如佛頭或佛教法器的植物，多以佛號稱之，如馬清樞的〈台陽雜興〉（一八七五年）所言：「佳果偏多名老佛，先人何處訪安期？」詩中名為老佛的植物有釋迦、菩提（蒲桃）、波羅蜜之類。施士洁則直稱這些外表有凸起的水果為佛果，如〈台灣雜感〉（約一八八七年）詩句：「地種釋迦諸佛果」。

果實表面的瘤狀突起，是台名釋迦的緣由。

荷蘭時代

番茄【柑子蜜】

未堪皇樹鬥聲華，磊落前庭亦復嘉。
坐進一盤柑子蜜，何輸七碗玉川茶。

……朱仕玠〈瀛涯漁唱〉

柑子蜜為番茄的別稱，指的是形如彈丸的小果品種。台灣最早的地方志《台灣府志》記載其「味濃，內多細子……不堪充果品」，當時台人多和糖煮成茶品。今日，台灣南部仍習稱小番茄為「柑子蜜」，而且吃的時候還會沾醬油、糖或甘草粉等。

番茄原產南美洲安第斯山區，一六四五年左右荷蘭人引入台灣，最初以其亮麗鮮黃的花朵和密實排列的豔紅果實，而被當作觀賞植物，後來才發展成如前所述的食用方式。十九世紀末，日人治台之後，開始引進蔬果兩用的大果品種栽培；原來的小果品種於是不再供作食材，而任令其逸出野地生長。至今中南部、東部地區的山麓及海岸開闊平野

■現代大量栽植的番茄屬大果種

◆植物小檔案◆

學名：*Lycopersicon esculentum* Mill.

科別：茄科

形態特徵：一年生蔓狀高大草本，全株密生黏質腺毛，具強烈氣味。葉羽狀深裂至羽狀複葉，小葉葉形極不規則，大小不等，邊緣有不規則鋸齒或裂片。複聚繖花序，腋生，花三至七朵；花冠黃色，徑一．五至二公分；花萼裂片披針形，果後宿存。漿果球形至扁球形，深紅、橘紅至黃色，肉質多汁液，徑一．二至十公分，種子多數。

■《本草圖譜》所繪的也是小果品種番茄

■荷蘭人引進的小果品種番茄

，均可見野生化的小果番茄蔓生。

從歷來方志、文獻皆將番茄列入「果部」，可知過去國人習慣上視其為水果；反之，歐美國家則多當成蔬菜（Vegetable）來使用。不過，無論是鮮食、榨汁、烹調，或是加工製成醬料，番茄從十五、六世紀「地理大發現」，由原產地南美洲被帶到歐洲以來，已經傳布至世界各個角落，成為蔬果中不可或缺的要角。

番茄的品種繁多，依用途可分成食用品種和加工用品種；依果形可分為大果種和小果種。現代台灣栽培的多數為大果種，果形呈圓球形或扁球形，果皮色澤以紅色者居多。而小果種則有橢圓形或近圓形的品種，徑兩公分，長二～三公分；果皮鮮紅或金黃，前者包括極負盛名的「聖女小番茄」，後者形如金柑。至於原始野生的小果品種，今已不再有人栽培。

■開花的野生小果品種番茄

辣椒

【番薑、番椒】

姹李夭桃競放顛，家山習見未為妍。
番薑壓樹暹蘭吐，一日還欣見二賢。

……朱仕玠〈瀛涯漁唱〉

◆植物小檔案◆

學名：*Capsicum annuum* L.
科別：茄科
形態特徵：一年生或多年生亞灌木，高可達八十公分。葉互生，卵形至卵狀披針形，長五至十二公分，寬一．五至四公分，全緣。花單生，有時二至三朵；花冠白色；雄蕊五枚，花藥箭形，灰紫色。果長橢圓狀至圓錐狀，先端漸尖且常彎曲，未熟時綠色，成熟後橙色、紅色或紫色，味辣。種子扁腎形。

■辣椒的花冠呈白色

番薑即今日辣椒，暹蘭指樹蘭（*Aglaia odorata* L.，見一八四頁）。樹蘭花細小，金黃色，綻放時氣味芬芳。台灣境內的辛辣作物，早先只有栽種薑，後來又引進辣椒，台人稱之為番薑。中國大陸因平素慣用的特有辛辣香料為花椒，所以稱辣椒為番椒。朱仕玠在本詩註中寫道：「番薑，木本，種自荷蘭」，說明其為荷蘭人引進。

■果實短小、外形圓錐狀的朝天椒

辣椒雖是由荷蘭人引進台灣，但原產地並非歐洲，而是在墨西哥至南美祕魯一帶；至今祕魯山區仍能找到野生種植株。哥倫布發現美洲「新大陸」之後，由西班牙人引至歐洲，再由歐洲帶進印度。然後，從印度傳布到爪哇、中國。台灣現已普遍栽培，成為日常烹調菜餚時增色提味的重要佐料。

最初引進台灣的品種，應為指狀至尖長形的中型辣椒。清乾隆年間，范咸、六十七纂修的《重修台灣府志》（一七四七年刊行），所描述的番薑（辣椒）「綠實尖長，熟時朱紅奪目……番人帶殼啖之」，和今天山區原住民習慣栽植的品種相同。但《台海采風圖》另繪錄有「結實圓，而微尖似柰……內地所無」的大型果品種。

■《植物名實圖考》中果實圓球形的觀賞用辣椒

辣椒作為一種重要的辛香蔬菜，經長期人工栽培、選種、雜交等，培育出眾多的品種。除常見的指狀辣椒外，尚有果實大型，頂端內陷，味不辣或稍帶甜味的菜椒（var. *grossum*）；果實較小且直立生長，圓錐狀，味道更辣的朝天椒（var. *conoides*）；以及花果數個簇生，果實紅色，圓錐狀至圓球形，專供觀賞用的簇生椒（var. *fasciculatum*）等。這些品種台灣目前均有栽種。

■辣椒台灣古稱「番薑」，荷蘭時代引進。此為最初引進且目前亦普遍栽植的中型辣椒。

金合歡

【消息花、刺毬花、牛角花、番蘇木】

一樹檳榔一樹椰，晚風駘蕩影交加。
青歸牆角相思草，黃到階頭消息花。

……馬清樞〈台陽雜興〉

■《本草圖譜》的金合歡莢果圖

◆植物小檔案◆

學名：*Acacia farnesiana* (L.) Willd.

科別：含羞草科

形態特徵：常綠多刺灌木，高可達四公尺，多分枝。二回羽狀複葉，羽片四至八對，小葉十至二十對；托葉刺狀，長約一公分。頭狀花序球形，一至三頭花簇生葉腋，花多而密集，徑約一公分，金黃色，有香味。莢果圓筒形，膨大，長四至十公分，徑一至一．五公分，直或彎曲。

■金合歡開金黃色花，枝條具刺。

古時栽植檳榔樹，常於其間穿插著種椰子樹，說是如此檳榔才能結實。椰子的樹幹較粗壯、葉子較大，檳榔則樹幹較細瘦、葉子較小；傍晚微風襲來，兩種樹影交相搖曳。本詩記述清光緒年間台灣農村周遭的景物，除了高直挺立的檳榔與椰子樹外，牆角種了葉片翠綠的相思草，階前開展著金黃色的消息花。相思草即秋海棠，消息花今稱金合歡。

原產熱帶美洲的金合歡，因其開花時滿樹的金黃花球而得名。不過，古籍中則多稱為刺毬花、牛角花、消息花等。「本高數尺，有刺」，開著如串串小鈴的黃色頭花，故名刺毬花。又昔日台灣原住民多藉著不同植物的花信，來作為一年四時更替的指標，並以此安排耕種、收穫時程。由孫元衡的〈重九日偶題〉詩句：

■栽植在台南善化地區，作為綠籬的金合歡。

■《本草圖譜》所繪的金合歡植株，可見枝條上有刺，因此又名刺毬花。

「海東秋思知多少，為問牆邊消息花」，可知本植物的花開時節，約從九九重陽節前後的秋日，一直延續到冬月，所以有消息花之名。而其枝幹有刺，「相偶如牛角」，故亦稱牛角花。

一六四五年左右，金合歡由荷蘭人自爪哇引進台灣，目的是供庭園觀賞用，多種植於今台南、高雄地區。及至一七一七年脫稿的《諸羅縣志》，刺毬已被名列於〈物產志〉中，可見此時嘉義一帶也很普遍；然後又擴散到中部及東部。在日本統治台灣前，已是很尋常的觀賞花卉，一八九五年寫就的《台灣通志》還介紹本植物。金合歡不耐陰，喜陽光充足的熱帶地區，且能耐乾旱、貧瘠的土壤，因此台灣北部較少種植。往昔鄉間多植於住屋圍牆邊，或成排成列栽成綠籬，既宣示住家範圍，也用以隔離牲畜。

金合歡不僅花色燦若黃金，「每露氣晨流，芬香襲人」。朱仕玠的〈瀛涯漁唱〉詩句：「凌晨香氣沁重衾，遠夢難成思不禁。欲向花前問消息，家山西望海雲深」，藉滿室消息花的清香，來發抒胸中思鄉的愁悶。而除了觀賞或做綠籬之外，其「根可染絳」，一名「番蘇木」。台灣民間取根煎服，用以治療瘧疾和丹毒，云可解熱，也是一種藥用植物。直到日本時代，金合歡仍很普遍；日人三浦伊八郎一九二三年時曾採集加以成分分析，並推廣種植。戰後，本植物突然乏人問津，不但不曾列入景觀植物之林，亦少有人新植。目前僅可於南部鄉下荒廢的住屋旁，偶見殘存的植株。台南的善化郊區尚留有成排的綠籬，餘者只見零星單株偏促在一、二家住戶的屋角。今天，台灣已少有人認識金合歡了，然法國南部卻為了採花萃取精油、製造香水，而有大面積的栽植。

■金合歡的圓筒形莢果

◆荷蘭時代◆

茶樹

胭脂北部久聞名，扇影衣香陌上行。行過觀音山下路，採茶隊裡湧歌聲。

連橫〈攜眷度廈，舟泊淡水，偕妻子入台北城竟日，歸舟記之〉

■《植物名實圖考》描繪的茶樹花枝圖

◆植物小檔案◆

學名：*Camellia sinensis* (L.) O. Kuntze

科別：山茶科

形態特徵：常綠喬木。單葉互生，長橢圓形，長五至十二公分，寬三至五公分，深綠色，表面有光澤，葉緣有細鋸齒。花單生或一至四朵簇生於葉腋，每朵徑約二．五公分；花瓣七至八枚，白色，雄蕊多數，黃色；花萼宿存。蒴果壓扁球形，果皮綠色，成熟時棕褐色。

日人治台初期，台灣北部之山麓、丘陵地已經大面積種植茶樹。連橫全家離台前，從淡水河港看到的周圍群山，是一片茶園阡陌連綿的景觀。觀音山下，採茶歌聲響徹雲霄。而且不止觀音山，當時的大屯山、基隆附近山區也多有茶園分布。胡殿鵬的〈大屯山八詠〉之一，已有：「獨立耘茶坡上遊，大觀高閣坐山頭」句；徐莘田一八九八年左右所寫的〈基隆竹枝詞〉亦云：「雲鬟亂繞插紅花，侵曉提筐去採集」。採茶已是當地居民日常生活的一部分，可見茶園之廣，與茶業之發達。

■「侵曉提筐去採集」的是茶的鮮嫩枝葉

台灣應在荷蘭時代前後已零星引進茶樹，但茶業到了清代才蓬勃發展，從歷代詩詞對茶的敘述亦可得到驗證。台詩真正提到台灣茶大概都在一七二○年以後，如吳廷華一七二五年的〈社寮雜詩〉：「纔過穀雨覓貓螺，嫩綠旗槍映翠蘿。獨惜未經燗茗戰，

茶樹的結果枝條

春風辜負採茶歌。」詩中的貓螺是內山（今南投山區）的茶產地，「旗槍」是幼嫩茶業之代稱，而翠蘿則是茶名，應該也是福建茶。清代晚期何徵的詩句「廣闢山場茶利溥」，說明當年台北一帶產茶甚多。而日本時代初期王石鵬的〈生番道中〉詩句：「昨日野番祁出草，茶園十里絕人煙」，敘說山區因原住民出草獵首以致人煙稀少，但亦點出茶園占地之袤廣。

清咸豐年間刊行的《噶瑪蘭廳志》也說到，一八五二年以前宜蘭境內產茶的情形，所謂「土產（茶）特多」，只是「焙製尚未得法」而已。約莫同一段時間，《淡水廳志稿》記載台北附近的大坪山、大屯山、南港仔山、深坑仔內山「產茶最盛」。到日人治台前才寫就的《台灣通志》，已說：「北路一帶群山，多種茶為業。運售外洋，歲值鉅萬，亦台產之一大宗也。」所出的茶，皆以烏龍茶為主。

茶樹的開花枝條

《本草圖譜》所繪的茶樹開花枝幹，花單生或數朵簇生。

出口轉內銷的清香台灣茶

橫山包種茶商標

茶樹原產中國西南地區，大概從唐宋以來，中國人飲茶之風氣才日益興盛。後來，茶還大量出口，與咖啡、可可並列為世界三大飲料。茶在中國的出口口岸主要有兩處，一為廣東，一為廈門。出口的地點直接影響世界各國對茶的稱呼：由廣東出口者，茶音cha，日文、印度文、葡萄牙文都是；俄文音chai，越南文音tsa，也是受廣東話的影響。由廈門出口者，廈門話茶音tei，使得英文發音為tea，法文thé，丹麥、瑞典、挪威、義大利、西班牙稱te，芬蘭稱tee，德國稱thee。

近代聲名遠播的台灣茶，其茶種及製茶方法，是十九世紀初直接由福建傳入的。不過，台灣山區自生的近緣種「台灣山茶」及「武威山茶」等，也可用來製茶。早年，尚未引進大陸茶之前，台灣可能已取用這類植物生產野生茶。荷蘭據台時期，曾記錄有少量台灣茶出口到波斯市場。根據一七一七年撰成的《諸羅縣志》記載，「水沙連山有一種（茶）味別，能消暑瘴」，此

日本時代台灣北部丘陵地的茶山風光

■蝕刻銅版畫中描繪一八八〇年左右，台灣工人揀選茶葉預備外銷的情形。

茶應即台灣的野生茶。另外，一七四七年刊行的《重修台灣府志》說到「水沙連茶，在深山中。眾木蔽虧，霧露濛密。晨曦晚照，總不能及。色綠如松蘿，性極寒，療熱症最效。每年，通事與各番議明入山焙製。」山區採的原生茶茶葉，由漢人入山焙製。荷蘭時代出口的台灣茶，至少部分就是這樣生產的。

清嘉慶年間（一七九六～一八二〇），「有柯朝者，歸自福建，始以武彝（夷）之茶，植於鰈魚坑」，「鰈魚坑」即今之台北縣瑞芳鎮。之後，陸續有閩茶引進台灣，剛開始主要的茶區北部集中於文山地區，南部則在恆春半島的港口，兩地分別發展出聞名的文山茶與港口茶，行銷海內外。但真正將台灣茶納入國際貿易體系的，則是一八六九年英商約翰．杜德（John Dodd）以「福爾摩沙茶」（Formosa Tea）之名，將台灣茶輸入美國起。「福爾摩沙茶」色、香、味、形俱佳，博得美國消費者的喜愛，從此打響了台灣茶在國際間的名號。因從福建傳入的茶種及製茶方法，屬半發酵的烏龍茶，所謂的「福爾摩沙茶」，就是台灣生產的烏龍茶。

日人治台後，對台灣茶葉的改良不遺餘力。首先於一九一〇年在平鎮成立茶葉改良場，蒐集並選拔優良茶種；再於一九二五年從印度引進大葉種茶——阿薩姆茶，此品種特別適應熱帶低海拔地區的紅土環境，如此一來，無論是北部的桃園、新竹一帶，中部的苗栗丘陵地或南部的恆春半島都能加入種茶的行列，大大擴展了台灣茶的栽植面積。由於阿薩姆茶適合製成紅茶，而日人也著眼於世界茶市場以紅茶為主的貿易趨勢，因此大力推廣紅茶，開啟了台灣的紅茶事業。到一九三四年時，台灣紅茶的產量已超過烏龍茶，三井公司的「日東紅茶」是此時期紅極一時的茶品。為了發展紅茶，日人又於一九三六年在南投魚池設立紅茶試驗所。

■揀茶一景

淡水附近茶園景觀

因外銷的實績亮眼，中華民國政府持續重視茶業的經營。光復後，茶園、茶場的復建最為迅速，有助於穩定來台初期的經濟體系。同時，大陸茶的業者隨軍來台，中國製茶技術取代原來的紅茶生產，台灣烏龍茶又漸趨復甦。另一方面，因應國家的需求，也開始製作綠茶外銷；而為了日本市場的需要，引入蒸菁技術，製作煎茶外銷日本。此時期的台灣茶葉生產，均以賺取外匯為主要導向。至一九七四年止，台灣有十二個縣市種茶，就面積而論，以新竹最多，台北縣、桃園縣次之。

依據發酵的程度，茶可區分成三大類：全發酵的紅茶，不發酵的綠茶及半發酵的烏龍茶。台灣許多著名的茶品，如包種茶、鐵觀音、東方美人等，皆屬於半發酵茶，一般統稱為「烏龍茶」（Oolong Tea）。目前，全球茶的消費市場中，紅茶占百分之九十，綠茶占百分之八，半發酵茶僅占百分之二，約五萬噸。台灣的烏龍茶就占了市場所有半發酵茶量的一半，年產量二萬多噸。一九七〇年以前，台灣產的

攝於一九三〇年代左右的揀茶一景

茶一律出口外銷，但之後台灣經濟起飛，台茶全轉成內銷，島內自己即消費了所有的台產烏龍茶。近幾年台灣流行高山茶（指海拔一千公尺以上地區所生產的茶），各類品質優良、香味獨特且價格極高的茶品相繼問世，成為現下台灣茶葉市場的最新趨勢。

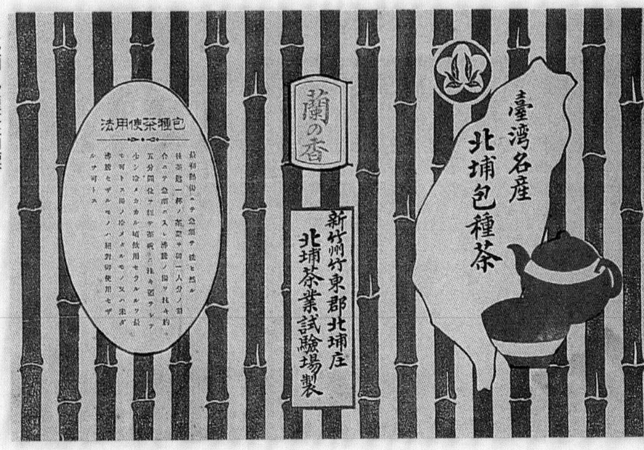

■北埔包種茶商標

■採茶季節，村姑於丘陵茶園中忙碌的景象。

茉莉

【抹麗、末利】

名花聞道出南荒，親到南天聞妙香。
弟是素馨兄是菊，澹煙如水月如霜。

——孫元衡〈茉莉〉

■茉莉花序頂生，通常三朵花一組，稱為聚繖花序。（本草圖譜）

◆植物小檔案◆

學名：*Jasminum sambac* (L.) Ait.

科別：木犀科

形態特徵：蔓狀灌木。葉對生，紙質，圓形至卵狀橢圓形，長四至十二公分，寬二至七公分，兩端圓或鈍，兩面網脈明顯。聚繖花序，花一至三朵；花萼裂片線形；合瓣花，花冠白色，有濃香；雄蕊二枚。漿果球形，徑約一公分，成熟時紫黑色。

茉莉和素馨同為木犀科的植物，自古就是中國名花。兩者的花都有芳香，且世界各地均有栽培。差別在於素馨原產中國，而茉莉則是外來客，是由南方引進中國的植物。

茉莉的原產地是印度和阿拉伯地區（一說原產波斯，即今之伊朗），遠自漢代就引進中國。在一般人眼中，茉莉早已是中國花卉的一份子，唐宋詩中有大量篇章吟誦茉莉。而台灣應在荷蘭時

■茉莉是名花，已在全世界各地栽培。

代就已引入，有少量栽植，鄭氏時代又隨軍隊引入台灣，並廣為栽植。

「茉莉」一名，源自印度梵語的音譯，早期文獻上多寫作抹麗或末利。夏季開白花，花香飄揚，是深受喜愛的居家庭園花卉。鄭經的〈詠茉莉〉詩說得最貼切：「一園如麗星，曲徑晚來馨。蜂蝶夜間靜，月明開素屏」，形容滿園綻放的雪白花海；「買夏誰疑雪有香？」（施鈺〈茉莉〉

■《本草圖譜》的茉莉花枝特寫

■茉莉夏季開花，花香飄揚。

）描述採下的茉莉，可製成花圈或花串供愛好者選購。黃叔璥在一七二四年撰成的《台海使槎錄》，寫出當時的台灣風貌：「早晚街頭，有連十餘蕊（茉莉）簇成一枝，有連數十蕊為一串。買置床榻，殊有妙香。」

茉莉清雅的香氣除了供人賞聞外，也是窨（同「熏」）茶和製作香精的原料。用茉莉熏製的花茶（香片），芳香耐久；用茉莉提煉的香精，香濃清遠。在國人心目中，茉莉已不只是香花，而是有情有味的日常生活中不可或缺的一部分。

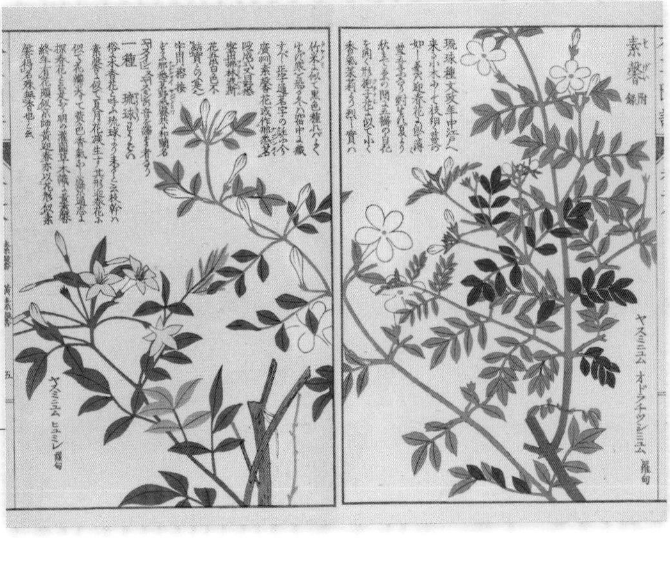

■《本草圖譜》中的素馨，是茉莉的近緣種。

鄭氏時代

鄭氏時代（一六六二～八三年）一共二十二年，大部分植物由鄭氏部隊自福建引進。此期海禁甚嚴，對外交通僅餘廈門與安平之間的海運，與外國的交流極端困難。所引進的植物大多原產中國或在中國栽培已久的外來種類。觀賞植物之一的鳳尾竹為小型竹類，葉細小可愛又耐修剪，自來就是主要的綠籬植物之一，公園、學校、私人宅邸多有栽種。木本花卉方面，

鷹爪花、夜合花、白玉蘭、含笑花、樹蘭都是香花植物，至今仍是多數居家庭院、寺廟最喜種植的樹種。其中的白玉蘭，更是街頭販賣的香花中最受歡迎的種類。草本花卉方面，適合栽於花圃中的雞冠花、鳳仙花，在台灣早已家喻戶曉，到處皆可見其鮮妍的花容。晚香玉（或稱夜來香）也曾是花圃中栽植最多的植物之一，目前則供作插花的花材，在台灣中、南部有大面積的產區，對台灣的經濟貢獻很大。

古稱「藤菜」的落葵，當作菜蔬食用的歷史相當久遠，隨鄭成功部隊及移民渡海以來，也曾是台灣重要的蔬菜。由於其繁殖容易，數百年間已逸出變成野生

，在廢棄的建物、圍牆、籬笆及庭園花木上，常有成片落葵攀爬覆蓋，形成一種具有威脅性的入侵植物。

香果引進台灣，原是當成果樹栽培，不過，因帶著特殊香氣的果實肉薄、水分少且口感不佳，而一直不大受到重視。但結實量多，鳥類及嚙齒動物的嗜食又協助其散播種子，目前在中、南部低海拔天然林內，已見香果野生植株成片狀林分布，與其他原生植物共享資源。

鳳梨、番木瓜是世界性的水果，台灣亦大量栽植，有段期間甚至成為經濟生產大宗。兩者引進時間原被多數學者認為是在清代，但根據方志及詩詞記述資料，台灣至遲在鄭氏時代即已栽種，只是未發展成產業而已。

◆鄭氏時代◆

香果

【風鼓、蒲桃、菩提果】

但有繁鬚鬧爛熳，曾無輕片見摧殘。
海天春色誰拘管，封奏東皇蠟一丸。

……孫元衡〈香果〉

香果又名風鼓（台語發音的另種寫法）、蒲桃，開花時，無數雄蕊伸出萼筒之外，宛如繁鬚；雌蕊授粉後，雄蕊旋即掉落。作者見香果樹下滿地落蕊，心生憐惜之意，所以才說「曾無輕片見摧殘」。其果實呈球形或卵形，黃色有光澤，外形和寺廟所見的佛器或古時用來密封奏狀的蠟丸相似，因此本詩中以蠟丸來比擬；另外，許多詩文也以「菩提果」的別名來形容香果。

香果為熱帶雨林植物，原產印度和馬來半島，約十六至十七世紀時傳入中國，在廣東、廣西、福建、雲南等地廣泛栽培。鄭成功軍隊入台後，隨行軍民將其引進台灣，初期作為果樹栽培；清康熙年間（一七一七年）撰成的《諸羅縣志》，即將其列於果之屬下，並描述「香埒於檨，而甘美不及」（埒者，相等之意）。香果的果實，好似黃色的小蓮霧，雖帶著淡淡的甘甜與香氣，但

◆植物小檔案◆

學名：*Syzygium jambos* Alston

科別：桃金孃科

形態特徵：常綠喬木，分枝多。葉對生，披針形至長橢圓形，長十二至二十五公分，寬三至五公分，革質，全緣，側脈在葉緣附近連生。頂生繖房花序；花綠白色，芳香，花萼四片，花瓣四枚；雄蕊多數；子房下位，二室。果球形至卵形，徑三至四公分，淡黃色至杏黃色，果肉薄質鬆，有玫瑰香，中空。種子一至二粒。

■香果的結果枝。黃色有光澤的果實，形似蠟丸。

果肉薄而籽大，汁少而口感不佳，人們因此逐漸不再採食，日後並為同屬的果樹蓮霧所取代。
　最早出現本植物的台詩，為康熙年間（約一七一〇年）陸榮秬的〈番果圖〉詩。詩中有「波羅蜜與菩提種，猶有林藤地味風」

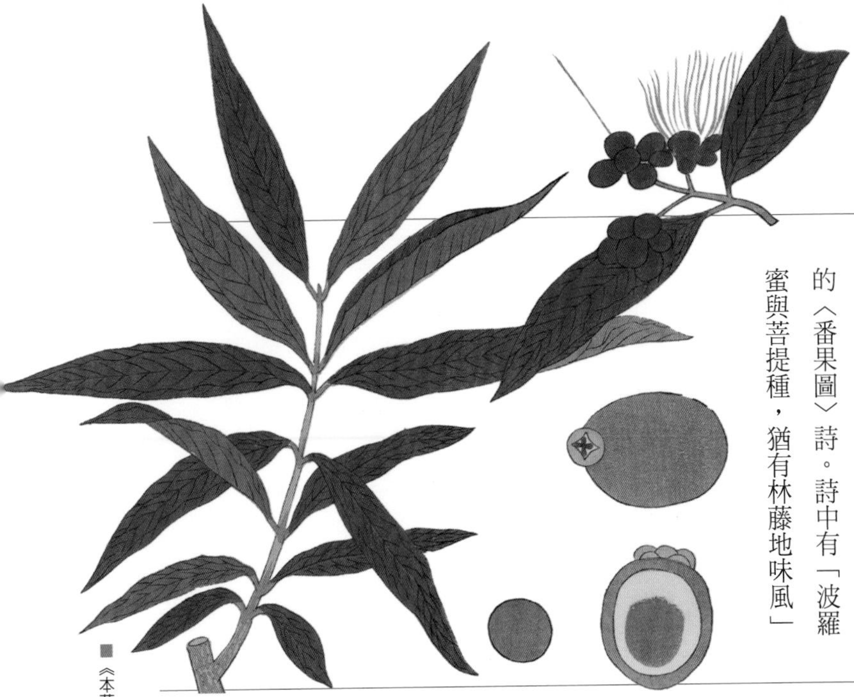
■《本草圖譜》中的香果枝葉、花、果彩繪

句，句中的菩提所指應即香果。朱仕玠的〈瀛涯漁唱〉第十七首詩曰：「果號菩提薦玉盤，乍疑盧橘簇團團」（一七六三年），可看出當時香果還是應時水果，其註解說道：「菩提果一名香果。花有鬚無瓣，白色，實如枇杷，鮮青熟黃，狀如蠟丸。」不過，張若霳的〈觀音竹〉詩句：「綠染菩提果，聲含薝蔔林」所言的菩提果，指的卻是釋迦。早就不被視為果樹的香果，由於四季

■香果的花綠白色，有強烈香氣。

常綠、樹形優美，後來被當成行道樹及庭院樹栽植。種子由囓齒類動物傳布，繁殖容易，因此在中南部低海拔潮濕地區，如恆春半島、六龜扇平的天然林內，均有野生香果植株混生。本種在台灣各地、中國大陸都適應良好；被引至夏威夷群島後，在當地呈野生狀態，是入侵樹種之一。

■香果樹下掉落滿地的「鬚」，是其雄蕊。

鳳尾竹

綠沉千个儼維城，鳳竹猛傳維蝶名。
固圉即今勞版築，此君應不負生生。

——黃逢昶〈台灣竹枝詞〉

◆植物小檔案◆

學名：*Bambusa multiplex* Raeusch. cv. Fernleaf

科別：禾本科

形態特徵：叢生灌木狀竹類，植株可高達三至六公尺，自稈基部第二或第三節開始分枝，小枝稍下彎。葉有大小兩型，葉片線形，背密被短柔毛；初生葉及基部葉稍大，長五至十公分；小型葉排成羽狀，長二至四公分，鳳尾狀。

明清以來，台灣的城市聚落，多因陋就簡在四周栽竹為城，不似中國內地以版築法建構城牆。黃逢昶曾在清光緒八年（一八八二年）來台任職，行跡遍及今台北、宜蘭、台中、台南等地，記述各地民情風物，寫成《台灣生熟番紀事》一書，〈台灣竹枝詞〉即其中一章。詩中所言之「鳳竹」即鳳尾竹，應為當時台灣用來築城之眾多竹類中的一種。

■鳳尾竹耐修剪，常栽成綠籬。

鳳尾竹是長期栽培後選育出來的特殊品種，原種稱「孝順竹」，產於越南。早年即引進中國作綠籬及觀賞之用，多分布於東南及西南各省。由原種選育出來的品種還包括：稈為實心的觀音竹（var. *rivieorum*）及稈具條紋的銀絲竹（cv. Silverstripe）等。鳳尾竹是由鄭成功的部隊自華南帶至台灣。

鳳尾竹「枝柔、葉細、幹小」，外形宛如鳳尾，因此得名。通常栽成圍籬，或種植在園亭閣樓

■《本草圖譜》中的鳳尾竹彩繪

旁，供騷人墨客及顯貴人士賞玩。到了日本時代，詩人文士一樣承襲了於庭園栽種鳳尾竹的雅興，如當時著名詩人王少濤的〈網溪別墅賞竹〉詩所描寫：「晚涼好對故人譚，語意真同雨意酣。

鳳尾壓檐青欲滴，

地幽彷彿在湘南。」至今，台灣各地仍盛行栽種鳳尾竹，或以盆景的方式呈現。

台詩與方志中，鳳尾竹常與觀音竹混稱。《台灣府志》和《台灣縣志》均稱鳳尾竹即觀音竹。而其他志書、詩文，如張若霳的〈觀音竹〉詩、《諸羅縣志》等則皆言觀音竹。其實兩者是品類相似，只有微小差異的竹種。

■葉排成羽狀的鳳尾竹

竹的引進史

全世界的竹子分成四十五屬，共有一千兩百餘種，分布於北緯四十六度至南緯四十一度之間。亞洲的竹子的種類最多，美洲、非洲、澳洲亦有分布，但竹類的栽培和利用，以中國為最。流風所及，受到中國文化影響很大的日本與台灣，均發展出獨特的竹類文化。

台灣的氣候從低海拔的熱帶，到高海拔的溫寒帶兼而有之，適合各種竹類的生長和栽培。除原就在本地「土生土長」的竹種外，其他凡是與人類生活關係密切的中國內地竹類，台灣大概都有引進。

清初（一六八五年前後）寫就的《台灣府志》，記載了八種竹類。其中蘆竹在近代分類上被視為高大草類，而不列入竹類；因此實際上只有七種竹，包括原產台灣的竹種刺竹、筀竹（桂竹）、長枝竹，引自中國大陸的鳳尾竹（部分可能為觀音竹），及貓竹、籬仔竹、江南竹。籬仔竹「枝細如箭，可用為籬」，可能是台灣矢竹或包籜矢竹；貓竹「生深山，大者如斗」，台灣當時應無類似種類；江南竹「作魚滬籬落者」，魚滬是用竹編成的捕魚柵，此竹是否為孟宗竹，不得而知。《台灣府志》之後纂修的方志，在竹子的種類上並無太多增加。一七四七年刊行的《重修台灣府志》，竹類增加七種，即麻竹、空涵竹、椶竹、石竹、金絲竹、珠籬竹、七絃竹，其中的椶竹屬棕櫚科，也非今日定義的竹類，所以實際增加了六種，石竹為台灣原產者。一八九五年清朝割讓台灣前寫就的《台灣通志》，則又添綠竹、大竹、紫竹、皺竹、烏竹

■台南開元寺中的七絃竹，相傳為鄭經之母所植。（郭娟秋／攝）

■台灣北部特產的八芝蘭竹

、黃竹等六種（但紫竹即烏竹），這些大概都是清朝時期由大陸地區引入的。

依近年的文獻及研究報告顯示，台灣栽培的竹類共十五屬，超過五十三個分類群（種、變種、型），而總計台灣原產的竹類約有十六種，其中的長枝竹、烏腳綠竹屬大型竹類，可作為建材及供生產竹筍之用，至今仍有大量栽培。火管竹又稱火廣竹，是中型竹類，民間常取作吹筒供升火炊飯之用，因而得名。石竹和桂竹為散生型竹種，稈中型，古時取用作家具、農具，並生產竹筍，兩者皆相當常見。內門竹稈極細小，可當觀賞植物，但分布只限恆春半島，屬於稀有竹類。八芝蘭竹獨獨產在士林芝山岩，數量稀少，有絕種之虞。玉山箭竹則僅產於高海拔地區，原住民狩獵之餘，常採食嫩筍，稱雲筍，意指植株經年籠罩在雲霧之中。至於主要的產筍竹種──綠竹，可能原產自中國大陸，目前的資料無法查考其引入台灣的時間。

鄭氏時代有文獻可考的引進種類，僅鳳尾竹（*Bambusa multiplex cv.* *Fernleaf*）和莖稈具條紋的栽培種七絃竹（*B. multiplex cv. Alphonese*）。兩者均於一六六〇年代隨鄭成功的

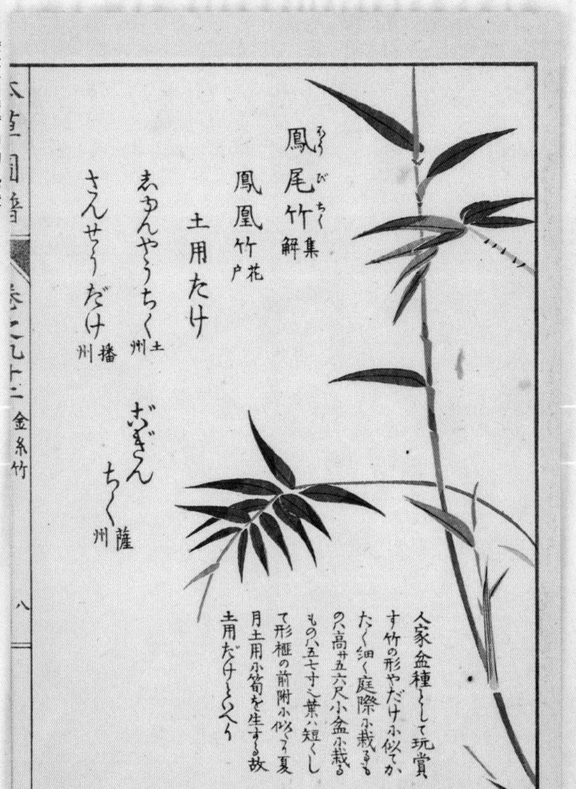

■《本草圖譜》中的鳳尾竹

部隊或商人自華南地區引入台灣，為普遍栽植的觀賞竹種，台灣各處至今仍有分布。

清朝時代引進台灣的竹種，皆原產中國內地。一七五〇年間引入的孟宗竹（*Phyllostachys pubescens*），竹稈堅實緻密，彈性佳，早年台灣建築高樓常用來作為鷹架，也常用來搭設養殖蚵類的棚架。冬季長筍，是生產冬筍的主要種類。一八〇〇年前後引進的紫竹（*Phyllostachys nigra*），稈在第二年後變成紫黑色，故又名烏竹。最初會引進台灣，可能與佛教有關，傳說觀世音菩薩座前就有紫竹林，連雅堂的《寧南詩草》有詩言及此典，其一：「白蓮池畔風華嫩，紫竹巖前露葉新」；其二：「安溪競說鐵觀音，露葉疑傳紫竹林」。生產竹筍的麻竹（*Dendrocalamus latiflorus*）原產廣東、福建，何時引入台灣並無確切記載。但一七四二年刊行的《重修福建台灣府志》已有登錄，而前此刊印的《重修台灣府志》（周元文，一七一二年）則未見麻竹，推測引進時期大約在一七一〇～一七四〇年。而人面竹（*Phyllostachys aurea*）莖稈各節呈不規則之龜甲狀，主要供觀賞及製作煙管、手杖等，原產廣西，亦不知其引進的確切年代。一七四七年刊行的范咸《重修台灣府志》開始有本種之記載，可見應在一七〇〇～一七三〇年間引進。人面竹又名佛眼竹，如朱仕玠的〈瀛涯漁唱〉有詩句：「移得一叢佛眼竹

■紫竹的成熟稈呈紫黑色，又稱烏竹。

■四方竹於日本時代引入台灣

」。清代官宦及富貴之家多喜種於花盆內或庭院山石旁，為重要的庭園植物。

日本時代，曾從日本及中國大陸引進許多竹類試種，惟多數僅止於試驗觀察，並未推廣或是進行經濟生產。其中稈呈四方形的四方竹（*Chimonobambusa quadrangularis*），原產長江流域以南各省的中高海拔，屬於溫帶竹種。一九二八年引入後，在許多海拔一千公尺以上山區栽植供觀賞用。一九四一年，詩人王少濤在其〈阿里山雜詩〉中，有「滿眼多佳樹，還憐竹四方」句，敘述在阿里山看到的四方竹。植株矮小的觀賞竹——崗姬竹（*Shibataea kumasasa*）原產日本，一九〇九年引入後曾推廣栽植，供綠籬及花壇使用，目前全台各地均有零星分布。

中華民國時代引進的竹類亦多。最早者應為一九四六年由華南地區引進的葫蘆竹（*Bambusa ventricosa*），為一種觀賞竹，其節間粗短且膨脹成葫蘆狀或佛肚狀，又稱佛竹，常以盆栽擺設於庭院或走廊。巨竹（*Dendrocalamus giganteus*）則原產馬達加斯加，稈徑粗可達四十公分，屬世界上最巨大的竹種，一九六六年由竹類專家林維治先生引進。目前在六龜地區有小規模商業生產，主要是取其竹筍。林維治先生在一九六〇年代尚引進另外多種竹類，但大部分都只在栽培試驗階段，和台灣文化的發展未發生關係。

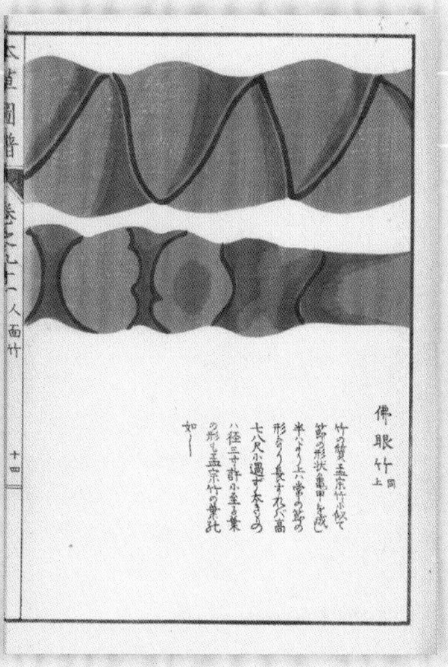

■人面竹又稱佛眼竹，清代引入台灣。（本草圖譜）

台灣原生的竹類

種類	原分布區域	備註
內門竹 *Arthrostylidium naibunensis* (Hay.) Lin	恆春半島	
青稈竹 *Bambusa breviflora* Munro	北部	
長枝竹 *Bambusa dolichoclada* Hay.	平地山麓	
火管竹 *Bambusa dolichomerithalla* Hay.	中部	
烏腳綠竹 *Bambusa edulis* (Odashima) Keng *f.*	北部	
八芝蘭竹 *Bambusa pachinensis* Hay.	台北士林芝山岩	
刺竹 *Bambusa stenostachya* Hackel	全島	也可能是引進種
青皮竹 *Bambusa textilis* McClure	低海拔地區	亦產華南
花眉竹 *Bambusa tuldoides* McClure	低海拔地區	亦產華南
烏葉竹 *Bambusa utilis* Lin	中、北部	
石竹 *Phyllostachys lithophila* Hay.	中、北部海拔500~1500m	
桂竹 *Phyllostachys makinoi* Hay.	全台海拔100~1500m	
包籜矢竹 *Pseudosasa usawai* (Hay.) Makino *et* Nemoto	全台中、低海拔	
莎勒竹 *Schizostachyum diffusum* (Blanco.) Merr.	恆春半島	
台灣矢竹 *Sinobambusa kunishii* (Hay.) Nakai	北、中部山區	
玉山箭竹 *Yushania niitakayamensis* (Hay.) Keng *f.*	海拔2000m以上的高山	

鷹爪花

【鷹爪蘭、油桃花、鷹爪桃、鷹桃花】

曉起青青展嫩牙，淡黃乍變正棲鴉。
繩床夜半不成寐，香撲一簾鷹爪花。

……朱仕玠〈瀛涯漁唱〉

◆植物小檔案◆

學名：*Artabotrys hexapetalus* (*L. f.*) Bhandari

科別：番荔枝科

形態特徵：常綠蔓狀灌木。葉互生，紙質，長橢圓形至披針形，長八至十五公分，表面具光澤，全緣。花單生，花梗木質而屈曲，最外三片花被小型，瓣狀花被六枚，綠色，成熟時淡黃色，具強烈香氣；雄蕊多數，藥隔粗大；心皮多數離生。果三至十個聚生在果梗上，離生。

鷹爪花於清晨初開時，花綠而無香，午後至傍晚逐漸轉為黃綠色，此時花香濃郁，「氣同鳳梨」。本詩描述作者臥房外的鷹爪花正盛開，香氣從窗戶飄入，惹得詩人無法成眠。尋常生活即景，意境倒也動人。

鷹爪花和聞名全世界的巴黎香水原料——香水樹同屬番荔枝科。原產於中國華南地區，由於其鮮花含芳香油，深受中國人喜愛，很早就被當成庭園植栽。除台灣外，也被引種至印度、斯里蘭卡、中南半島諸國及印尼、菲律賓等，在當地大量栽植。

清康熙年間（約一六八五年）撰成的《台灣府志》尚未載錄本種花卉，而雍正二年（一七二四）的《台海使槎錄》則已有專項描述其形態和用途。因此，推測其在鄭氏時代隨移民引入台灣，此後的方志均有登錄。

■鷹爪花的花枝

■鷹爪花為常綠蔓狀灌木

■鷹爪花的離生心皮果「攢簇如桃」，故又名鷹爪桃。

鷹爪花的花梗中上部彎曲，有一硬化苞片，整朵花看起來宛如鷹爪，因此得名。「子如青果，數十枚相疊，相比成團」（《台海采風圖》），說的是其離生的心皮果。十數個心皮果「攢簇如桃」，因此又名鷹爪桃，台灣鄉間則稱鷹桃花。

《台海使槎錄》上描述鷹爪花「似蘭無心，香味滯膩」，似乎有些偏頗。事實上其花香濃淡適宜，花開時，許多婦女皆喜簪花於髮際。早期的台灣，鷹爪花是農曆五月間，街頭常見販售的香花之一。劉家謀的〈海音詩〉：「夕陽門巷香風送，揀得一籃鷹爪花」，及何徵的〈台陽雜詠〉：「春風鷹爪飄香遠，秋雨燕支著色鮮」，都可以為證。筆者年少時，就常見家祖母出門前總愛從老家屋角的鷹爪花叢中，採一朵簪在髮上。走過之處，香氣留連，讓人印象非常深刻。古人有時取鷹爪花與染髮膏混合，用之更「香益清徹」。

鷹爪花是台灣「不久前」的古代，都還常用的花，彼時家家均有栽植。後來，僅僅歷經三、四十年的社會變遷，鷹爪花的盛景居然在瞬間消失。庭院中已經少有鷹爪花的蹤影，目前僅在南部的窮鄉僻壤，恆春半島或東部海岸的「讀書人」之家，偶然可以見到，而且也只能找到寥落零星的幾株。鷹爪花幾乎徹底被國人遺忘了。

■鷹爪花的結果枝

夜合花

【夜香木蘭】

夜合花開香滿庭，鴛鴦待闕社猶停。
怪來百兩盈門日，三五微芒見小星。

——劉家謀〈海音詩〉

◆植物小檔案◆

學名：*Magnolia coco* (Lour.) DC.

科別：木蘭科

形態特徵：常綠灌木。葉互生，硬革質，長橢圓形至披針形，長八至十五公分，表面暗綠色，有光澤，背面蒼綠色，網狀脈明顯。花單生，長橢圓球形，徑三至四公分，花被片九枚，肉質，外三枚綠色，其餘純白色；雄蕊多數；心皮約十個。果為蓇葖果集合而成之聚合果。

夜合花，顧名思義，花朵白天開放，傍晚閉合。花開時清馨幽香，入夜之後香氣更加馥郁。其耐陰性強，常栽種於寺廟及一般住家內，是中國華南地區久經栽培的著名庭院觀賞樹種。

原產兩廣、福建以南之海拔六百~九百公尺的山區森林中，向南分布至越南。約一六六〇年代由華南引進台灣。正如「葉密烟蒙火，枝低綉拂牆」詩句所形容，夜合花的枝葉深綠婆娑，於枝

■原產中國華南地區，在台灣亦久經栽培的庭院觀賞樹種——夜合花。

頂下垂的純白花朵芳香四溢，讓許多先民無法輕捨家鄉庭院中每日散發的馨香，於是攜帶夜合花一同來台落腳，以慰思鄉之情。

《台灣府志》記載：「夜合，開夏秋，其花內瓣白，外瓣青，香淫而濁」。其實夜合花香氣清雅幽澹，是木蘭屬植物中，氣味較不濃烈者，極適合栽植在書房之側，或天井之中。由於花香媲美七里香，莊年的〈范侍御招飲七里香花下〉詩因而有「鈴閣清嚴碧檻涼，一叢玉蕊正芬芳。瓊姿乍怯秋初雨，花氣渾同夜合香」之描述。《台灣通志》所言：「夜合花，一名合歡，一名合昏、青棠」是錯置花名。中國典籍上的夜合，指的是含羞草科、開粉紅色花的合歡，此植物才又名合昏或青棠。因此，夜合花與夜合實為兩種全然相異的植物。

■《植物名實圖考》中的夜合花枝葉圖繪

■夜合花花朵馨香可人

目前，台灣一般家庭較少栽植。但全台寺廟，特別是歷史悠久的廟宇內多種有夜合花，公園及校園也多以本種為主要的飾景植物。由於花可提取香精，亦被當作香料摻入茶葉當中。

■葉兩面均有光澤且網狀脈明顯，是夜合花重要的鑑別特徵。

白玉蘭

【白蘭花】

不識瀛壖草木衰，秋光漸近肅霜期。
東皇海外無拘管，又見迎春再放時。

……朱仕玠〈瀛涯漁唱〉

◆植物小檔案◆

學名：*Michelia alba* DC.

科別：木蘭科

形態特徵：常綠喬木，高可達十五公尺，枝葉均有芳香。葉互生，薄革質，長橢圓形至披針形，長十八至二十五公分，寬五至十公分，先端尾狀漸尖。花單生葉腋，花被片十二枚，長三至四公分，白色，極清香；雄蕊多數，藥隔大；心皮多數，下有長雌蕊柄。台產者多不結實。

前引詩的作者在詩末自註中說明：「迎春，又名玉蘭，內地正、二月開，台地北路七、八月亦開。」而真正的玉蘭台灣近年才有引種，且栽植於氣候冷涼的中海拔以上地區。由此推斷詩中所提的迎春，應即為白玉蘭。

木蘭科植物大部分都有香味，原產於中國者就有一百六十種以上，種類之間不易區分。本科多數生長於氣候冷涼的溫帶地區，分布於熱帶的種類較少。白玉蘭是其中少數的南國之花，原產於印尼的爪哇，極不耐寒，喜陽光充足、溫暖濕熱的環境。約莫明代時，由華僑引入中國華南，在廣東、廣西、雲南和福建等地廣泛栽培。一六六〇年代再隨鄭成功部隊引入台灣，普遍栽植於全島，是鄭氏時代的代表植物。

■白玉蘭是台灣最受歡迎的木本香花樹種之一

白玉蘭是著名的木本香花樹種。每年春季開白色花，花期長，可一直延續到初秋，開花時香氣撲鼻，且四季常綠，枝葉茂密，少有病蟲害，是台灣最受歡迎的庭園花木之一，幾乎家家戶戶都有栽種。都市街道上，沿街叫賣的香花，主要種類就是白玉蘭花。仕女們作襟花配戴，男士們則吊掛於屋裡或車內，享受其久久不散的怡人清香。

著生花蕾的白玉蘭枝葉

值得注意的是，台灣志書及詩文內提及的木蘭科植物，如辛夷、玉蘭（迎春花），皆屬於原產華中或中海拔以上地區的種類，明清兩代均未移植台灣。因此《諸羅縣志》及《台灣通志》等物產卷中「玉蘭，本名辛夷，花白色」之記載，顯然是錯置。而且，辛夷（*Magnolia liliflora*）的花朵為紫色，和開白花的玉蘭（*M. denudata*），兩者也截然不同。

白玉蘭的著花枝條，圖中之花皆已盛開。

含笑花

西望家山倍悵然，怪風盲雨度殘年。
花名含笑知何意，藥解相思亦可憐。

——朱仕玠〈瀛涯漁唱〉

◆植物小檔案◆

學名：*Michelia figo* (Lour.) Spreng.

科別：木蘭科

形態特徵：常綠灌木，高可達三公尺，芽、嫩枝、葉柄、花梗均密被黃褐色毛。葉互生，革質，橢圓形至倒卵狀橢圓形，長五至十公分，寬二至四公分，先端鈍，有短尖。花單生於葉腋，花被片六枚，肉質，淡黃色，且香氣濃烈；雄蕊多數；心皮多數，具長雌蕊柄。蓇葖果。

■含笑花為常綠灌木

原籍福建的朱仕玠雖以詩文見長，但科舉屢試不第，曾於清乾隆年間（一七六三年）來台擔任鳳山縣教諭，本詩即為其在一年教諭任內所作。詩中隱約透露出才志無所伸的悵惘與離鄉背井的無奈，藉著庭院中盛開的含笑花以發抒懷鄉自憐之情。

含笑花是原產廣東、福建一帶的著名木本香花植物。唐宋之際即已廣泛在華南地區栽培，南宋名詩人楊萬里和陸游都有詠含笑花詩。台灣的含笑花，最早也是由一六六〇年代來台的鄭成功部隊及移民所引進。與白玉蘭、夜合花同為鄭氏時代的代表植物，至今都還是人們最愛在庭院內栽

■《植物名實圖考》中的含笑花圖繪

■若花被片已大開，則香味大減，並旋即掉落。

■含笑花「花如蘭，開不滿」。

植的花木，不管是公園、寺廟、居家或學校，皆不難見到其中任一種的芳蹤，有時甚至在同一處就能盡賞這三種植物的迷人手采。

根據《藝花譜》的記載：含笑花「花如蘭，開不滿」，有如含羞姑娘的微笑，因此得名。含笑花初開時蓓蕾微展，香氣最為濃馥；若花被已大開，則香味大減，花被片、雄蕊不久即掉落。香味郁烈時採之，「拗折間餘芬溢指尖，經時不歇」，戴在髮上或置於衣內，香氣可以維持很久。「只有此花偷不得，無人知處忽然香」，說的就是含笑花。

■尚包被在苞片內的含笑花蕾

朱槿

【扶桑、佛桑、大紅花】

珊瑚點綴綠雲叢，海外花開別樣工。葉似青桑微帶露，葩如赤芍笑迎風。四時不改朝霞豔，一色常款夕照紅。雨後清芬飄滿院，教人錯認牡丹同。

……烏竹芳〈大紅花〉

■古時朱槿多屬單瓣品種（本草圖譜）

◆植物小檔案◆

學名：*Hibiscus rosa-sinensis* L.

科別：錦葵科

形態特徵：常綠灌木，高可達三公尺。葉互生，有二枚線形托葉，葉片闊卵形至狹卵形，長五至十公分，寬三至五公分，先端漸尖，基部圓，緣有粗齒。花單生於葉腋，具長柄，柄上有關節；花萼鐘形；花瓣五枚，花色有深紅、玫瑰紅、淡紅、淡黃、白色等；雄蕊多數，合成單體，僅上端游離；柱頭五歧。蒴果卵形。

詩句中「珊瑚」是指綠珊瑚，而「大紅花」即朱槿，二者都是明清時代台灣栽植最多的綠籬植物。朱槿雖有多種花色，但以豔紅色者最為普遍，因此台灣人多稱之為大紅花。本詩專為歌頌朱槿而作，說明葉的形態與桑樹類似，一年四時花開不絕，花色豔麗如芍藥與牡丹。根據曾於清康熙年間（一六九二年）領台初期任分巡台

■朱槿一年四時花開不絕，花色豔麗如芍藥和牡丹。

廈兵備道的高拱乾，在〈東寧十詠〉的詩句：「此去中原詢異事，仙桃長對佛桑紅」（佛桑即朱槿）已提到本種植物，可推測朱槿在鄭氏時代引入台灣。至今中南部鄉間仍多有栽植。

朱槿原產於中國華南地區的廣東、廣西、雲南等地，栽培的歷史悠久，唐代以前文人已開始吟詠此花。引進台灣後，明清兩代多稱朱槿為佛桑，如孫元衡的「燒空處處佛桑燃」，李若琳的「

■開粉紅色花的朱槿

佛桑月桂日流丹」。當時所引進及大量栽培者，只有深紅色花的品種，村婦喜採來當作裝飾，寓其大紅吉利之意。賴和的〈銃匱道中〉詩描述的十分寫實：「竹刺編籬蔬菜圃，檳榔做柵野人家。多少遊春村婦女，一頭插滿大紅花。」

■開紅色花的朱槿

朱槿繁殖容易，扦插極易成活，長期栽培後，已發展出許多品種，有單瓣、重瓣之分，也有花色之別。由於栽培品種的花色不限於紅色，目前多稱之為扶桑。現已傳至世界其他熱帶地區：馬來西亞定扶桑為國花，美國夏威夷州定為州花。美洲大陸（包括南、北美）之熱帶、亞熱帶地區也都有引進栽植。

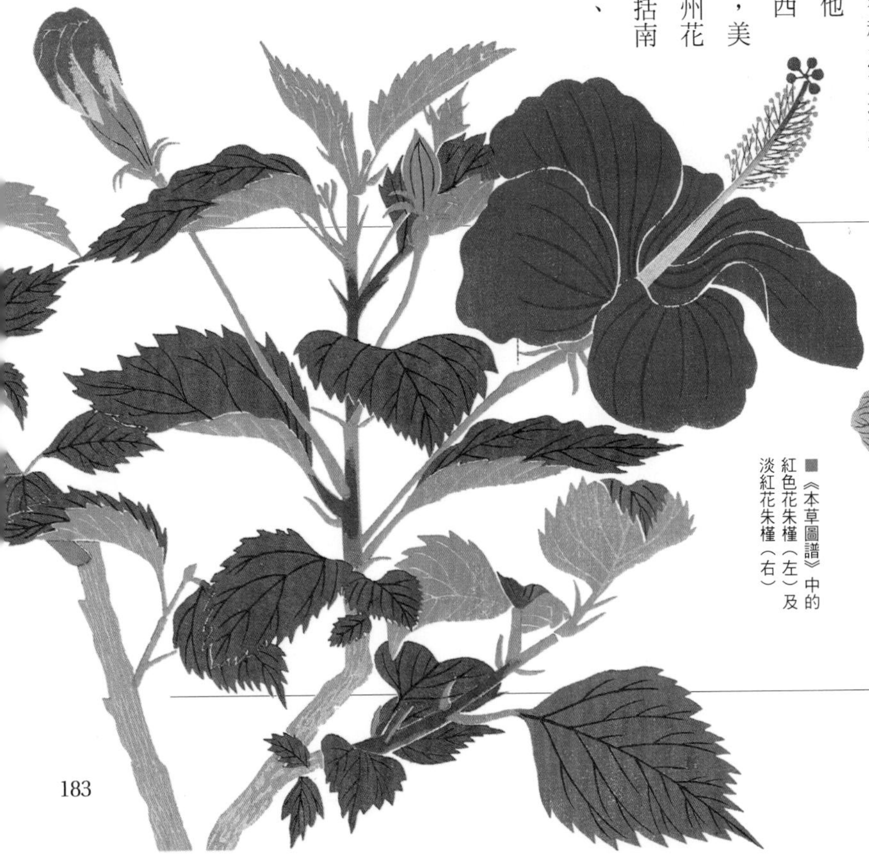

■《本草圖譜》中的紅色花朱槿（左）及淡紅花朱槿（右）

樹蘭

【米仔蘭、珠蘭、木蘭、暹蘭】

昔列庭中桂，今增戶外蘭。四時長馥郁，終歲得居安。

……施鈺〈館庭新植樹蘭〉

◆植物小檔案◆

學名：*Aglaia odorata* Lour.

科別：楝科

形態特徵：常綠灌木或小喬木。奇數羽狀複葉，互生，小葉三至五枚，倒卵形至長橢圓形，先端鈍，基部楔形。圓錐花序腋生；花黃色至淡黃色，有香氣，小型，徑二公分；花瓣五枚；雄蕊形成單體雄蕊。漿果卵形至近球形，熟時紅色。

詩句中的蘭，就是樹蘭。庭院中原已種有桂花，又新植樹蘭，兩者都是香花植物。詩人眼中的香花，不僅僅是取其香味芬芳而已。自《楚辭》屈原區分香木、香草及惡木、惡草，以喻忠臣、小人以來，文士多喜以香木香草自況。庭院中栽植香花，自我期許之意，溢於言表。

樹蘭產自中國華南一帶，而中南半島之越南、泰國亦有分布。鄭氏時代引入台灣，最初只在府城（今台南）附近栽種。因開花時發散出淡淡香氣，又具有不擇土宜的特性，所以深受台灣人喜愛，不論庭樹、盆栽兩相宜。

■文人常以樹蘭此類香木自況

花朵細碎如粟米，因此又稱米仔蘭、珠蘭（珠蘭又指金粟蘭，即*Chloranthus spicatus* (Thunb.) Makino）。台詩中，有時也稱木蘭，如范咸的〈露香亭即事〉：「青青木蘭樹，金粟同芬芳」，黃如金粟的香花，此木蘭無疑就是樹蘭。朱景英的《海東札記》云：「花淡黃……香氣清遠，種出暹羅，故名暹蘭」，暹蘭也是樹蘭。樹蘭的花盛開在夏秋時

■樹蘭花細碎如粟米

■樹蘭的果枝

節，「清芬殊絕世，不與眾芳同」，在群花中自有其特殊的地位。

樹蘭花不豔麗，不是中國傳統名花，也一直少有文人重視。然而華南地區的民眾卻十分喜歡栽植，台灣民間亦然。此外，古籍中有以樹蘭為佛供的記載，屬於高潔之花，台灣的寺廟中也常見其身影。

■屬於高潔之花的樹蘭，花雖不豔麗，但深受民間喜愛。

鄭氏時代

雞冠花

【肖木雞】

斜斜整整遍幽蹊，一色名花肖木雞。
移向竹籬鑽土早，種來茅店傍牆低。

……徐宗幹〈雞冠花〉

■《本草圖譜》中花序介於羽毛狀與雞冠狀的雞冠花品種

◆植物小檔案◆

學名：*Celosia cristata* L.

科別：莧科

形態特徵：一年生草本，高可達一公尺，莖直立。葉片卵形至披針形，長五至八公分，寬二至六公分。花頂生，成扁平雞冠狀或羽毛狀的肉質穗狀花序，花多數，密生；花被片五枚，有紅色、紫色、黃色、橙色；雄蕊五枚，上部離生，基部連生成杯狀。胞果蓋裂。種子腎形，黑色，有光澤。

植物「肖木雞」即雞冠花，栽種在居家周圍或竹籬下供觀賞用。雞冠花很容易種，花色又多。雖屬一年生，但繁殖力強，種子成熟掉落地面，發芽成長，開花結果，又進行下一代植物的更新。如此，所謂「一種而久」，自鄭氏時代以來，即成為非常普遍的民間觀賞花卉。

雞冠花的原產地在熱帶亞洲（一說可能是印度），這種植物的染色體非一般的二倍體而是四倍體，可能是由同屬植物青葙（*C. argentea* L.）突變或天然雜交而

■《本草圖譜》所繪的青葙

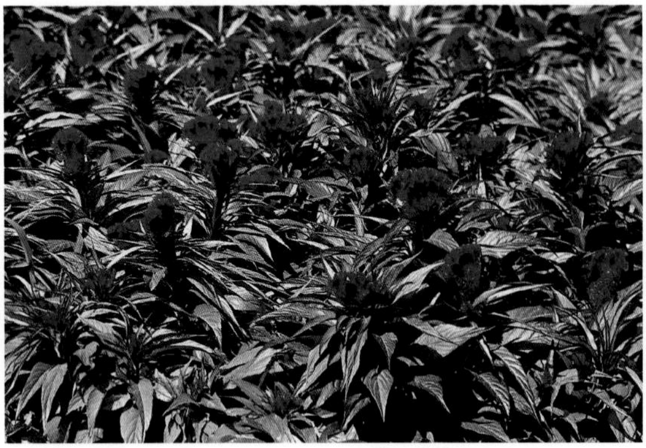

■自古以來，雞冠花即為民間常見的觀賞花卉。

■「高冠紅突兀，獨立似晨雞」的雞冠花。

■花序羽毛狀的雞冠花品種

來。宋代的《嘉祐本草》即已著錄，可見育成的時間相當久遠。但大約在鄭成功來台之後，才由華南地區引入台灣。

台灣現存最早的方志《台灣府志》（約一六八五年），在物產項下已著錄有雞冠花。從記載可知，當時就有植株高、矮及花色紅、白（其實是黃色）等不同品種，並謂「白者可以入藥」，但栽植的目的仍以供人觀賞為主。開花時「高冠紅突兀，獨立似晨雞」，花色豔麗，造形奇特，始終受到愛花人的青睞。而且由於其主要花期在七至十月，正是金秋時節，眾花開始凋謝飄零，獨雞冠花昂然挺立、英姿勃發。

目前，全世界熱帶、亞熱帶地區都栽有雞冠花。經育種學家的努力，已培育出更多花色及不同顏色間雜的品種，植株矮小者愈趨迷你，花序肥大者更加厚實。由於花期長，適合使用在花壇上，可種於庭院花圃，也可以植成盆栽。

■雞冠花的花序呈扁平曲折雞冠狀（本草圖譜）

◆鄭氏時代◆

鳳仙花

【指甲花、金鳳、全喙、菊婢】

銜盃客到分全喙，染甲人來試玉絃。
不向春風爭俗豔，翻將菊婢賤名傳。

——徐宗幹〈鳳仙花〉

◆植物小檔案◆

學名：*Impatiens balsamina* L.

科別：鳳仙花科

形態特徵：一年生草本，高可達八十公分；莖肉質，通常不分枝。葉互生，披針形至狹橢圓形，長五至十公分，寬二至三公分，先端漸尖，邊緣有銳鋸齒。花單生或二至三朵簇生於葉腋，白色、粉紅、橙紅或紫色；花瓣有旗瓣一枚，翼瓣二枚及唇瓣一枚，唇瓣基部有長一至二公分內彎的距。蒴果紡錘形，肉質，五裂。

鳳仙花是中國古代著名的花卉之一。其花色繁豔，又易於種植，是花園、庭院普遍栽植的應時草花。詩中提到的「全喙」、「菊婢」都是鳳仙花的別名。少女常以其紅色花瓣來染指甲，平添佳色。由於鳳仙花都在夏秋時節開花，因此若和春季開花的植物一起栽植，即能達到全年都可賞花的境界。

鳳仙花屬種類眾多，全世界共有九百種以上，其中栽植最普遍的即為本種。本種原產印度、馬來西亞和中國南部，已被引種至世界各地作為園藝花卉栽培，花色有粉紅、玫瑰紅、橘紅、白色等。台灣約在一六六〇年代引進

■粉紅色的鳳仙花

■鳳仙花花色繁麗，又易於栽植，是台灣常見的應時草花。

，迄今超過三百年歷史，海拔兩千公尺以下的地區都有栽植，有些地方已可見逸出的野生植株。

鳳仙花的花形奇特，顏色和造形有如鳳冠，因此又有一別名「金鳳」，如胡承珙的詩句：「牡丹祇許和酥黏，金鳳惟能蘸甲尖。」古代婦女喜以鳳仙花來染指甲，方法是把明礬加入花瓣搗碎拌勻，敷在指甲上，過夜即成。而這正是鳳仙花又稱「指甲花」的由來；朱仕玠的〈瀛涯漁唱〉也有詩句述及此：「玉台更合添新詠，別有東寧指甲花。」果實成熟後稍加觸碰，果瓣即開裂內捲，把種子彈出。所以，本種的英文名稱就叫「Touch-me-not」，是形態極為特殊的植物。

■鳳仙花的蒴果觸碰後即開裂內捲

人類栽培利用鳳仙花的歷史頗為悠久，已培育出數百種品種。清代趙學敏的《鳳仙譜》登載了花仙鳳仙兩百三十三個品種，現在當然更多。除賞花外，鳳仙花的種子、花、根莖均可入藥。種子稱「急性子」，是常用的中藥材。

■《本草圖譜》所繪的鳳仙花

美人蕉

【紅蕉】

亭亭清影綠天居，扇暑招涼好讀書。
怪底彈文出修竹，美人顏色勝芙蕖。

——張湄〈美人蕉〉

■《植物名實圖考》中的美人蕉

◆植物小檔案◆

學名：*Canna indica* L.

科別：美人蕉科

形態特徵：高大直立草本，高可達一．五公尺，有塊狀地下莖，常萌生成叢。葉卵狀長圓形，長二十至三十公分，寬約十公分。花兩性，豔麗，排成頂生總狀花序；花紅色（偶有黃色），單生；苞片綠色；萼片三枚；花冠裂片披針形，長三至三．五公分；退化雄蕊二至三枚，子房下位，三室。蒴果三瓣裂，外有軟刺。

詩句中的美人即美人蕉，芙蕖則是指荷花。美人蕉常栽植在庭院屋角，其大型的葉片，形態與芭蕉類似。芭蕉以綠天或綠蠟（唐代錢珝〈未展芭蕉〉詩：「冷燭無煙綠蠟乾」）著稱，中國式庭院常以美人蕉代芭蕉，用以消暑。美人蕉的花朵通常為明亮的紅色，盛開時鮮豔奪目，當然會奪走荷花的光彩。

■紅色是美人蕉最普遍的花色

中國栽植美人蕉的歷史悠久，唐代就有許多詠美人蕉的詩流傳，當時稱紅蕉，如白居易的詩句：「紅蕉當美人」。但本種植物的原產地卻是印度，台灣的美人蕉是鄭氏時代自華南引入的。

美人蕉喜生長在潮濕土壤上，常叢生於溝渠沿岸、院落濕地，

■有時，也有開黃花的美人蕉單株。

美人蕉的蒴果外有短軟刺

台灣各地都可得見。自清代領台以來，派駐的官員常有詩句歌頌美人蕉：從高拱乾的〈草堂漫興〉（約一六九二年）：「出屋蕉叢吐赤蓮」，到馬清樞的〈台陽雜興〉（約一八七五年）：「芳鮮共愛美人蕉」，佳句不勝枚舉。其中陳肇興的〈王田〉詩，最能描繪當時台灣鄉村的天然景觀，和多數居家栽種植物的盛況：「茅檐土屋竹籬笆，傍嶺臨流近百家。繞宅紅蕉纔展葉，滿園黃樣半開花。」美人蕉自是當中要角。

雖然引進的美人蕉大多數都開紅花，不過早年台灣也植有黃花品種，如孫元衡在一七〇五年寫就的〈黃美人蕉〉詩，即可說明黃花品種大約和紅花品種同時，或稍晚引進台灣。另外，目前各地栽培的美人蕉，已逐漸由一種花大而豔的雜交品種——大花美人蕉（*C. generalis* Bailey）所取代。原來的小花型品種則逸出庭園呈野生狀態。

常栽植於庭院屋角的美人蕉，具有形態與芭蕉近似的大型葉片。

鄭氏時代

晚香玉

【夜來香、月下香、月來香、雪鴛鴦】

未雪先開六出花，也將冷豔傲鉛華。
綠裳半裹長腰軟，白玉濃堆一鬢斜。

——楊桂森〈晚香玉〉

植物小檔案

學名：*Polianthes tuberosa* L.

科別：石蒜科

形態特徵：多年生草本，具塊狀根莖。葉六至八枚基生，線形，長四十至六十公分，寬約一公分，深綠色。總狀花序頂生，每一苞片內有二花；花乳白色，具濃烈香味，合生成管狀；雄蕊六枚；子房下位，三室，花柱細長，柱頭三裂。蒴果卵球形。種子多數。

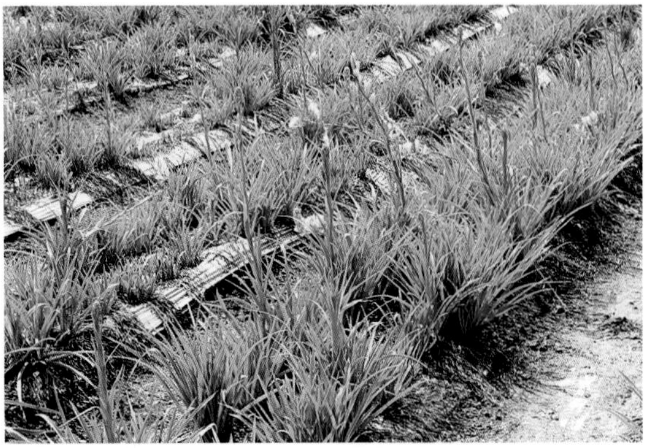

台灣南部的晚香玉栽培田

盛開的晚香玉花白如雪，宛如擁有一身白皙肌膚的冷豔姑娘。由於花香濃烈，沁人心脾，婦女喜簪花於烏髮上，更顯丰姿綽約、光鮮動人。施鈺的〈晚香玉〉詩句對此也有描述：「撲鼻不殊千麝散，插頭偏放一簪斜。」

晚香玉原產墨西哥至南美洲，被西班牙人引種至世界各地，但確切引進中國的時間不詳。從清初曾任台灣知縣的王兆陞，於其所遺在台詩篇〈郊行即事〉（約一六八八年）中：「草詫胭脂紫，花聞月下香」的詩句，說明本植物早在鄭氏時代或之前，就已從中國華南引入台灣，庭園、花壇常可見之。目前在中、南部有

《植物名實圖考》中的晚香玉

大面積栽植，作為切花材料，也是花市中著名的香花植物。

晚香玉喜陽光，畏寒冷，適合在熱帶及亞熱帶地區露天栽培。一般於盛夏時節開花，由花序底部次第往上開。花蕾初為綠色，漸轉為淡乳黃色，隨著夜色漸降，花朵在變成雪白時綻放，並散出香味。越入夜香氣越濃，「夜來香」之名不逕而走。而花「色白，更闌月初方聞香」，又名月下香。因「花開時，蒂必雙出」，「雪鴛鴦」是另一別名。大陸內地種植晚香玉不易，「中土極珍之」，但台灣氣候條件適合，到處得以繁生。晚香玉自古以來，就是台人最愛的花卉之一。

■晚香玉入夜綻放香氣，「花開時，蒂必雙出」。

■晚香玉適合栽植在庭院花園中，也宜成束剪下用以插花。

落葵

【藤菜、浮藤菜、土川七、蟳菜】

浮藤菜一名落葵，蔓生，葉柔滑可食。

——薛紹元、蔣師轍《台灣通志》

■《植物名實圖考》中的落葵圖繪

◆植物小檔案◆

學名：*Basella alba L.*

科別：落葵科

形態特徵：一年生肉質纏繞藤本，右旋性，分枝多。單葉互生，圓至長卵形，長三至十二公分，寬三至十一公分，先端鈍或微凹，肉質，兩面光滑無毛。穗狀花序，腋生，五至二十公分，花兩性，萼片五枚，白色或紫紅色，無瓣。漿果球形，成熟時紫黑色，內含種子一枚。

落葵古稱藤菜、浮藤菜，在中國的栽培歷史悠久，兩千多年前的《爾雅》已有記載。其嫩莖葉可食，或湯或炒，吃起來口感極為滑潤。宋代文豪蘇東坡有詩云：「豐湖有藤菜，似可敵蓴羹」，就將其媲美蘇州的名產蓴菜。果實成熟時紫黑色，富含紫紅色汁液，古代婦女取做口紅，即「口紅藤菜子，不用市臙脂」。凡此種種可知，落葵古今用途很多。

■具紫紅色花且花朵排列疏鬆的落葵花序

鄭氏時代引進台灣，起初也是當作蔬菜食用。寫於一六八五年前後之《台灣府志》已經登載，列為蔬菜類。《諸羅縣志》云：「和蟳煮，味甚甘滑」，所以又名蟳菜。台灣南部沿海一帶產蟳，炒煮時配以落葵，有廣東料理芶芡的效果，而滋味更勝。這和《廣東新語》所言，廣東地區

■落葵屬肉質纏繞藤本，古稱藤菜或浮藤菜。

以落葵「羹魚」的作法有同功之妙。明清之際，落葵多用於和魚蝦蟳等海鮮一起烹煮，有其傳統文化的背景。但自日本時代以降，到一九八〇年代為止，落葵不見使用，也無文獻特別提及。

八〇年代之後，台灣興起吃野菜之風，落葵重新落入台灣人的餐盤。這時已非昔日和蟳類共煮的蟳菜，而是另以中國名藥為名的「土川七」稱之，云可強身滋補。其黏滑的質地更強化食落葵可補身的信仰。不過，數百年前被視為「蟳菜」的傳統飲膳文化，如今已經消失無蹤。

落葵引進台灣後，經三百多年的馴化，已適應此地氣候。野生逸出之後，常在濱海地區、山麓地帶，甚至海拔一千公尺左右的林地盤據，呈片狀分布。由於其會覆蓋在樹冠、籬笆、圍牆及其他植物體上，而逐漸影響到台灣的植物生態系。中國大陸境內南北均有栽培，非洲、美洲也有分布，可見落葵適應性極強。

■台灣先民以落葵的嫩枝葉炒煮蟳類

全草皆能供作藥用，可清熱涼血，外敷治臃毒。《食療本草》說：「食此菜後被狗咬，即瘡不差也」，強調治臃毒的療效。落葵子「令人面鮮華可愛」，方法是果實先蒸過，在烈日下曝晒至乾，除去果皮，取種仁研細，和白蜜敷臉，據說效果靈驗。

台灣開闊地還分布有另外一種落葵，稱之為洋落葵（*Anredera cordifolia* (Tenore) van Steenis）。此落葵葉較寬，葉基呈心形，花序為密生小花的總狀花序，與呈穗狀花序、花朵排列疏鬆之落葵不同。洋落葵在台灣到處可見，其蔓延的廣度和族群數量比落葵更盛，已成為低海拔地區的入侵植物。

■洋落葵花序為密生小花的總狀花序

鳳梨【黃梨、番梨】

翠葉葳蕤羽翼奇，絳文黃質鳳來儀。
作甘應似鐘籠實，入骨寒香抱一枝。

孫元衡〈鳳梨〉

◆植物小檔案◆

學名：*Ananas comosus* (L.) Merr.
科別：鳳梨科
形態特徵：多年生草本，莖呈塊狀埋於土中。葉地生，螺旋狀斜上著生，長一百至一百五十公分，寬三至六公分，葉中央肉質，兩端薄，葉緣粗鋸齒至全緣。密總狀花序自葉叢中央伸出，花聚合成球狀；每小花基部具肉質花苞一個；萼片、瓣均三枚。果為複合果，由全花序之所有子房融合而成，果實肉質，表面有小花遺跡。

鳳梨果生於葉叢之中，果實頂端又生一簇葉，形似鳳尾；而其果剖面呈黃白色，「味甘而酸」，似一般之梨，因此得名鳳梨。詩的上半段形容此種植物葉生如鳳翼，果實外皮具紅紋而肉質黃色，呈「有鳳來儀」之吉象。而下半段之「鐘籠」則是形容鳳梨果實外形宛如竹籠一般。

鳳梨原產於南美洲，巴西至今尚有野生植株。哥倫布在發現「新大陸」的旅程中，於西印度群島首次看到鳳梨，據信該區的鳳梨是從巴西傳布過去的。由此推知，鳳梨是先傳至中美洲，再由傳教士及商人傳到世界各地的熱帶地區。一六〇五年，葡萄牙人先將其引至澳門，從澳門傳至廣

■台灣的平原地區到處栽有鳳梨

東、福建。約鄭氏時代，甚至更早之前的荷蘭時代傳到台灣。台灣至遲於清康熙末年（一七〇〇年以後）即曾大量栽植鳳梨，但企業化經營卻要晚至日人治台後，一九〇二年在鳳山設置加工廠才正式展開。

鳳梨從引進台灣到企業經營之間，經歷約兩百五十年。剛開始僅零星栽培，供應當地水果食用

長在葉叢之中的鳳梨果

。如王兆陞寫於一六八八年的〈郊行即事〉詩句：「欲悉田家事，無將上下睽。兒童擎綠酒，野老饋黃梨。」黃梨是鳳梨的別稱，可看出當時人們是將其當作名貴果物餽贈親朋貴客。而由五十年之後的朱景英詩句：「番梨香蒜摘盈筐」，則知鳳梨（番梨）和檬果（香蒜）一樣，已是大量出產的果品了。

《本草圖譜》所繪的鳳梨植株，惟正確的結果位置應在植株頂端的葉叢中。

罐頭中見興衰的鳳梨

鳳梨果肉金黃色，甜酸滋味之外，還帶有特殊的芳香，切片鮮食固然美味，做成罐頭或製成果乾、果汁，甚至於釀酒也很適合。果肉中含有一種酶，具分解蛋白質之效，能促進食慾。葉片的纖維強韌，可製成繩索，在很多地區被視為重要的纖維植物。

原產南美的鳳梨，從一四九三年在西印度群島被哥倫布「發現」，到目前傳播至全球六十多個國家，已成為世界性的熱帶水果。其中，產量位居全球第一的夏威夷群島，擁有鳳梨栽培的相關生產技術與研究能力，是世界鳳梨企業化經營的標的。台灣引進鳳梨的時間大概是鄭氏時代或甚而更早。當時引進的品種，多為「在來種」：果皮眼刺大，果肉少，不具備商品生產的要件。

鳳梨輾轉傳到台灣之後，明清兩代多只限於零星栽培，作為時令水果食用。僅在康熙年間曾有較具規模的栽植，但也只當作島內自產自銷的果品，未形成企業化經營。直到日人治台，由政府倡導，並釐定產銷計畫，改進栽培技術，鳳梨始成為台灣重要的農產品。當

■日人治台之後，鳳梨才大面積栽植，成為當時的外銷特產。

時的最終目標，是讓鳳梨躋身台灣外銷特產之列；於是在一九〇八年引進「開英種」，此品種果肉多、果皮眼刺平淺，非常適合製作罐頭。其後種植面積年有增加，一九三九年時達八千公頃。

中華民國政府遷台後，也視鳳梨為台灣重要的經濟資源，積極鼓勵生產，拓展外銷管道，「台灣鳳梨公司」因此成為數一數二的大企業。台灣的鳳梨產量於一九七二年攀升到最高峰，當年栽植面積為一萬六千九十四公頃，產量高達三十三萬四千三百八十四公噸，毫無疑義已是台灣最具代表性的果物之一。其中有百分之八十供加工製成罐頭，輸出量僅次於以「鳳梨王國」著稱的夏威夷，占世界第二位，可以想見那時鳳梨叱吒風雲的光景。本時期所用的鳳梨品種，除開英種外，尚有農業試驗所自行研發的台農一至八號，多數為雜交種，產量、品質均有很大的改善。惟自一九八〇年代起，台產鳳梨在國際市場上，逐漸不敵由英美資本經營的其他第三世界國家生產者，台灣的鳳梨企業受此衝擊而開始走下坡。一九八〇年的種植面積還不到鼎盛時期的一半，剩六千七百一十七公頃，產量也僅有十四萬四千九百公噸。此後更是一落千丈，外銷量日益萎縮。目前已少有大面積果園，所生產的果實也多僅供內銷。

■一九三〇年代的鳳梨罐頭包裝紙

■採收的鳳梨在產地裝箱後，運到工廠加工。

■成片的鳳梨田曾經是台灣農村的景觀之一

番木瓜

◆鄭氏時代◆

珠湖美酒最芬芳，鄉味難忘是半醺。
聞道此邦有佳果，不堪投報誦詩云。

……王凱泰〈台灣雜詠〉

◆植物小檔案◆

學名：*Carica papaya* Linn.

科別：番木瓜科

形態特徵：半木本之多年生草本，莖直立，通常不分枝，高可達十公尺，具乳汁。葉密集互生於莖上部，葉片掌狀分裂，裂片七至十一枚，幅三十至五十公分，裂片再作不規則之羽狀分裂；葉柄長達一公尺。雌雄異株；雄花生於雄株葉柄基部，繖形花序；雌花多單生或一至五朵成總狀花序。果為漿果，倒卵形至卵狀長橢圓形。

■正在開花的番木瓜植株

詩中所提的「珠湖美酒」，是江蘇高郵湖地區出產的木瓜酒。此木瓜是指薔薇科古來所稱的木瓜（*Chaenomeles sinensis* (Theuin) Kgohne），即《詩經》所言：「投我以木瓜，報之以瓊琚」之木瓜，為分布於華中、華北之溫帶果樹，台灣不產；和台人所栽、所習食，同樣叫做木瓜的植物截然不同。台產木瓜的正確名稱應為番木瓜。本詩最末一句：「不堪投報誦詩云」，就是援引了上述《詩經》中的木瓜典故。

■番木瓜原產熱帶美洲，在台灣已有超過三百年的栽培歷史。

番木瓜原產熱帶美洲，十七世紀才由西印度群島引至亞洲。一

日本時代番木瓜的彩色明信片

六八五年前後寫成的《台灣府志》，載有一種名為「木瓜」的果樹：「與白萆麻相似，葉亦彷彿之。實如柿，肉亦如柿，色黃，味甘而膩，中多細子」，此木瓜當即番木瓜。可見台灣栽植的時間很早，大概在鄭氏時代就已引進。

番木瓜的雄花

初次來台的中國官員，大都不怎麼欣賞番木瓜的滋味，本篇篇首詩的作者王凱泰說：「台人好食木瓜，其臭可惡」。朱仕玠也說番木瓜：「了無香味傳書案」，描述其果實「瓜凡五稜，無香味。」相反的，在台灣土生土長的文人，對番木瓜的觀感就大不相同，如日本時代詩人王少濤的〈湛園題壁〉詩句：「蓮霧木瓜薦客前，丹紅色愛兩新鮮」，點出了番木瓜與蓮霧同為款待賓客的重要水果。

番木瓜以生食為主，果肉含有的木瓜酵素（papain），是極佳的消化劑，能分解動物性蛋白質，可提煉供醫藥之用。未熟果（青木瓜）醃漬後可作蔬菜，酵素含量更多，先民常拿來與肉類一起烹調，以軟化原不易爛熟的肉類。現在坊間常用的肉類軟化劑（或稱嫩精），有些即是以從木瓜中提煉的酵素為主要原料。

未熟果稱青木瓜，醃漬後可作蔬菜。

清朝時代

清廷統治台灣，長達兩百多年（一六八三～一八九五年）。在各分期中，本期引進的植物種類很多，僅次於之後的日本時代。當中約有半數原產中國，其餘的種類雖原產外國，但多已在中國栽植一段很長的時間。直接由外國引進台灣的植物占極少數。

食用的經濟植物在本期占有很大分量，楊桃、文旦柚、龍眼、香蕉等重要水果先後引入，都曾經促進了台灣的經濟發展，現在也仍是市場上主要的水果種類。蘋婆是中國境內栽培很久的乾果樹種，先民引進後亦曾大量在各地栽植。中、南部的鄉間，直到今天依然留有蘋婆大樹。麵包樹最初引入時，原是作為果樹，但其葉片大型、樹蔭濃密，後世多栽植成行道樹或庭園樹，以觀賞為主。目前僅東部地區有取其果實作蔬菜用的飲食習慣。

這段期間引進的觀賞花卉，大都原產中國。桂花，花期長，具香氣，是目前最普遍的木本花卉，盆栽、定植均可。仙丹花，花色鮮紅亮麗，植株又耐修剪，近年來大量使用在不同建築形式的景觀配置上，作綠

籬或焦點植栽。龍船花今雖少有栽植，但早年引進的植株後代已逸出庭院，散布各處成為常見的「野花」。水仙花向來為春節應時花卉，和民眾的生活關係密切。射干原是藥用植物，引進後曾廣為栽種，後來逸出，落腳於低海拔開闊處。由於花色橙紅美豔，近年成為花壇植栽的熱門選項之一。

紫蘇既是香料、藥材，也是蔬菜，隨著漢人移民的腳步，散布到台灣各個角落。鄉間的庭院屋角，常可發現其蹤跡。食品工業在醃漬酸梅、蔬菜、瓜果時，都會以紫蘇為香料。紫蘇儼然成為台灣民眾生活中倚賴甚深的植物之一。

杉木曾經是台灣中、北部中低海拔山坡、丘陵地最重要的造林樹種。在檳榔業興起之前，到處都有杉木造林；只是物換星移，許多杉木林地已被檳榔樹取代，不復百年以前的盛景。烏桕是特殊用途樹種，種子供取蠟及製油，是農業社會生活中不可或缺的植物。當年亦隨大陸移民引入，全島各地均有栽培。目前多逸出田野，成為台灣低海拔次生林中的主要組成樹種之一。

楊桃

【五斂子、羊桃、洋桃、羊萄、碌碡】

洋桃或四稜或五稜。小而色綠，文理直者甘；大而微黃，稜角不甚周正者酸。

……《台灣草木狀》

◆植物小檔案◆

學名：*Averrhoa carambola* L.

科別：酢醬草科

形態特徵：常綠喬木。葉互生，奇數羽狀複葉，小葉五至十一枚，卵形至橢圓形，基部歪斜，長三至五公分。腋生圓錐花序，生於枝幹；花紅紫色，花瓣五枚；雄蕊十枚；子房五室，花柱五個。果為漿果，外觀橢圓形，五縱稜。種子具透明假種皮。

原產亞洲東南部之馬來西亞及印尼，中國的栽培歷史悠久，可能漢代就已傳入，而普遍栽植於華南地區。清嘉慶年間（約一八〇〇年）從華南引入台灣，剛開始僅限於北部地區栽種，後來往南擴展到中部，最後才發展到南部和東部。

古稱「五斂子」，因果實具有五道突起的稜脊而得名，中國古老的地方植物志書《南方草木狀》即有記載。現代名稱除楊桃外，尚有羊桃、洋桃等。一八三三年左右刊行的《彰化縣志》，則登載為羊萄。有趣的是，由於其果實切面有如整地的農具碌碡（插秧前勻平水田之耕具），台灣鄉間有時就以碌碡直呼此種水果。

■《植物名實圖考》中的楊桃圖繪

■楊桃原產馬來西亞、印尼，經中國華南傳入台灣。

■楊桃古稱「五斂子」，因果實具有五道突起稜脊而得名。

■楊桃花及幼果特寫

■著生於枝幹、呈圓錐花序的楊桃花

果實味甘而酸，並有些許澀味，可供鮮食，或製成蜜餞、果乾、果汁等。古時相信楊桃能解肉食之毒，也能避嵐瘴之毒；古人中蠱者，若能喝下搗碎的楊桃汁液，毒常即吐出。現代人好飲醃製的楊桃湯，認為其生津止渴；中醫並以楊桃入藥，用來治口糜（口腔潰爛）、石淋（尿路結石），消積滯（腹內結塊或脹痛）並解酒毒。

■楊桃的著花枝葉

品種大體上分成兩大類：甜味種和酸味種。前者（如赫赫有名的台灣軟枝楊桃）果實較大，成熟之果皮呈黃至橘黃色，水分多且味較甜，最適鮮食品嚐；後者果實較小，成熟之果皮深黃至綠黃色，水分較少且味酸而澀，主要供製成果汁、蜜餞等加工品之用。

杉木

逶迤一徑入雲深，夾道松杉十里陰。
天半鐘聲聞鹿花，雨餘空翠滴煙林。

……柯輅〈春日過栗子嶺〉

植物小檔案

學名：*Cunninghamia lanceolata* (Lamb.) Hook.

科別：杉科

形態特徵：常綠大喬木。葉螺旋狀排列，並扭成兩列，線狀披針形，長二至六公分，寬〇．三至〇．五公分，質硬刺手；葉背有兩條白色氣孔帶，邊緣有微細鋸齒。雌雄花均球果狀；小孢子葉（雄蕊）多數，花粉囊三；大孢子葉（心皮）三胚珠。球果球形至卵圓形，果鱗內側有三分裂之種阜，種子三枚。種子具狹環翅。

柯輅於嘉慶年間（一七九九年）來台擔任嘉義訓導及彰化教諭，此詩大約完成於其滯台期間，當時的中、低海拔地區應已有人工栽植的杉木林。而依清代台灣中、南部的交通條件，一介書生可抵達的雲深路徑，當非崇山峻嶺的高海拔地區，詩題中的栗子嶺即為彰化一帶山區的地名。

■《植物名實圖考》中的杉木圖繪

樹幹通直、材質輕韌細軟的杉木，原產中國中、西部及越南北部，屬於溫暖地區的裸子植物高大喬木。自古即為中國重要的造林樹種，秦嶺以南的廣大區域皆有栽培，長江流域則為主要的造林區，生產的木材提供了該區建築用料之所需。清代來台的漢人移民日增，他們承襲古老的傳統習慣，對杉木十分喜愛。因此，早期蓋廟建宅時，還常專門自福建輸入杉木（別稱福州杉）。稍

■杉木樹形高大，枝幹挺直，自古即為重要的造林樹種。

■著生雄花毬的杉木枝條

後也引進種子進行造林，一直到二十世紀的七〇年代，台灣中、南部低山地區的私有林，仍留存為數不少的杉木人工林。

清代以前，台灣詩詞中載錄之「杉」，大部分可能只是沿襲前人的慣用文句，而非真正見到了杉木。如鄭經的〈田家〉詩：「孤山草舍田家廬，杉松蕭疏遶村墟」及〈晚春〉詩：「巖谷杉松盡吐新，溪岸楊柳已陰翳」等，鄭氏時代的台南似乎尚無松、杉、柳之分布。

■《本草圖譜》所繪的杉木枝葉，顯示葉緣有微細鋸齒。

■杉木砍伐後，可自根株萌發新單株。

台灣原產香杉（*C. konishii*），推測應為冰河時代杉木的殘留，被台灣海峽分隔後，逐漸演化出的杉木近緣種，分布中、北部一千三百至兩千公尺的山區中。兩者形態類似，只是香杉的葉、毬果等較杉木為小。

■台灣原產的香杉是杉木的近緣種

清朝時代

麵包樹

【饅頭果、露兜子】

饅頭果，樹幹似梧桐；但不直聳，有旁枝。一枝數葉如芙蓉，三、四月開小綠花，懸穗三、四十朵相比。

……范咸、六十七《重修台灣府志》

植物小檔案

學名：*Artocarpus incise* (Thunb.) L. *f.*

科別：桑科

形態特徵：常綠喬木，高可達十五公尺。全株有乳汁，枝有環形托葉遺痕。葉互生，有大型托葉包被頂芽，葉卵形至卵狀橢圓形，常深裂，徑三十至五十公分，全緣。花序單生葉腋；雄蕊肉穗狀，長約十五公分；雌花序球形。果為整個花序發育之多花果，倒卵形至近球形，長十五至三十公分，表面具瘤狀凸起。

麵包樹葉大樹大，綠蔭濃密，耐風耐鹽，是海岸山麓地帶極為美觀的庭園樹；奇怪的是，台灣無論是歷代詩文，或各地方志的物產似乎均未提及。唯獨《重修台灣府志》一書引《台海采風圖》描述的一種植物——饅頭果，說其幹葉似梧桐，但不如梧桐之枝幹挺立，春季開肉穗狀花，所指的植物應該就是麵包樹。

麵包樹葉大樹大，綠蔭濃密，已漸成為園景樹。

麵包樹為熱帶著名樹種之一，原產太平洋群島，種源中心在印尼至巴布亞新幾內亞各島。清代

麵包樹枝條上的幼果及肉穗狀雄花序，左側為雌花序縱剖面圖。（本草圖譜）

■麵包樹具有大型托葉包被頂芽

自南洋引入蘭嶼，再由蘭嶼傳至花東沿岸、恆春半島等。目前全台各地均有栽植，惟仍以東、南部為多，尤以東部之台東海岸山脈沿岸栽種最多。

其富含澱粉的黃色果實，是由整個花序發育聯結成的複合果。每朵花之花被及心皮先端突起結構，形成麵包果表皮的瘤狀凸起。花序內只有少數幾朵花之胚珠受精發育成種子，種子外包以橘紅色宿存花被。不受精的花朵占多數，宿存之花被伸長增大，呈黃白色，為組成複合果的主要部分。食用時，先削去滿覆凸粒的果皮，再把果肉（即受精與未受精的宿存花被）切成小塊，加小魚乾等配料一塊烹煮，就是一道滋味香甜、口感獨特的湯品，也是原住民阿美族人的傳統料理之一。橢圓形的種子長約一公分，可用多種方式烹調，煮熟後味道鮮美如花生。

■麵包樹的果實

◆清朝時代◆

桂花

交加籬落豆苗肥，冉冉薔花浥露晞。
更見芳園香有異，盛開月桂間薔薇。

……六十七〈北行雜詠〉

■《本草圖譜》所繪的銀桂

◆植物小檔案◆

學名：*Osmanthus fragrans* (Thunb.) Lour.

科別：木犀科

形態特徵：常綠灌木，可長成喬木。葉對生，革質，橢圓形至橢圓狀披針形，長七至十四公分，寬三至四公分，全緣或上部具細鋸齒；葉柄長一至一．五公分。花數朵簇生葉腋；花冠白、淡黃、橙黃或橘紅色，極香；雄蕊二枚，著生花冠筒中部。核果橢圓形，長一至一．五公分，紫黑色。

滿洲鑲紅旗人六十七，清乾隆九年（一七四四）以御史身分來台巡視時，特別留心各地與中土不同之「殊風絕俗」，因而留下許多研究台灣的珍貴史料。據作者自註，本詩描繪的是虎尾溪口的景致：有攀緣在籬笆上的豆類（應為四季豆），綻放在庭園周圍的薔薇、桂花等。這大概是台詩之中明確提到台灣種植桂花之詩篇。

■簇生於葉腋的桂花花苞

桂花原產中國西南地區，淮河流域以南廣泛栽培，其中廣西的桂林即因四處遍植桂樹而聞名。大約一七〇〇年間由華南引進台灣，其花形雖較細小，但幽雅清逸的香氣襲人，既可供觀賞，又可用來提取香精，或焙製香茶、糕點等，因而逐漸成為台人栽植最多的香花植物之

■在台灣，以經年開花的四季桂最普遍。

■《本草圖譜》所繪的丹桂

一。直至現代，桂花依舊深受人們喜愛，連都市居民都會以容器栽培賞玩。

台詩中詠桂的篇章不少，不過和中國歷代文人一樣，所言之桂，大都著重於歌頌月亮，因月亮古稱桂魄，如鄭經的〈幽谷晚飲〉：「重樹透疏星，高峰臥桂魄」或其他詩句「桂魄懸空冷碧山」等。或援引中秋桂子落的傳說，詠桂頌中秋以寄情，而非吟誦真正的桂花。除了上述六十七的詩篇外，楊廷理的〈噶瑪蘭中秋〉詩句：「丹桂園中思舊植，紅菱池面記新栽」，應是一八一〇年代左右的寫實篇章。

■花色金黃且香氣較重的金桂

桂花經過長年的培植選育，已發展出各式品種。在台灣以花白色且四季均開的四季桂最多；夏秋之際盛開的白花品種銀桂次之。花色金黃且香氣較重的金桂雖然稀少，但已逐漸擴展；開橘紅色花的丹桂，則最為珍稀少見。

■四季桂的花部特寫

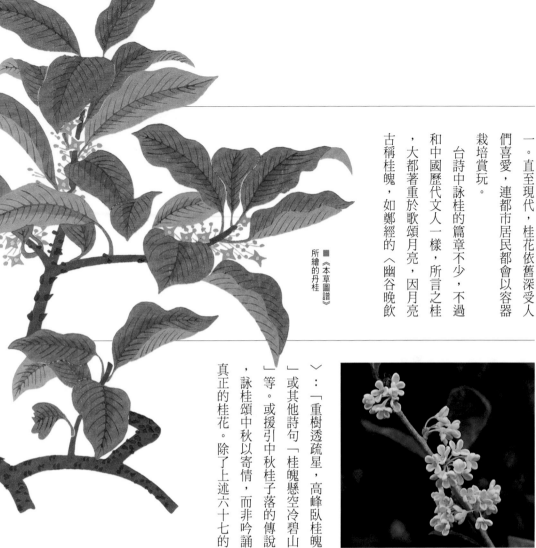

仙丹花

【山丹、山大丹、珊瑚樹】

落盡群英漲綠陰，南薰習習透衣襟。
夏來剩有仙丹豔，獨攬□紅醉客心。

……王少濤〈晴園觀仙丹花三首贈純青兄〉

本詩共有三首，此為第一首。說明仙丹花為南方之花，盛花期一般在夏季，燦放亮紅的花朵豔冠群芳，是熱帶地區的重要花木之一。同詩的第二首寫到本種「移自嶺南栽海湄」，絢麗的色彩足以媲美牡丹花，栽植於草地上，可顯現「綠陰滿地襯紅鮮」的景觀。

野生於福建、廣東、廣西兩百～八百公尺的山區灌叢，清代領台初期即引進台灣。《重修台灣府志》說此花「種出粵東潮州之仙丹山」，故名仙丹。清代的史料筆記《廣東新語》稱為山大丹，並說唐代張謂〈杜侍禦送貢物戲贈〉詩句：「越人自貢珊瑚樹」之珊瑚樹即今之仙丹花。可見仙丹花作為觀賞植物之歷史，至少可遠溯至唐代或更早。

■淡紅色的仙丹花

仙丹花「多野生，移至家園培養，乃益茂盛」，因此又名山丹。《廣東新語》稱「其花一朵百蕊，狀如繡毬，色絳。四月開花，至八月爛漫霞彩」，

■仙丹花為南方之花，是台灣常見的園景、綠籬植物。

◆植物小檔案◆

學名：*Ixora chinensis* Lam.

科別：茜草科

形態特徵：常綠灌木，高可達二公尺。葉對生，長圓形至長圓狀披針形，長六至十二公分，寬三至四公分；葉無柄或柄極短。複聚繖花序頂生；合瓣花，花冠筒高腳杯狀，紅色或橙紅色；雄蕊四枚；子房下位，二室，柱頭二個，短。核果近球形，雙生，熟時紅黑色。

※文前引詩中的□表原詩佚字

花色光豔炫目，花期又長，成為台灣地區最醒目的庭園植物。范咸的〈再疊台江雜詠原韻〉詩句：「繁花多半是深紅，有色無香謝曉風」，說的就是在十八世紀上半葉，台灣已到處可見的仙丹、朱槿等有火紅花朵的花木。

■仙丹花色光豔炫目，花期又長，是極為醒目的庭園植物。

時至今日，耐修剪的仙丹花仍是國人喜愛的園景、綠籬植物，全台公園、道路、開闊地皆可見其花團錦簇的「惹火」身影。此外，還可見到仙丹花家族中一些新近引進的成員，如開黃色花的黃仙丹花（*I. lutea*），白花的白仙丹花（*I. parvifolia*），以及植株花葉均小、花期更長、花序更茂密的雜交品種矮仙丹（*I.* x *williamsii*）。

■《本草圖譜》中的仙丹花枝葉圖

■仙丹花「一朵百蕊，狀如繡毬」。

紫蘇

性和暢，行氣和血，子可以取油。

——周鍾瑄《諸羅縣志》

■《本草圖譜》中的紫蘇花枝圖

◆植物小檔案◆

學名：*Perilla frutescens* (Linn.) Britt.

科別：唇形科

形態特徵：一年生直立草本，枝四稜形，全株綠色至紫色。葉對生，闊卵形至圓形，徑約七至十三公分，先端短尖或突尖，基部圓至闊楔形，邊緣一般有粗鋸齒，兩面綠色或紫色，或僅背面紫色。頂生及腋生總狀花序；花白色至紫紅色，二唇形，上唇微缺，下唇三裂；雄蕊四枚。小堅果近球形，灰褐色，具網紋。

紫蘇屬於廣泛分布型的植物，除中國之外，往南包括不丹、印度、中南半島以至印尼，向東則到日本、朝鮮半島，栽培歷史悠久，是東方人很熟悉的一種香草植物。可能因其具備多種用途，而被廣為引種至各地，一七〇〇年左右隨漢人移民的腳步傳入台灣。

■紫蘇是藥材，也是調味料。

自古即為藥材的紫蘇，具有發汗、鎮咳、利尿等功效，可當治感冒的藥劑，也有解毒作用，常用以治療因食用魚蟹中毒而引發之腹痛嘔吐。葉又可供食用，或作為烹調魚肉時的一款調味料。

台灣民間常拿紫蘇來醃漬肉品及製作水果蜜餞，且多直接種在庭院角落，供平時取用之需。至今全台各地皆普遍栽植。

台灣志書首先載錄紫蘇者

■典型的紫蘇葉兩面均為紫色至深紫

，為清康熙五十六年（一七一七）修成的《諸羅縣志》，其後《重修鳳山縣志》、《噶瑪蘭廳志》亦均有記載，列在「藥之屬」下，用於發表散寒及治療相關病症。由此可知，最初也是被視為藥用植物而引種栽植的。

國人習慣上稱葉全緣的品種為白蘇，葉兩面紫色或僅葉背紫色者為紫蘇。不過，近代學者的研究發現，紫蘇類植株有綠色、綠紫色、紫色至紫黑色者，其顏色的變異有如人類的膚色，屬於連續性變異；因而主張白蘇、紫蘇不宜區分成兩個不同的分類群。

■葉兩面紫色，或僅背面紫色至兩面綠色者，皆可稱之為紫蘇。

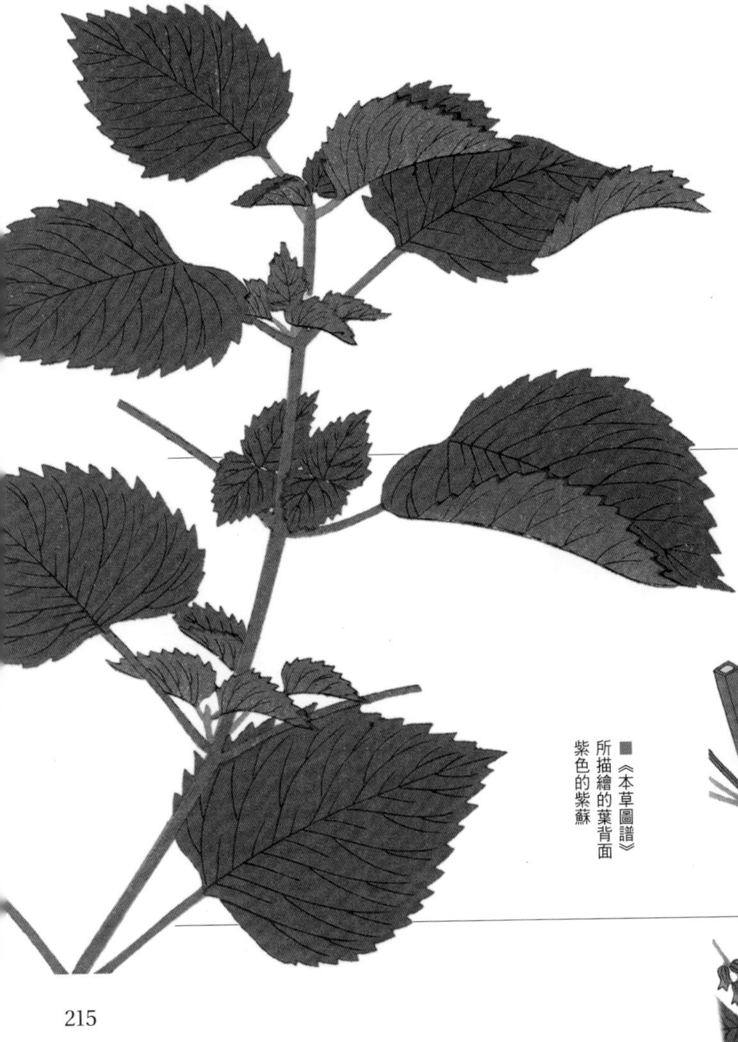

■《本草圖譜》所描繪的葉背面紫色的紫蘇

水仙

詩書亦自有聲香，對爾芳情覺韻長。
以素示人還尚白，其中正色更流黃。

——錢登選〈詠水仙〉

散發出淡淡宜人清香的水仙，六片白色花被，襯著正中央一圈黃色的副花冠，構成其特殊的造形。作者先以詩書之香來譬喻，繼以尚白和中國向來尊崇的黃色來吟詠，是對水仙無上的讚譽。

水仙屬植物大多數分布於地中海沿岸及中歐，例如廣為栽培的黃水仙或稱洋水仙（*N. pseudo-narcissus* L.）等。本種則原產亞洲東部溫暖的濱海地區，浙江、福建沿海島嶼上有野生者；台灣的水仙在一七〇〇年間由福建引入。

■歐洲廣為栽培的洋水仙

水仙象徵吉祥、純潔、高尚，是中國傳統的名花，也是歲尾年頭、新春佳節最受歡迎的應時花卉。窗前案頭，清麗靈秀的水仙玉立亭亭於淺盆中，醇香拔俗，有如仙女下凡。台

■白色的花冠，中央有黃色的副花冠是水仙的特色。

◆植物小檔案◆

學名：*Narcissus tazetta* L. var. *chinensis* Roem.

科別：石蒜科

形態特徵：多年生宿根性草本，具卵球形鱗莖。葉寬線形，長二十至四十公分，寬一至一．五公分，鈍頭，全緣，粉綠色。花莖實心，花四至八朵排列成繖形；花被裂片六枚，白色，有芳香；花被內側有黃色淺杯狀之副花冠；雄蕊六枚，子房三室，下位，胚珠多數，花柱細長，柱頭三裂。蒴果胞背開裂。

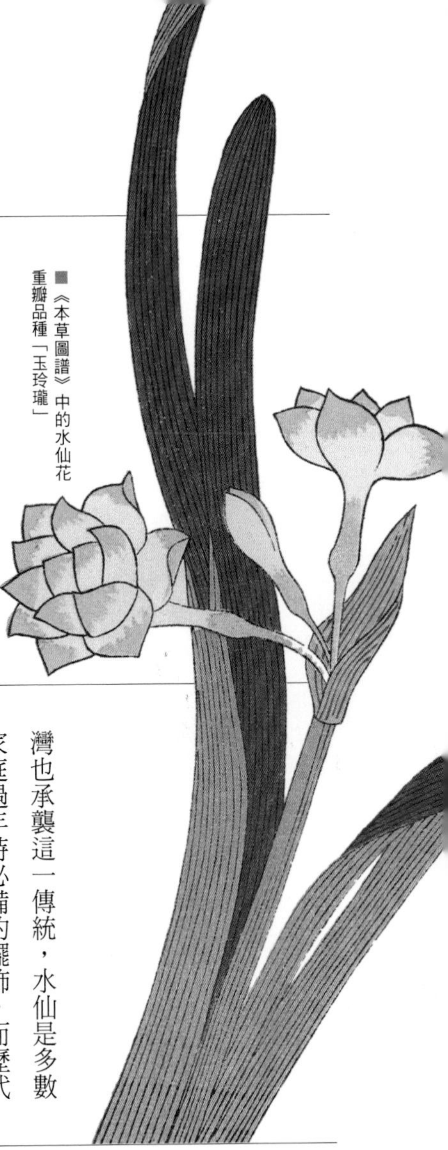

■《本草圖譜》中的水仙花重瓣品種「玉玲瓏」

■《本草圖譜》中的水仙花單瓣品種「金盞銀台」

灣也承襲這一傳統，水仙是多數家庭過年時必備的擺飾，而歷代詩詞也留下不少新春佳節詠頌水仙的佳作，如施鈺的〈辛丑再過除夜〉詩句：「案列黃橙佛手柑，花開綠萼水仙含」，水仙和黃橙、佛手柑一樣，都是過年供桌案頭不可少的迎春物件了。

水仙品種有單瓣、重瓣之分，前者稱「金盞銀台」，後者稱「玉玲瓏」。一般花卉常以重瓣者為貴，水仙卻相反，世人多崇尚單瓣者。

■水仙象徵吉祥、純潔、高尚，是新春佳節最受歡迎的應時花卉。

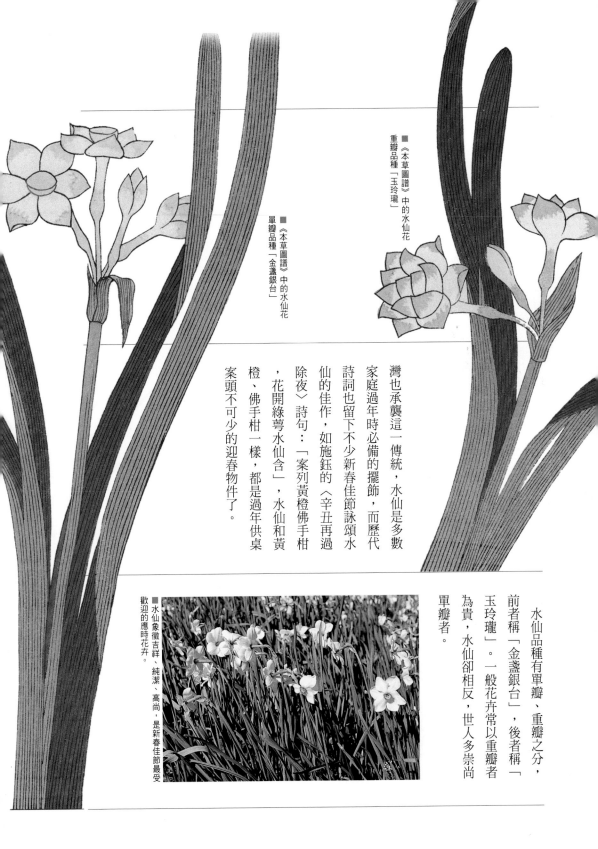

◆清朝時代◆

射干

【鳳翼、烏翣】

射干，扁竹花根也。葉橫鋪，如烏羽及扇……瀉火、解毒、散血、消痰。

……陳淑均《噶瑪蘭廳志》

■射干中植株低矮、開橙紅色花的品種（本草圖譜）

◆植物小檔案◆

學名：*Belamcanda chinensis* (L.) DC.

科別：鳶尾科

形態特徵：多年生草本，高可達一公尺，具不規則根狀莖，黃色。葉互生，劍形，層疊互嵌排列，長三十至六十公分，寬二至四公分，無中肋。二歧狀繖房花序頂生；花橙黃至橙紅色，散生紫褐色斑點；花被裂片六枚；雄蕊三枚；子房下位，三室，花柱三裂。蒴果倒卵形至橢圓形，長二．五至三公分，徑一．五至二．五公分。種子圓球形，黑色具光澤，著生果軸上。

射干原產於中國東北、華北至華南及西南各省之低海拔山坡草地或林緣，一八三〇年間由福建引入台灣，主要供作藥材之用；因其花色甚美，亦作為庭園觀賞植物。由於種子結實量多，適應性強，今已從居家園圃逸出呈野生狀態，全台各處開闊草生地及低山帶道路兩旁或均可見其芳蹤。

■射干的蒴果與種子

射干花莖疏而細長，宛如射人之執竿，因此得名。古人描述其外形：「葉如烏翅，秋生紅花」、「葉似蠻薑而狹長，橫張竦如翅羽狀」，因此又有「鳳翼」、「烏翣」的別稱。天然分布區域遼廣，古代典籍常以之為譬喻，如《荀子．勸學篇》有言：「西方有木（草）焉，名曰射干。莖長四寸，生於高山之上，而臨百仞之淵，其莖非能長也，

■射干以前專供藥材，現今則多栽植供觀賞用。

■射干花色美豔，具觀賞價值。

所立者然也」。這是高中以上學子都耳熟能詳的典故，所言之射干，有時也認為是本植物。

射干是中國很早就開始使用的古老藥材之一，藥用部位為黃色的根狀莖，有清熱解毒、消腫止痛的功效。往昔農業社會，台灣曾有人專門收購，致使其族群急遽減少。除提及藥效外，古籍中也有關於射干的傳說，例如《抱朴子》有云：「千歲之射干，其根如坐人，長七尺，刺之有血。以其血塗足下，可步行水上不沒；以塗人鼻，入水為之開；以塗足耳，則隱形；欲見則拭去之。」簡直把射干說成神奇之物了。

每年七至九月開花，屬夏秋花卉。台灣目前多栽植供觀賞用，夏日炎炎之際，不難於花圃、公園或都市道路安全島上，看到一叢叢射干迎風綻放的輕盈丰姿。

■射干的花色有橙黃色（右下），以及橙紅色（左上）。（本草圖譜）

◆清朝時代◆

文旦柚

西風已起洞庭波，麻豆庄中柚子多。往歲文宗若東渡，內園應不數平和。

……王凱泰〈台灣雜詠〉

文旦柚是柚子的一個栽培變種，麻豆的文旦柚原產福建漳州，清康熙年間引入台灣。台南麻豆地區因風土氣候最適，栽培甚多，且產量豐富、品質佳，特名之為麻豆文旦。王凱泰於同治、光緒年間（一八七〇至一八七五年）任福建巡撫，曾來台視察，留下〈台灣雜詠〉及〈續詠〉等多首詩作。當時文旦已在台灣栽種近百年，成為麻豆特產。詩中提到的「文宗」，即是咸豐皇帝，相傳其十分喜愛福建平和一地的柚子。

■文旦柚屬早熟種柚，是中秋節的應景水果。

文旦柚葉色較淡，果實近梗處狹小而尖，呈梨形；果形較小，但果皮薄，果肉柔軟多汁，滋味芳香甘甜，風味絕佳；籽小或無籽，很合國人的口味。引進後，逐漸發展成台灣名聞海內外的主要柚類產品，可作為清代最具代表性的果樹。採收期在農曆白露前後（約當國曆九月上旬），是中秋節的應景水果。栽植區域已

◆植物小檔案◆

學名：*Citrus grandis* (L.) Osbeck

科別：芸香科

形態特徵：常綠喬木，幼枝有刺。葉大而厚，卵圓形，翼葉呈心臟形。總狀花序；花白色，有濃郁香氣；瓣萼均為五片；雄蕊二十至二十五枚。果實圓錐形或洋梨形，長約十五公分，徑十三公分，近果梗部狹小而尖，果皮薄，一至一．五公分厚，絨層白色，瓤囊十三至十五瓣。

由原來的麻豆向南北拓展，近數十年來，甚至遠播台灣東部。目前的產區重鎮除麻豆外，就數台東、花蓮栽培較多。

文旦柚的成熟期比一般柚早，屬於早熟種柚。台產柚類品種眾多，栽培較久，且有固定產量者除麻豆文旦外，尚有也呈梨形，但果實較大之白柚；果形最大，呈扁球形之斗柚；果小，呈卵狀球形之蜜柚等。

■柚子花白色，具有濃郁的香氣。

■文旦柚葉色較淡，果實呈梨形。

◆清朝時代◆

烏桕

漠漠湖東氣倍涼，平蕪春浸碧沙長。
前村落盡烏桕葉，無數人家在夕陽。

卓肇昌〈東港竹枝詞〉

■烏桕種子外被蠟質假種皮，可製肥皂及蠟燭。（本草圖譜）

◆植物小檔案◆

學名：*Sapium sebiferum* (L.) Roxb.
科別：大戟科
形態特徵：落葉喬木，秋葉變紅，具乳汁。葉互生，菱形，長四至七公分；葉柄長二至五公分，柄先端有兩腺體。穗狀花序長五至十公分；雄花每三朵簇生於一苞之內，雄蕊二至三枚；雌花生於花序基部。蒴果倒卵形至球形，徑一至一．五公分，胞背開裂。種子外被白色蠟質之假種皮，種子製油。

清朝時代，烏桕因官方獎勵民間種植而曾經遍布全台各地。村落附近均有烏桕分布，是台灣平地少數葉會變色的樹種之一，秋冬之際，葉變紅、掉落，構成鄉野間特殊的植物景觀。詩人巡訪南部村落，時值氣候轉涼之秋末，枯葉斜陽，引發詩人淡淡的愁緒與感傷。

烏桕的種子可供榨油，自古以來就是重要的經濟民生植物，在原產地之中國大陸分布極廣，且

■秋初樹葉開始轉紅的烏桕枝幹

■「烏桕丹楓瑟瑟秋」，烏桕可說是低海拔地區的丹楓。

《本草圖譜》所描繪的烏桕花枝及枝幹

大多為人工栽培。其生長區域北可達黃河流域，南可至廣東、越南，往東則及於浙江、福建。清代大量移民進入台灣，同時由閩、浙一帶引入烏桕，提供生活所需。

烏桕和楓樹一樣，氣溫降低，葉片隨之變紅，反映時序的更替，一直就是詩詞詠頌的對象。台詩之中自不乏詠楓佳句，有趣的是，烏桕總是伴隨著丹楓出現。由於楓葉在台灣低海拔地區不會轉紅，烏桕的紅葉讓多愁善感的詩人想起歷代詩詞文句中的楓紅。如卓夢采的〈岡山樹色〉句：「丹楓烏桕半殘煙」，吳性誠的〈澎湖九日登高〉句：「丹楓烏桕三山渺」，還有吳德功〈莆陽道上〉一詩中的「烏桕丹楓瑟瑟秋」。

烏桕的果枝

烏桕種子外被的白色蠟狀物質，稱為皮油，可用於製造肥皂及蠟燭。種仁榨出之油稱為清油，供製燈用油、塗料油、潤滑油等。在往昔農業時代，是日常生活不可或缺的原料來源，經濟價值極高。製品除供台灣自用外，尚外銷歐美各國。不過到了日本時代，其產品功能漸由其他工業製品取代，因此不再推廣種植。但目前全台低海拔山區及平野，仍遺留許多已馴化的野生烏桕樹。

全台山麓及平野均分布有野生的烏桕樹

◆清朝時代◆

龍眼

腥紅苦李出林遲，釵朵盤兼小荔支。
番蒜摘殘龍眼熟，滿街斜日賣黃藜。

謝金鑾〈台灣竹枝詞〉

■《植物名實圖考》中的龍眼果枝圖

◆植物小檔案◆

學名：*Dimocarpus longan* Lour.

科別：無患子科

形態特徵：常綠喬木，小枝被有鏽褐色短毛。偶數羽狀複葉，互生，小葉六至十二枚，長橢圓形至倒卵形，長六至十五公分，寬二．五至四公分，全緣，表面濃綠色有光澤，背面蒼綠色。頂生圓錐花序，有兩性花、單性花；花淡黃色，小型；雄蕊八枚；子房二室，各含一粒胚珠。果呈球形至扁球形，徑二至三公分；種子包覆於白色肉質的假種皮內。

有「水果王國」美譽的台灣，幾乎一年四季都有各式各樣的應時水果，且不獨近代如此。謝金鑾這首寫於兩百多年前（一八〇四年）的詩，就描述了不同季節生產的水果：首先是春季成熟的李子，接著盛夏出荔枝、檬果（番蒜），然後八九月有龍眼和鳳梨（黃藜）上市。

龍眼原產中國華南、緬甸和印度。台灣自古即有栽培，是由福建移民引入。確實引進年代已無

■「荔枝才過，龍眼即熟」，龍眼因此有「荔枝奴」的稱號。

法查考，但從一七一二年刊印的《重修台灣府志》尚未記載，而一七一七年撰成的《諸羅縣志》已有登錄，推測時間應在清代領台後不久（約一七〇〇年）。由於樹性強健、耐旱且適應力強，目前中南部中、低海拔山區，多有野生的龍眼巨木，是台灣最重要的果樹之一。

因「荔枝才過，龍眼即

《本草圖譜》中的龍眼果枝圖

熟」，使得龍眼有「荔枝奴」的稱號。北方人認為荔枝滋味絕佳，唐時上獻荔枝，十里一置，五里一侯，「奔馳險阻，道路為患」。據史書《東觀漢記》所載，當時進貢的果品其實不單是荔枝，也包括龍眼。畢竟龍眼自古也被視為佳果，僅亞於荔枝。九真、交趾（今越南境內）產的龍眼品質最優，公元五世紀，北魏文帝曾下詔曰：「南方果之珍異者，有龍眼、荔枝，令歲貢焉」，除了宮廷自用，並用以賞賜群臣、來使。

龍眼主供生食，果肉清甜，且帶有特殊香氣，向來為大眾所喜愛。但盛產期產量過多，鮮果難以全數銷售，因此常製成龍眼乾儲藏，稱為桂圓。台灣古時即有烘焙龍眼乾的行業，黃服五一首光緒年間的〈焙龍眼〉詩：「火色純青果色鮮，團團旋轉徹中邊」，可以為證。

逐漸發育成果實的龍眼花序

《本草圖譜》中的龍眼枝葉圖

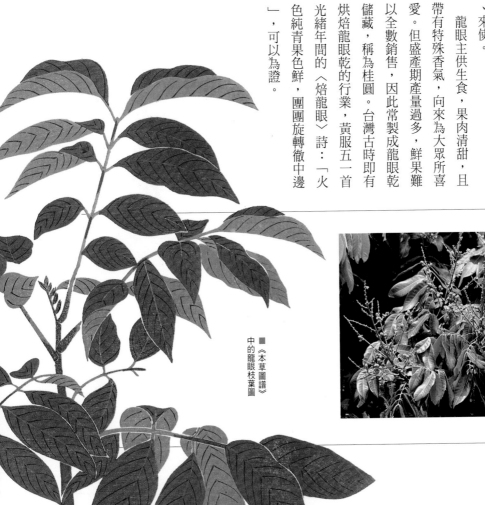

反映生活智慧的植物俗諺

台灣地理環境特殊，先民經數百年生活的體驗，創造出通俗、簡練而富有意義的語詞。這些語詞在民間廣為流傳，成為民間文學的一種表現，就是台灣俗諺。而先民對植物的利用方式、生態習性與生理特性，有長久且深入的觀察研究，據此發展出有別於其他地方的諺語，即此處所說的植物俗諺。

甘藷，台灣民間稱番薯，引進台灣的歷史悠久，是農業時代主要的作物之一。因其易種、生活期短且產量豐富，是古代稻粟等主要糧食作物歉收或不足時，補充口糧的替代作物。和先民關係極為密切，因而發展出許多意義深遠的俗諺：

一、五斤番薯，臭八十一兩

台灣的重量單位一斤有十六兩，五斤共八十兩。才五斤的番薯，卻有八十一兩是臭的。意為事情糟糕透頂，情況壞得不能再壞。

二、食番薯，無存本心

吃人家賜予的番薯，卻不懂得心存感激之意。罵人忘恩負義。

三、作生意做到刣牛，作穡做到拾番薯

生意越做越糟，後來淪落到成為宰殺牛隻的屠夫；勤耕務農，卻潦倒到拾取番薯維生。謂事業無成，到了窮途末路的地步。「刣」即殺，「作穡」即務農之意。

匏瓜，或稱匏仔，是台灣民間最常見的果類蔬菜，幾乎家家戶戶皆有種植。植物能不斷開花結果，取食時只需到後院的瓜棚上摘取烹煮，非常方便。有關匏仔的俗諺亦多，試舉二例：

一、細漢偷挽匏，大漢偷牽牛

台語的「匏」和「牛」同韻。「挽」即採之意，「細漢」指晚輩或小時候；「大漢」則是長輩或長大成人後。整句句意是說：小時候敢偷匏瓜，長大後就會變成偷牛的大賊。這是台人童稚時經常聽到長輩訓誡的話語。可見孩提時代的言行教育，非常重要。

二、匏仔光滑滑，不削皮人會罵；苦瓜貓皺皺，削皮人嘛罵

匏瓜果皮雖光溜溜，若沒削皮就

切細下鍋，會被長輩斥責；而苦瓜表皮儘管皺巴巴的，若先削皮再烹調，也會挨罵。「貓」在台語有皺而不平之意；「嘛」，「也」的台語發音。整句是比喻笨人自作聰明，或指事情進展不順利，無論怎麼做都無法令人滿意。

■果用白甘蔗

◆

甘蔗製糖是台灣最古老的產業之一。先民種植甘蔗，收穫加工，製成糖出售。如此延續數百年，甘蔗的生長習性、收成程序等，先民瞭若指掌，有關甘蔗的俗諺也俯拾皆是。

一、甘蔗老頭甜

甘蔗上部含有較多水分，糖的濃度因此相對降低；反之，愈近根部的「老頭」水分較少，所含的糖分較多，甜度自然較高。比喻人年紀愈長，經驗愈豐富、狀況愈佳，所謂薑是老的辣。

二、甘蔗無雙頭甜

甘蔗頭部多節間但甜度較高，尾端少節間但甜度較低，並無首尾都甜的甘蔗。本句喻凡事有利必有弊，不可能十全十美。

三、甘蔗粕，吃無汁

「粕」即渣滓，嚼過的甘蔗渣，榨不出汁來。喻無油可揩。

四、食無三把蔗尾，就會搭胸

「搭胸」，拍胸脯。三把甘蔗都還沒啃完，就開始拍胸脯吹牛。喻人稍有成就便得意忘形。

五、食甘蔗頭

「甘蔗頭」是指最末丟棄不要的一節。撿拾他人丟棄的甘蔗頭來吃，喻娶別人遺棄的女子為妻，或擁他人丟棄之物以為寶貝。

◆

竹與台灣先民的日常生活息息相關（見四十六頁），先民長期利用、接觸竹類，衍生出許多和竹相關的俗諺。

一、無金燒竹葉

「金」指敬神祭拜所燒之金紙。求神拜佛或因神明庇佑而達成心願，但家裡窮得買不起金紙，或手邊一時無法準備金紙答謝神恩，只要誠意夠，竹葉也能代替金紙。

二、剉竹遮筍

農人砍除老竹枝，用竹葉去遮護剛冒出來的幼筍，使之白嫩可口，但傷害老枝也會影響竹叢的生長。比喻為了迎合新的而犧牲舊的（一說「剉竹遮筍，棄舊迎新」）。

三、歹竹出好筍

一句現代人都還常掛嘴邊的俗諺。竹叢雖不壯碩，只要細心施肥撫育，仍可長出巨大質佳的竹筍。喻長相普通或才能平庸的父母，生出容貌俊美或才華洋溢的子女。

四、好竹出龜崙

個頭挺直壯碩的竹叢，卻長出彎彎曲曲的竹筍。喻好父母生出不肖子女。

五、竹仔尾，炒豬肉

古時教訓子女，多用細竹枝製成的鞭杖。本句意即用竹枝打小孩。

台人常借用大家耳熟能詳的植物形態，來形容事物的狀態。如以具象的植物外觀去模擬人接觸或觀看時的感覺，而形成諺語，這類語彙以負面的感受為主。

一、用龍眼殼拭尻川

「拭尻川」即擦屁股之意。用粗糙不堪的龍眼殼擦屁股，其感受可想而知。全句喻事情愈弄愈糟。

二、用林投葉拭尻川

林投葉長滿鉤刺，用以擦拭屁股，其感受比上句用龍眼殼的情況更糟。此句和「在傷口上灑鹽」意思一樣。

三、關公劉備，林投竹刺

台語「備」和「刺」諧韻。整句原是「別人的交陪，攏是關公劉備；咱的交陪，卻攏是林投竹刺」。「交陪」意為所交的朋友，「竹刺」指具刺的竹，如刺竹。全句是說他人所交的朋友，全是像關公、劉備一樣講義氣的良友；自己所結識的，卻都像是林投、刺竹般帶刺（武器）的朋友。喻物以類聚。

五穀、蔬菜或水果等食用植物的形態、特性等，也常被用來形容人的個性或評斷行為的偏差，例如：

一、吃蒜仔，吐蕗蕎

蕗蕎即薤的俗稱。大蒜和蕗蕎供人食用的主要部分都是鱗莖，但大蒜產量大，價格較便宜；蕗蕎產量小，價格相對昂貴。吃大蒜吐蕗蕎，比喻得不償失。

二、蕗蕎蔥，假大瓣

「假大瓣」與台語之假大方同音。蕗蕎的鱗莖是同類植物中最小的，有人拿來冒充蔥蒜（蒜瓣）。本句意即罵人冒充上流人士，花錢慷慨大方。

■蕗蕎（薤）

三、食大麥糜，講皇帝話

「糜」即粥，古時大麥產量大，是相當普通的糧食作物。一個潦倒到三餐只能以大麥粥果腹的人，還說著大話。喻大言不慚。

四、吃無三把蕹菜，就想要上西天

「蕹菜」即空心菜。才吃不到三把空心菜，就妄想成佛上西天。比喻努力的功夫還差得遠。

五、那拔仔，上三界壇

「那拔仔」為番石榴。果實入肚後，種子自肛門排出，落地發芽又能長成大樹結出果實。自古以為性賤，不可用以祭拜神明，也不能上三界壇拜三界公。整句喻賤物上不得檯面，或登不了大雅之堂。

六、西瓜藤，搭菜瓜棚

西瓜藤沿地面蔓生，無須像種絲瓜（菜瓜）一樣，必搭棚子以利植株生長。種西瓜還搭棚架，比喻愛出風頭。

古時生活條件差，又多貪官橫行，一般百姓日子過得艱難，一切只能聽天由命。心理上難免產生攀龍附鳳，以求晉升或得到特殊待遇的想望，但有時又擔心自己地位卑微，高攀不上權貴。心中種種不安，反映在眾多植物俗諺中：

一、大榕樹，好蔭影

榕樹的樹冠愈大，能提供蔭涼的面積也愈大。比喻官宦人家或富貴人物是多數人欽羨及求助的對象。

二、取菅蓁，做拐仔

「菅蓁」，五節芒或五節芒的稈，常稍木質化，古代取用來築籬笆或蓋草房。「拐仔」即拐杖，用五節芒稈做的拐杖，無法負重，使用者出不得力。整句比喻所靠非人。

三、「查某囝仔，韭菜命」或「查某囝仔，油菜子命」

「查某囝仔」即女孩子。古人重男輕女，女孩子的成長過程往往得不到適當的保護，尤其是窮苦人家的孩子，命運更是如韭菜一樣任人宰割；或是和油菜子一樣，渺小而任人折磨。

四、割到歹稻望後冬，嫁到歹尪一世人

農夫稻作收成不好，還可以期待來年（後冬）；但是女子一旦嫁到不好的丈夫，則要受苦一輩子。也是陳述對命運的無奈。

五、雞屎藤不敢攀桂花樹

雞屎藤為常見的藤本植物，全株帶有一股臭味，此處比喻貧苦低賤的人。桂花為香木，比喻權貴。本句意即不敢高攀。

雞屎藤

由植物特性發展出來，表達台灣風俗民情特異性的植物諺語，亦復不少：

一、押倒牆，要好娘；偷挽蔥，嫁好尪

台地元宵之民俗：未婚男子若能跳過牆，未婚女子若能偷採到他人菜園中的蔥，將來都可以找到好對象。

二、無相棄嫌，菜脯根罔咬鹹

「菜脯根」即蘿蔔乾。如不相嫌棄，蘿蔔乾湊合著吃。意即大家有緣，彼此湊合著過日子。此語常用於夫妻之間。

三、圓仔花不知醜，大紅花醜不知

「圓仔花」即日日紅，「大紅花」即朱槿（或稱扶桑）。兩者都是過去民間常種、常見的花種。鄉間民風保守，認為只有精神異常的婦女才會在頭上胡亂佩戴這兩種花。因此，民間不但視這兩種花遠遜於其他罕見的花，而且將之歸類為不好看的「醜花」。整句比喻人自不量力，自視過高，和日日紅、朱槿一樣。

圓仔花（日日紅）

蘋婆

【冰硼、頻婆、苹婆、鳳眼果】

競傳麻豆勝平和，秋日園林柚子多。
爛煮冰硼逾栗美，愛看染霧當橙槎。

……何徵〈台陽雜詠〉

這首詩寫於一八七五年左右。詩中提到的「平和」位於福建，該地出產的蜜柚夙負盛名，但台南麻豆的文旦，滋味還要略勝一籌。冰硼是蘋婆的台語譯音，蘋婆種子煮熟或烤熟後，味美程度較栗子猶有過之。染霧即蓮霧，和柑橙都是當時台產的應時水果。

■《植物名實圖考》中的鳳眼果（蘋婆）

蘋婆又寫作頻婆、苹婆，為著名的熱帶乾果植物。原產於中國華南各省及雲南一帶，中南半島、印尼也有分布。一般認為於清代引進台灣，當果樹栽培，取其

■在台灣中南部廣為栽植的蘋婆，原產中國華南及中南半島。

◆植物小檔案◆

學名：*Sterculia nobilis* R. Br.

科別：梧桐科

形態特徵：常綠喬木，高可達十公尺。葉互生，厚紙質，長橢圓形，長十二至三十五公分，寬六至十五公分，先端短尖，基部圓，表面有光澤；葉柄長二至五公分，兩端膨大。圓錐花序簇生於枝端或葉腋；花無瓣，萼鐘狀，乳白至淡紅色。果為蓇葖果，每軸一至三個，扁平如豆莢，先端如鳥喙，果皮成熟時鮮紅色。種子圓形至橢圓形，黑色。

乾果食用。以中南部栽植最多，校園、公園、住宅多見蘋婆大樹。樹形美觀，葉片深綠具光澤，屬大葉型樹種，亦是極佳的行道樹與景觀樹。

紅豔的蓇葖果開裂時，露出內藏的黑色種子，形如鳳眼，因此

■蘋婆葉大有光澤，也栽為園景樹。

■蘋婆的花枝

■蘋婆的圓錐花序由多數乳白至淡紅色花組成

又名「鳳眼果」。黝黑發亮的種子被稱為鳳凰蛋，台人摘採煮熟當成栗子食用，說「香味特勝」。王凱泰旅台期間所作的〈台灣雜詠〉，即有一首詩描述其事：「桂花風景分明在，卻被人呼作鳳凰」，句中的鳳凰即鳳凰蛋，也就是蘋婆的種子。至於桂花，則是指江南產的一種滋味甜美的板栗品種——桂花栗，和蘋婆一樣都在農曆八月成熟。詩人恍惚之間，錯把蘋婆誤認成栗子了。

台灣在日本時代另有引進一種原產非洲至澳洲的掌葉蘋婆（*S. foetida* L.），當作行道樹及園景樹推廣栽植，其種子亦可食，惟香味不如蘋婆。公園及都市道路旁，以掌葉蘋婆較為常見。

■蘋婆果細長如鳳眼，所以又稱鳳眼果。

龍船花

【赬桐、龍爪花、紅鸚哥】

剪殘紅錦枝頭見，敲碎珊瑚月下逢。
好是年年誇競渡，鮮妍如火映魚龍。

……熊學鵬〈赬桐花〉

赬桐即龍船花，「葉似桐，花紅如火」，因此得名；恰於端午龍舟競渡時盛開，所以又名龍船花。端午詩篇，多以龍船花啟興，如本詩。胡承珙的〈午日〉：「赬桐好顏色，回首惜年芳」，也是如此。

■《植物名實圖考》中的龍船花圖繪

本種植物天然分布範圍很廣，除產於中國華中、華南、西南各省外，也可見於中南半島、印尼及印度。全株供作藥用，用以治療痔瘡、疝氣等國人常見病症，大約在清代領台初期自華南地區引進。原亦當藥用植物栽培，後來逸出庭園，目前已呈野生狀態，全台低海拔地區均有分布。

龍船花「枝柔葉厚碧痕濃，色豔還看花發重」（熊學鵬〈赬桐

■龍船花分布於全台低海拔地區

◆植物小檔案◆

學名：*Clerodendrum paniculatum* L.
科別：馬鞭草科
形態特徵：常綠小灌木，枝光滑，四方形。葉對生，闊卵形至卵狀心形，長十五至二十二公分，有時三至五裂，先端銳，基部圓形至心形，全緣或細齒牙緣。頂生複聚繖花序；合瓣花，花冠橙紅色；雄蕊四枚，突出花冠筒之外；子房二室，胚珠四個。核果球形。

花〉），群株開花時，甚為壯觀。花「一穗數十蕊，苞如鸚珠」，因此別稱紅鸚哥。台人常在每歲端午時採擷數枝，插於瓶中觀賞。不僅如此，根據胡承珙於道光年間（一八二一～二四年）的記載：「台人午日摘赬桐花簪髻，……內地絕無此風」，端午節當天，男女老少喜在頭上佩戴龍船花，是當時重要而獨特的習俗。花冠筒直立，醒目的雄蕊伸出甚長，遠望有如枝枝龍爪，所以也叫龍爪花；如施鈺的〈赬桐〉詩句：「簇簇分看龍爪紅，拏雲不定舞因風。」

居家園圃多有栽種，偶然可見開黃白色花的品種（cv. Albiflirum）。另外，中國大陸華南地區尚有一近緣種（*C. japonicum* (Thunb.) Sweet.），也稱赬桐，與本種差異不大，但赬桐葉緣缺刻不明顯。

■白花品種的龍船花

■龍船花花紅如火

■《本草圖譜》所描繪的龍船花，可見頂生複聚繖花序。

清朝時代

棕櫚

碧油製就膩羅紈，冒雨行來蔽體寬。
兼採棕櫚消暑濕，也偕襏襫禦春寒。

許青麟〈雨衣〉

《本草圖譜》所繪棕櫚保護花序的佛燄苞（右）及種子（左）

◆植物小檔案◆

學名：*Trachycarpus fortunei* (Hook.) H. Wendl.

科別：棕櫚科

形態特徵：單幹直立，高可達二十公尺，包以纖維狀葉鞘。葉圓形，掌狀深裂。葉柄長約五十公分；葉鞘紅棕色，纖維狀，質韌。肉穗花序葉間生出，雜性花，花小；雄蕊六枚，心皮三個，子房卵形，有毛。核果心臟形，具一深凹，外被白粉。

這首道光年間（一八四〇年左右）留下的詩作，記述當時台灣農民雨天在田野工作時必備的雨衣，也就是用棕櫚葉鞘上的網狀纖維（俗稱棕皮）製成的棕蓑或蓑衣。做一件蓑衣要用上百片的棕皮，且需將上肩及下襬分別織成後，再用棕線接合。因此，與現代雨衣相比，蓑衣極為厚重，穿起來也不怎麼舒適，但防水、耐水，經久而不腐爛，是那時能蔽雨工作的唯一選擇。「襏襫」也是雨衣或蓑衣之意，早春天氣尚寒，水田冷冽，穿著蓑衣下田勞動也有禦寒的效果。

棕櫚原產中國秦嶺、長江以南一千五百公尺以下的地區，其天然分布範圍北至日本，南達菲律賓。在中國內地自古即普遍栽種，是一種用途極廣的植物。約在清代隨著漢人移民引進台灣，康熙年間（一七一七年）撰成的《諸羅縣志》已有載錄，當時諸羅縣（今嘉義）栽植頗多，尤以奮起湖一帶最多，惟「北路不多產」

棕櫚莖幹上包覆有網狀葉鞘

。書中稱為「椶」，云其「葉生木杪，下有皮重疊裹之，每一匝為一節」，正是棕櫚形態的正確描述。而重疊包覆的皮，即是指棕櫚葉柄下部的纖維狀葉鞘，是取用製作各種器物的部分。

棕皮纖維粗硬、耐腐力特強，所謂「皮做繩，入土千歲不爛。」除了做成蓑衣外，也可用來製作墊褥、床榻、毛刷、掃帚等，甚至充做築屋材料。如柯培元於道光十五年（一八三五）任噶瑪蘭廳（今宜蘭）通判時，曾寫下當時有「蕉葉為廬竹為壁，松皮作瓦棕作椽」之「番俗」。而葉

■葉基部包以網狀纖維的葉鞘（本草圖譜）

■棕櫚之果穗，果外部被有白粉。

片纖維可製繩索，漂白乾燥後，也可作為編製草帽、置物袋等的原料。

《台灣通志》云：「葩未吐時割去，須而去之，曰椶魚；瀹而食之甚美」。棕櫚尚未綻放的花苞，稱「椶（棕）魚」，炒煮後是一道名菜，台人亦時興此一料理。孫元衡的〈村居雜詩〉：「邀人飲椰酒，置饌羅椶盤」，「椶盤」即是椶魚這道料理。用途繁多的棕櫚不止可作各式器物衣具，未成熟的幼嫩花序還可入菜，彼時大量栽種棕櫚，實是良有以也。

上述取用棕櫚的習俗以有清一代最盛，日本時代民間亦承襲之，直至光復初期，棕蓑仍是農村主要的雨具。但後來橡膠和塑膠製品取代了棕櫚原有製品的所有功能，棕櫚的重要性不再，植株也幾乎砍伐殆盡。以棕皮製成的蓑衣、掃帚、毛刷，以至「椶魚」的滋味，僅留在上一代人的記憶裡了。

■葉掌狀深裂

預示豐歉、晴雨的農諺與氣象諺

台灣先民經長期的生活觀察，發現某一特定時期的天氣、環境變化，與將來植物的生長情形或結實豐歉有直接關聯，進而發展出一系列描繪此類前因後果現象的詞語，謂之農諺。而一些特殊的生物現象或雲霧的驟然變化，預示了未來的天候晴雨，先民據此發展出有趣及易於誦讀的語詞，稱為氣象諺。

與植物有關的農諺：

一、爛秧，富粟倉

春天若遇天氣嚴寒，凍傷秧苗，致使秧苗腐爛，當年秋天收穫必豐。原因是春天的霜雪會凍死潛伏在苗中的害蟲，害蟲減少，下一季的收成自然變好。

二、三月死泥鰍，六月風扑稻

泥鰍平常藏匿於泥土中，會因不耐夏季炎熱鬱蒸的高溫而死。若農曆三月就已太熱使泥鰍死亡，即知夏日的酷熱提早到來，所引起的颱風會危害稻作，所以說「六月風扑稻」。

三、四月初二雨，有粟做無來

農曆四月初二當天下雨，第一季稻作的收成會減少。

四、四月四晴，稻科較大杉楹

農曆四月初四當日晴天，早稻會長得比杉苗還要高大，因而將有大豐收。

五、四月四，桃仔來李仔去

農曆四月初四，李子的產季已過，應是桃子上市之時。

六、四月初八雨，稻科曝到死

農曆四月初八下雨，是年會有長旱期，多數稻苗將遭曝晒而死。

七、八月八，牽豆藤挽豆莢

農曆八月為大部分豆類果實成熟、採收的季節；農家上上下下均忙著採摘豆子。

八、雷扑菊花蕊，柴米貴如金

菊花一般是在秋季開花。若菊花綻放時節常常打雷，表示來年農作物會歉收，物價將因而上漲，柴米油鹽的價格都會提高。

九、十二月落霜，番薯較大油缸

「落霜」即下霜。農曆十月降霜，來年番薯生長旺盛，塊根長得比油缸還大。意即大豐收。

十、十二月莧菜蕊，較好食過醃雞腿

莧菜是春夏的當令蔬菜。從前蔬菜生產技術不高，也無力建築溫室，所有的作物都是露地栽培，因此冬天無法生長。若有人能在冬季種出莧菜，則其滋味一定勝過雞腿。

與植物有關的氣象諺語：

一、烏雲飛上山，棕蓑提來幪

台語「山」和「幪」諧韻。棕蓑為棕櫚網狀葉鞘所製，是古代農人必備的雨具。若見滿天烏雲湧上山頂，表示將會下雨。出門下田，必須隨身攜帶雨具。

二、烏雲飛落海，棕蓑覆狗屎

台語「海」和「屎」諧韻。和上句相反，若見烏雲湧向海邊，則表示天氣將轉晴，雨具可收起不用。

三、田嬰結堆，著穿棕蓑

「田嬰」即蜻蜓。若見蜻蜓成群結隊低飛，表示天將下雨，出門須帶雨具。

俏皮逗趣的植物歇後語

有些諺語由兩部分組成，前一部分是譬喻的述詞，後一部分才是語詞真正的意涵，稱為歇後語。述說者通常只道出歇後語的前半部，後半部的含意則讓聽話對象自己去揣摩領會。是一種通俗、逗趣且意義深遠的語言文化特色。

一、茄子開黃花——變性

茄子都開紫色花，不可能開黃花。開黃花的茄株，一定是突變。形容一個人性情大變，謂之變性。

二、番薯屎——緊性

番薯容易消化，入肚後常立即放屁，或內急想大便。所以番薯屎為「緊性」，意為急性子。

三、荷蘭豆性——快熟

荷蘭豆今稱豌豆，豆莢嫩而薄。油熱水燙，下鍋煮很快就熟，故云「快熟」。形容一個人平易近人，很快就能和陌生人打成一片。

四、客家人種番薯——準扮死

客家話「種番薯」的發音和閩南語「準扮死」相同，意為必死無疑。這是一個族群借用另一個語言不同族群的話語，來表達一種詼諧的意念。

五、客家人食龍眼——死彥彥

客家話「食龍眼」的發音和閩南語「死彥彥」同音。意為死翹翹。

六、戶神閼龍眼殼——崁頭崁面

「戶神」即蒼蠅，「閼」為躲之意。蒼蠅躲（鑽）到龍眼殼內，兩者大小相差太多，蒼蠅完全被龍眼殼蓋住，即台語「崁頭崁面」之意。形容人呆頭呆腦，所做之事極不得體，不知厲害輕重。

七、戶神沾棕蓑——食毛（無）

本句指蒼蠅停在蓑衣上，無其他東西可採食，僅能食毛。「毛」台語音同「冇」，無有之意。本句意即食無，沒得吃。

八、乞丐揹葫蘆——假仙

乞丐揹個葫蘆，乍看之下像是個出世的仙人，如傳說中的呂洞賓，其實不然。意為裝模作樣，矯揉造作。

■日本時代的龍眼彩色明信片

九、火燒林投——不死心

林投是台灣常見的海岸植物，叢生在海濱前線。每遇火災，即使枝葉焚毀，樹幹燒得焦黑，仍然可以恢復生機，短時間即再度萌芽新生，因此有此諺語。喻不氣餒、不灰心，隨時準備東山再起。

十、火燒甘蔗——無合

甘蔗葉柄下部包著莖稈的構造稱為葉鞘，台語稱「合」。著火之後的甘蔗，葉和葉鞘先燒光，只留下多汁的莖稈，稱「無合（葉）」的甘蔗。借指為兩事不合。

十一、火燒竹林——無的確

包被竹筍及幼竹稈的殼狀物，稱竹籜，台語叫「竹殼」，音同「的確」。火燒竹林，首先燒掉的是竹籜，剩下的是無竹籜的竹稈，因此稱「無竹殼」、「無的確」。意謂事情未定。

十二、六月芥菜——假有心

正常情況下，芥菜在冬天抽心（花莖），預備來年春天開花。生長旺盛的芥菜，莖會稍微伸長，看似抽心，所以說「假有心」。意為虛情假意。

十三、十二月芥菜——有心

芥菜在十二月之後抽心，是真有心。有時取反諷含義，表示「無心」，也就是虛情假意之意。

十四、食紅柿配燒酒——準死

民間傳說，紅柿和酒共食會致命，即「準死」。喻放手一搏。

十五、外省人吃柑仔——酸（溜）啦

柑仔即柑橘類。柑橘味多酸，而國語「酸」的發音同台語之「溜」、「閃人」。此句借國語的發音，表台語「溜之大吉」之意。

十六、黃蘗樹上彈琴——苦中作樂

黃蘗的乾燥樹皮是常用的中藥材，色黃味極苦。本句因此有「苦中作樂」的含義。

十七、香蕉在叢黃——無（沒）穩

「叢」即植株。香蕉在植株上自行成熟變黃，謂自然成熟。一般則是在香蕉果皮仍青綠時就提前採下，放進容器以乙烯使之後熟，台語謂之「穩」（音）。自然熟的香蕉因未經後熟（「穩」）的過程，所以說「無穩」。台語借其音表示不允當或沒把握。

十八、菜瓜摃（打）狗——去一截

「菜瓜」即絲瓜。絲瓜質脆，用來打狗一定會截斷，謂之去一截。意為多管閒事而受害。

十九、土豆落入豬血桶——廢人

「土豆」即花生。花生仁掉入裝豬血的桶子，必成鮮紅的「血仁」。「血仁」台語發音同廢人。比喻此人一無是處，廢人一個。

二十、土豆剝開或剝開土豆——愛人

剝開花生殼的目的，就是要豆莢中的花生仁，即「要仁」。台語「要仁」音同「愛人」。

廿一、老人食麻油——鬧熱

麻油性熱，老人食之，身必發熱，謂之「老熱」。台語「老熱」與「鬧熱」兩者發音相同。意即熱熱鬧鬧。

廿二、麻豆旗桿——菁仔叢

古時麻豆地區為平埔族原住民的居住地，當時栽植許多檳榔，建築物也多以檳榔樹幹搭建，檳榔樹成為部落的標誌。「菁仔叢」即檳榔樹。指人輕浮冒失。

廿三、阿猴厝頂——菁仔叢

「阿猴」，屏東之古稱。昔日屏東一帶的人築屋時，多就地取材，以檳榔樹幹（菁仔叢）作為屋頂楹樑的建材。此處的「菁仔叢」之語，是婦女用來罵那些喜歡爬上屋頂偷窺女人作息的登徒子。

廿四、路邊那拔仔——允當

「那拔仔」即台語之番石榴，是台灣重要的果樹，一般栽植於果園內。而長在路邊的番石榴是無主果樹，路人可隨時摘食，沒有做賊的嫌疑。所以說「允當」，沒問題之意。

廿五、無刀剖鳳梨——咬目

鳳梨為多花果，果皮外有質硬不可食的宿存花被，台語稱為「目」。沒有刀可削鳳梨，只能用口一目一目慢慢咬掉，叫做「咬目」。意為異物進入眼睛不舒服，引申成看不順眼。

廿六、虎尾草——伴光景

極易栽植的虎尾草隨處可見，屬於最不值錢的花卉，所以只能當「伴光景」（陪襯）之用。意為陪伴別人做客，是不重要的事物。

廿七、竹管仔底夾土豆——一粒一

在竹管裡夾花生仁，無法貪多，只能一粒一粒夾出，謂之「一粒一」。形容朋友關係極為要好，非常親密。

廿八、藥店甘草——逐項雜插

甘草是中藥裡重要的緩和劑，幾乎每一劑藥方都需加入甘草，所以說「逐項雜插」。引申為每件事都要插手，喻人好管閒事。

廿九、草地發靈芝——小地方出大人物

「草地」意為鄉下地方，「發」意為生長。自古即被視為靈藥仙草的靈芝，居然長在不起眼的鄉下地方。喻小地方出大人物。

◆清朝時代◆

香蕉

【甘蕉、芎蕉】

芭蕉幾樹植墻陰，蕉子纍纍冷沁心。
不為臨池堪代紙，因貪結子種成林。

郁永河〈台灣竹枝詞〉

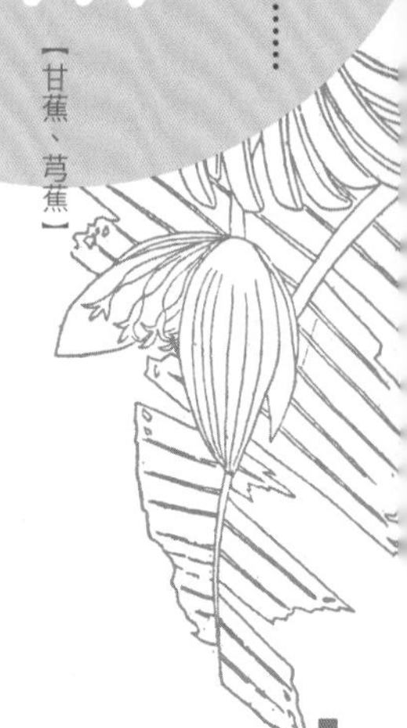

■《植物名實圖考》中的甘蕉（香蕉）花序圖

◆植物小檔案◆

學名：*Musa* spp.

科別：芭蕉科

形態特徵：植株高可達四公尺，直立部分為葉鞘緊裹而成的假莖。葉長而闊，長八十至一百三十公分，寬三十至五十公分。花序由假莖頂端抽出，佛焰苞多數；花序下部為雌花，中部為中性花，上部為雄花；各花由管狀瓣和離瓣組成；子房三室。果為漿果。

本詩中的芭蕉指的是食用香蕉，為了收成香蕉（蕉子）而成片栽植，宛如今之蕉林，即郁永河在詩後的註釋中所言：「凡蒔蕉園林，綠陰深沉，蔭蔽數畝」。由此詩可知，十八世紀初期，香蕉在台灣已大量栽植，「藉以獲利」。古代紙貴，文人繪畫寫詩，多以寬大的蕉葉為紙，或練習或寫初稿。同一片蕉葉可反覆沖洗使用，即「臨池代紙」之意。

■「凡蒔蕉園林，綠陰深沉，蔭蔽數畝」，是古今台灣栽植香蕉的寫照。

清代以降，香蕉已成為台灣重要的時令水果。孫霖的〈赤崁竹枝詞〉曾言及此：「四季番花總是春，牙蕉香檨滿盤新」。梁啟超在日本時代訪台，也對台灣的香蕉印象深刻，曾寫下：「蕉肥蔗老有人食，欲寄郎行愁路長」的詩句，當時的香蕉和甘蔗，都是台灣相當具代表性的水果了。本地的文人雅士也承襲古代中國文人喜在庭院種植芭蕉（香蕉）的典雅傳統。如王松的〈北郭煙雨〉一詩，提到與新竹著名鄉紳鄭如蘭於其庭園「北郭園」中以文會友的情景，即有「窗外芭蕉簾外柳，青燈有味拌推敲。」的詩句，詩中的芭蕉即香蕉。

根據近年來的研究，目前台灣各地栽培的香蕉，多為尖芭蕉（*M. acuminate* Colla）（AA）和長梗蕉（*M. balbisiarx* Colla）（BB）的三倍體後代；大蕉ABB，粉蕉AAB等。而香蕉的原產地可能是以馬來西亞為中心的東南亞地區，其中也包括中國南部。台灣的香蕉一般推斷是清代初期的移民從福建引入的。

■自日本時代起，香蕉生產就是台灣重要的水果產業。

■著生一串串果實的香蕉單株

■《本草圖譜》所繪的芭蕉果序，果實裡面有許多種子。

從詩句懷想昔日的植物地貌

從詩詞文句可以看出台灣各地開發的過程，清領初期的詩詞，以描述南部者居多，中期漸及台灣中部，後期才有描述北部地區的詩詞篇章。至於東部的花蓮、台東兩地，則因鄭、清兩代的治權實未及於此，而未見詩詞提及。詩文篇數的多寡和出現時間的先後，與實際台灣開發的順序相符合。

南部地區的平原、山麓地帶，古時人口尚稱稀少，到處林木蒼蒼，或草莽森森，到處猿嘯虎行，鳥語花香。施世榜約一七〇〇年（康熙三十九年）所寫的〈岡山道中〉，有詩云：「陰陰竹裡隱啼鳥，迢遞岡山百里途。四顧昏林煙歷亂，獨憐疲馬步踟躕」，岡山應為今之高雄岡山。宋永清一七〇四年（康熙四十三年）的〈渡淡水溪〉詩：「淡水悠悠天盡頭，東連傀儡徧荒丘。雲迷樹隱猿猴嘯，鬼舞山深虎豹愁。」淡水溪即今之高屏溪，當時那一帶有猿啼、有虎嘯，也遍布原住民（傀儡番）。陳輝一七三八年（乾隆三年）的〈龍湖巖〉詩：「曲檻留陰閒睡鹿，疎星倚月冷啼猿」，龍湖巖是座歷史悠久的古剎，位於今台南六甲的赤山，當時四周不但聽得見啼猿，也看得到睡鹿。

中部地區的開發稍晚，但今彰化、雲林、台中、苗栗等地都有詩篇記錄當時的自然景觀及後來的變化。孫元衡一七〇三年（康熙四十二年）的〈過猗塢〉詩句：「嘉木十餘里，陰森接蔚藍」，和黃叔璥一七二二年（康熙六十一年）的〈咏半線〉（半線即今彰化市）詩：「林木正蓊鬱，嵐光映晚晴。」描述當時彰化地區，甚至彰化市，仍舊長滿森林。百餘年後，從胡承珙一八二一年（道光元年）的〈彰化道中〉詩句：「生事依藷蔗，人家恃竹林」可知，原來的野地已經開墾栽植甘藷、甘蔗等作物，且散布著以竹林為籬的民家。稍後，陳肇興在一八六〇年左右（咸豐年間）寫下的〈初住肚山之竹坑莊〉詩句：「東郊一以眺，綠野人盡耕」，放眼望去，到處是耕地。「肚山」即今之台中大肚山。而黃清泰約一八〇〇年（嘉慶年間）的〈西螺旅店早飯〉詩，說西螺一帶「竹徑霧深來雨點，蔗林風起作潮聲」，已遍植竹類及甘蔗了。苗栗位置較偏北，多丘陵及山地，當時遠途跋涉到該地的人，多有「去縣日以遠，風俗日以變」的感慨；阮蔡文一七一五年（康熙五十四年）的〈後壠〉詩，說今苗栗後龍當地「是處兩三間，村莊何蕭散」，人口稀少，住戶疏散，也是「到處青林間綠野」的景色。

有關北部地區的詩篇，最早者應是一七二二年（康熙六十一年）周鍾瑄的〈北行記〉，記述北部的景觀：「竹塹分明在眼底，千頃萬頃堆豐茸」，竹塹今名新竹，十八世紀初仍野草遍布。台北附近的記載則更晚，如林占梅寫於一八四〇年代（道光二十年左右）的〈雙溪曉行〉：「嘯猿聲不斷，每向靜中聞」，想必也是林地綿延，猿猴四處竄走呼嘯的景色。

東部開發最晚，清代漢人的墾拓也多僅止於宜蘭一帶。直到十九世紀才有詩篇述及東部地區的景觀，如楊廷理的〈登員山〉詩，說當地「披榛舒倦眼」；仝卜年一八三一年（道光十一年）的〈蘭陽即事〉，云：「溪南溪北草痕肥，山後山前布穀飛」；直到一八八二年的黃逢昶，在〈台灣竹枝詞〉中，描述宜蘭地區仍是「月滿樓台樹滿林」，山區更是「百圍大木聳煙嵐，珠樹琪花好供探。海外有材儲國器，襲大尤愛是香楠」，一幅林木蓊鬱的景色。

一八九四年英國一位植物學家亨利（Henry）來台採集，在今高雄鳳山途中採到松樹標本，後來發表為馬尾松（*Piuns massoniana*），這是台灣南部低海拔地區有松樹分布的最早記載。現代植物學者曾經懷疑此紀錄的正確性，因為今日高雄低海拔地區並無松樹的分布；但松樹形態特殊，將其他植物誤認為松樹的可能性很低。這項困擾植物專家的記載，卻意外地從早期文人的詩詞內容得到證實。最早的相關紀錄應為卓夢采在一七二一年（康熙六十年）左右寫就的〈鳳岫春雨〉詩，鳳岫指今之鳳山。以下描述鳳山地區生態景觀的詩句：「鳥吟前谷初晴樹，松入寒潭落乳泉」，證明那一帶山區有松樹。後來在一八〇〇年左右（嘉慶年間），章甫遊高雄鼓山（今高雄山）所作之〈遊湧泉寺〉詩，又寫道：「岃崱峰高寺湧泉，松陰翠粒破晴煙」，作者更註解：「寺……天風海濤，松陰夾道」，再度證明當時高雄地區有松樹分布。其實，不只是南部地區，中部的雲林也有松樹生長，如陳肇興的詩即有「萬樹松楠相映綠，午風吹出翠微邊」的記述。

■據信十八世紀的台灣南部已有馬尾松分布

日本時代

日本治理台灣雖只有短短的五十年（一八九五～一九四五年），卻是台灣史上引進植物種類最多的時代。本期引種的植物類別包羅萬象，各種用途兼而有之。引種的國家或地區遍及全世界熱帶、亞熱帶，還包含溫帶的歐洲地區。對台灣的經濟發展、自然生態及景致風物產生鉅大的影響，可說幾乎改變了台灣的經濟型態和人民的生活方式。

以造林而言，日人引進的柳杉，取代了原來的檜木林帶生態系，改變了一千至兩千公尺山區的景觀；而南洋杉、木麻黃則成了台灣低海拔地區多風地帶及海岸林的主要組成樹種。白千層和大葉桉是台灣校園、園景樹及行道樹的常見樹種。

觀賞植物方面，此時引進的鳳凰木、聖誕紅、軟枝黃蟬等，都是目前台灣各地人造景觀的主要花卉植物；而且全台幾乎無處不有，尤以校園、公園最多。棕櫚科的觀賞椰類大概都是在這個時期引進，其中最具代表性的，成為當時政府機關或學校標誌的，有大王椰子和亞歷山大椰子；兩者均屬形體高大挺直的喬木

狀植物，留存至今者都具有歷史意義。

此外，有些植物引進台灣之後，因適應性強、繁殖力高、競爭力超過本地植物，於是族群無限擴張，逐漸取代生態地位相同的本土原生植物，成為入侵種（invasive species）。本期引進的植物中，高海拔地區有來自歐洲的毛地黃；中低海拔地區有產自中、南美洲的百香果、紫花藿香薊；海岸地區有引自北美的天人菊、熱帶美洲的瓊麻等。而入侵淡水水域最嚴重的布袋蓮，也是此時自巴西引進。這些植物很大程度破壞了台灣原有的生態系，改變了生態系的組成。

◆日本時代◆

柳杉

一籐跨兩岸，時見孤猿過。夕照通西岑，獨倚杉崖坐。

……洪棄生〈山中秋日〉

■柳杉的鑿形葉在小枝條上呈螺旋狀排列，宛如毛刷。（本草圖譜）

◆植物小檔案◆

學名：*Cryptomeria japonica* (L. *f.*) D. Don

科別：杉科

形態特徵：常綠喬木，高可達四十公尺。葉鑿形，螺旋狀排列，長〇・五至一・五公分。花雌雄同株，雄毬花長圓形，著生於小枝上部葉腋；雌毬花近球形，單生枝頂，苞鱗與珠鱗合生，僅先端分離。毬果近球形，徑一・五至二・五公分，果鱗木質，具三至七裂齒，二至五粒種子。種子呈不規則扁橢圓形，邊緣具狹翅。

柳杉只分布於日本和中國。在日本，柳杉是主要造林樹種，供作建築、橋樑、造船等高級建材使用。中國的天然分布區域在長江流域以南各省，最南可到兩廣、雲南、貴州等省之海拔一千～二千四百公尺山區，具抗風耐寒的特性。浙江天目山，江西廬山都留存有數百年生的柳杉古木。

日本治台以後，建立阿里山、太平山、大雪山等林場，大量砍伐中、高海拔地區森林，並修建森林鐵路以運輸砍下的木材。主要伐木對象是分布於海拔一千五百～二千五百公尺雲霧帶的紅檜及台灣扁柏。然後，在原來的伐木跡地栽植從日本本土引進的柳杉。

■台灣的中、高海拔造林地，大部分栽種從日本引進的柳杉。

由於柳杉前二十年生長迅速，被視為針葉樹中的速生樹種，加上其在原產地的生育條件和台灣的檜木相同：二者都喜空氣濕度大，經年雲霧瀰漫的山區冷涼氣候。因此，當時計畫以柳杉來取代紅檜、扁柏，成為台灣中、高海拔森林的主體。而這個目標也已確實達成，台灣全島一千五百～二千五百公尺地區，幾乎無處不見柳杉。

■著生雄花毬的柳杉枝條

台灣光復後，一直到一九七〇年代以前，林務局賡續日人的伐木和造林政策——砍伐高經濟價值的紅檜、台灣扁柏，跡地造以柳杉林，並訂定柳杉的輪伐期為二十～四十年。

不過，到目前為止，柳杉造林木的齡級多已超過原輪伐期，有些甚至達八十年以上。而且這些造林木幾乎已成廢品，因為大多數林木都遭受根腐病及其他微生物侵害，受到感染的心材呈現不規則的黑褐色；即使砍伐下來也毫無商品價值，成為台灣林業的雞肋——砍之無用，棄之可惜。

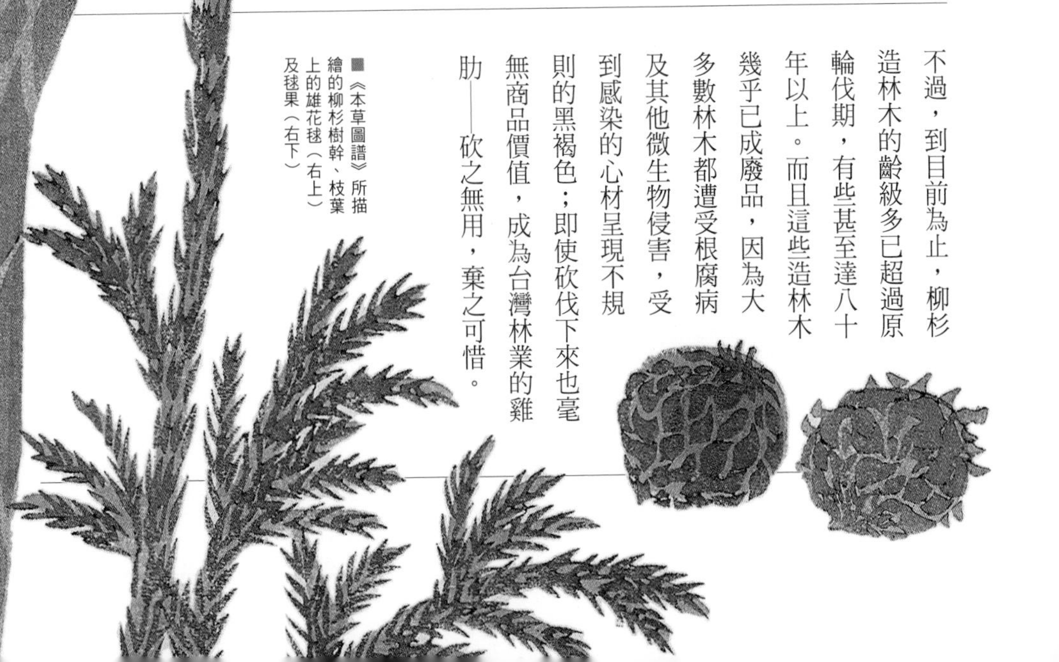

■《本草圖譜》所描繪的柳杉樹幹、枝葉上的雄花毬（右上）及毬果（右下）

南洋杉

◆日本時代◆

■台灣海岸地區，多植肯氏南洋杉。

南洋杉原產澳洲及大洋洲諾合克島，一九〇九年首先由日本博物學家田代安定引入，並迅速推廣，成為台灣重要的庭園樹及行道樹，各地山麓及低海拔山區均有栽植。美濃熱帶樹木園內那三株矗立的南洋杉，一般認為是第一批引進台灣的植株，其胸徑皆已達數人合抱，甚是雄偉壯觀。

南洋杉樹形優美，被譽為世界十大最佳觀賞樹種之一，有世界公園樹之稱。但由於性不耐寒，

■南洋杉枝葉較柔軟

僅能栽種在氣候溫暖的地區，全球熱帶及亞熱帶地區均不難見到其翠綠挺立的美姿。此外，根據

◆植物小檔案◆

學名：*Araucaria heterophylla* (Salisb.) Franco

科別：南洋杉科

形態特徵：常綠大喬木，原產地樹高可達五十公尺以上，樹幹通直，枝條輪生；樹冠成塔形。葉螺旋狀排列，鑿形，具三至四稜，但柔軟。苞鱗和珠鱗大部分合生，僅先端分離。毬果近球形，徑八至十二公分。種子與果鱗合生。

各地植物學家的觀察研究，發現地球上現存的七百多種裸子植物中，以南洋杉和另一親緣種肯氏南洋杉（*A. cunninghamii* Sit. *et* Sweet.）最耐風、耐鹽霧。因此，格外能適應台灣多風的氣候，尤其是每年的颱風季節，颶風的強大威力和海岸地區伴隨強風而來的鹽霧，使得多數外來樹種都難以生存，而唯獨南洋杉類生長良好。這是因為南洋杉上端枝幹柔韌，可拒強風侵襲而不致風折，且枝葉表皮組織有較完善的防鹽構造之故。

■南洋杉的著果枝

同一時期引進的南洋杉類，除了前述提到的肯氏南洋杉外，尚有智利南洋杉（*A. araucana* (Molina) Koch）、巴西南洋杉（*A. angustifolia* (Bert.) Kuntze）等。其中以肯氏南洋杉栽植最多，特別是濱海地區及各地衝風處，幾乎多栽種肯氏南洋杉。南洋杉和肯氏南洋杉這兩種少數可在熱帶地區生長良好的裸子植物，已成為全世界熱帶的指標植物了。

■南洋杉樹形優美，被譽為世界十大觀賞樹種之一。

鳳凰木

◆日本時代◆

蓬萊五月此花燃，屋角墻頭道路邊。
漫說石榴紅似火，鳳凰氣燄欲焚天。

——葉榮鐘〈車窓見鳳凰木盛開〉

■在台灣中南部，鳳凰木曾是重要的行道樹。

蓬萊指寶島台灣。鳳凰木於每年春末夏初盛開，時值農曆五月。鳳凰花開時滿樹鮮紅，比起石榴花紅更勝一籌。葉榮鐘這首詩寫於一九六〇年，當時鳳凰木已遍植在全台各地，主要供人觀花，不僅公園、路邊可見，各級學校的校園內也多種有鳳凰木，每年花開時節，也就代表驪歌初唱、離情依依的畢業季又來臨。

鳳凰木原產非洲東部的馬達加斯加島，十八至十九世紀西方殖民時期被移至世界各地。日人治台第三年（一八九七年）即引入台灣，初期只在南部栽植，後來才擴展至其他地區。台南市也是最早種植鳳凰木的地區之一，而且數量極多，當時市區內各個路街巷道均有栽植，使台南市成為名聞遐邇的「鳳凰城」。

鳳凰木是接續在

■鳳凰木花枝的特寫

◆植物小檔案◆

學名：*Delonix regia* (Bojer *ex* Hook.) Raf.

科別：蘇木科

形態特徵：落葉喬木，樹冠傘形至扇形。二回羽狀複葉互生，羽片十至二十對，小葉二十至四十對，線形，長〇．五至〇．八公分。頂生或腋生之繖房狀總狀花序；花橙黃至鮮紅色，花瓣五枚，有長柄，最上一瓣有白色斑紋。莢果闊線狀，扁平，木質，長可達五十公分，寬四至五公分。種子長二公分。

鳳凰木花開時滿樹鮮紅，極為美豔。

春季各種奼紫嫣紅之後，而於夏日盛開的重要觀賞花木，受到文人雅士的喜愛。葉榮鐘另一首〈鳳凰木〉詩：「花團錦簇飾春殘，霞蔚雲蒸現大觀」即為例證。如果在群山之萬綠叢中，忽然出現一樹的火紅，想必更能震撼詩人的心靈，試看王少濤的〈劍樓題壁呈說劍弟〉詩：「鳳凰花赤碧山幽，葉度薰風入劍樓。誰道布衣名沒世，一詩思欲抵千秋。」當不難懷想那樣的景致與心境。

近年來，由於鳳凰木蟲害嚴重，每年夏秋之際，樹冠幾乎全為四處蠕動的蛾類幼蟲所盤據，導致居家庭院及校園內的植株多遭砍除。目前遺存的鳳凰木可謂鳳毛麟角了，只有少數地區如高雄市的壽山地區，及中南部的鄉間小道，現仍保有早期栽種的成群成排老樹。

鳳凰木的莢果木質，長度可達五十公分。

木麻黃

日本時代

鋪裝成大道，密種木麻黃。
海市蒼茫裡，蟬聲動晚涼。

——王少濤〈自嘉義赴布袋村〉

木麻黃原產於澳洲，一八九六～九七年日人森尾茂助由日本小笠原群島引入台灣。初期栽作行道路樹，後因其耐風、耐鹽、耐貧瘠之特性，恰可在砂地生根茁壯，而大量作為海岸防風林造林。目前全台各地海岸，幾乎都以木麻黃人工林為主要植被。

木麻黃的外觀像松樹，也經常遭人誤認為松樹。日本時代，吳德功於明治年間完成的《觀光日記》記載著：「由苑裡過房里溪，溪中開田，松竹交加」，其中「松竹」之松，應為木麻黃。苗竹地區多風，農民於田地周圍栽種防風林保護作物，所用之植物，除了觀音竹、火廣竹等竹類外，木麻黃也很常見。台灣的江浙料理有一道「松針蒸餃」，有些飯館分不清松和木麻黃，於是蒸籠底部所鋪的那層「松針」，往往就變成木麻黃了。

◆植物小檔案◆

學名：*Casuarina equisetifolia* L.

科別：木麻黃科

形態特徵：常綠喬木，綠色細長條狀部分為其小枝。葉退化成褐色的鱗片，稱為鞘齒，環小枝條著生，鞘齒每環六至八枚。雄花序頂生，穗狀，每花具雄蕊一枚；雌花序頭狀，雌花具一苞片及二小苞片。果集生成毬果狀，果苞十二至十四列；果成熟時開裂，露出具翅的瘦果，內有一種子。

■台灣各地海岸，多栽植木麻黃為防風林。

■木麻黃的雄花枝

■木麻黃的結果枝

木麻黃的葉退化成鱗片，故植株可忍受乾旱的環境；根部有根瘤菌（*Frankia*）共生，可固定空氣中的氮，將其轉為植物可吸收利用的氨基（NH_2）或胺基化合物（NH_4^+），因此能生長在幾無氮肥的砂地中。這樣的特殊稟賦，無怪乎被廣泛引種至世界各地，作為海岸或耕地防風林，在許多地區，如夏威夷群島、蘭嶼等熱帶島嶼，木麻黃甚且有取代當地原生植物而成為優勢種的趨勢。

日本時代引進的木麻黃種類眾多，目前栽植面積最廣，使用最多的仍是本種。其他同期引進尚有造林者，僅存肯氏木麻黃（*C. cunninghamiana* Miq.）、銀木麻黃（*C. glauca* Sieb. *ex* Miq.）及山木麻黃（*C. junghuhniana* Miq.）等寥寥數種。此外，另有一種屬灌木的千頭木麻黃（*C. nana* Sieb. *ex* Spreng.），是晚近一九六七年間才引入的觀賞樹種，分枝繁密，小枝纖細。

■日本時代明信片上的木麻黃行道樹

百香果

【西番蓮、時計果】

花初開如黃白蓮，久之其蕊復變為鞠。瓣為蓮而蕊為鞠，以蓮始而以鞠終，故又名西洋鞠。

——《植物名實圖考》

◆植物小檔案◆

學名：*Passiflora edulis* Sims.

科別：西番蓮科

形態特徵：常綠攀緣藤本，具卷鬚。葉互生，掌狀三裂，卵形至橢圓形，徑約二十公分，鋸齒緣，葉柄長六至十公分，近葉基部有一對腺體。花腋生；花瓣五枚，白色；萼片反捲如瓣狀；副花冠絲狀，白色，基部紫色；雄蕊五枚；柱頭三個。漿果橢圓至球形，長約六公分。種子具膠汁狀假種皮。

■百香果原是引進作為水果栽植

百香果又名西番蓮，是熱帶地區重要的水果之一。花盛開時，可見五枚白色花瓣，所以才會「花初開如黃白蓮」。花瓣內側還有一圈紫、白兩色構成的絲狀副花冠，類似菊瓣，即所謂的「其蕊復變為鞠」，「鞠」即菊。花瓣、副花冠排列如鐘面，三個指狀柱頭有如時針、分針及秒針，所以也稱為時計果。

本種原產巴西，是一種攀緣在樹冠上的熱帶蔓藤植物，具有美觀的花朵，及酸甜適中的假種皮（包被種子的橘黃色部分），很早就被引種到世界各地。台灣的

■紫色果的百香果是日人最初引進的品種

百香果則是在一九〇一年由田代安定引入，最初在南部及恆春半島試種；近年來農民陸續自國外引進豐產之優良種，進行果樹栽培。由於適應良好，加上鳥類及松鼠等囓齒動物喜以其種子為食，助其傳播族群，百香果早已蔓延至全台各地，從低海拔地區到兩千公尺左右的山區都有分布，常攀爬在其他果樹及造林木的樹冠上，形成另一種蔓藤雜草，因此被視為林地的有害植物。

■百香果花冠呈白色，覆以紫色絲狀副花冠，極具觀賞效果。

根據果皮顏色，百香果可區分為兩大類：紫色種和黃色種。前者即是日人最初引進的品種，成熟果皮呈紫色，果酸甜適中，適合生食，多已逸出呈野生狀態。後者於一九六四年引進，成熟果皮呈黃色，果味較酸，適合製成果汁。另外，農試所鳳山分所於一九七五年利用黃色種和紫色種交配所培育出的雜交種，成熟果實呈深紅至紫色，滋味酸中帶甜，生食、榨汁皆相宜。

■百香果常攀爬在其他果樹及造林木的樹冠上

日本時代

聖誕紅

【猩猩木、一品紅】

處處猩猩花欲燃，煙霞烘出豔陽天。
人間能得幾紅淚，留取家山染杜鵑。

——梁啟超〈猩猩木〉

梁啟超曾於一九一一年來台，短短十餘天內，成詩八十九首，描寫在台所見所聞，本詩即其中一首。猩猩木今稱聖誕紅，秋冬之際，枝頂長出成簇的紅色葉狀苞（又稱瓣狀葉），外觀如花瓣，極為豔麗醒目。而真正的花反倒不怎麼明顯，長在葉狀苞中央（頂端），由壺狀總苞所包被。

原產地在中美洲及墨西哥，首先於一八九八年由園藝學家福羽逸人引進台灣，一九〇一年田代安定再度引入，其後陸續有人引進。由於十二月聖誕節前後，正是紅色瓣狀葉最為蓬勃之時，即「百花零落霜風裡，卻見嬌人聖誕紅」，因而得名聖誕紅，也成為該季節的應景花卉。常栽植在花盆中，當作禮物贈送親友，如梁啟超另一首詩〈台灣竹枝詞〉所言：「郎行贈妾猩猩木，妾贈郎行蝴蝶蘭」

■每年十二月聖誕節前後，是聖誕紅最豔麗的時期。

◆植物小檔案◆

學名：*Euphorbia pulcherrima* Willd. ex Klotz

科別：大戟科

形態特徵：常綠灌木，富乳汁。葉互生，卵形至橢圓形至披針形，長八至十五公分，緣有波狀齒牙或淺裂，枝端聚生紅色葉狀苞。花序似一單生之花，由一壺狀總苞包被，總苞外有一肉質蜜腺，雄花五至十五朵，雌花一朵，特稱為大戟花序；子房三室，花柱三個。

■枝端紅色部分是葉狀苞，真正的花極小（黃色部分）。

，與古代男女相別時互贈芍藥，一樣情意動人。

聖誕紅在台灣各地均適應良好，不單可作盆花欣賞，後來並栽植在景色秀麗之風景區或公園作為園景樹。葉榮鐘的〈關嶺路上猩猩紅〉之詩，就記錄下一九五〇年代台灣風景區廣植聖誕紅的勝景：「沿途樹本盡蒙塵，獨見猩猩豔色新。綠葉紅花斜照裡，平添秋色悅遊人。」

栽培品種甚多：如葉狀苞白色的白苞聖誕紅（cv. Albida），葉狀苞粉紅色的粉苞聖誕紅（cv. Rosea）等。一九七七年，由花藝界組成的園藝考察團，從菲律賓引進葉狀苞片數更多且簇擁成團的重苞聖誕紅（cv. Plenissima），使台灣聖誕紅的品種更多，栽植聖誕紅的風氣更形普遍。在花事較為冷清寂寥的秋冬兩季中，聖誕紅成為妝點台灣的代表性色彩。

■「百花零落霜風裡，卻見嬌人聖誕紅」，在冬季冷冽寒風中，聖誕紅成為最突出的植物之一。

大葉桉

◆日本時代◆

桉樹類植物全世界有六百多種，英名全叫Eucalypts。從前的中文名稱依英名音譯為油加利，或有加利。大多數桉樹的原產地在澳洲，只有少數幾種分布至巴布亞新幾內亞南部。大葉桉是最早引進台灣的桉樹類之一，原產地亦在澳洲。一八九六～九八年由當時日本著名的育林學者本多靜六移入；一九三八年植物學家佐佐木舜一再度引入。全台各地都可見大葉桉的造林木。

■大葉桉是最早引進台灣的桉樹類，多植為行道樹。

桉樹類多數具有樹幹高大通直，木質堅硬耐久的特點，是極佳的建築家具用材，如檸檬桉（*E. citriodora* Hook.）、細葉桉（*E. umbellata* (Garertn.) Dum.-Cours）等，世界各熱帶、亞熱帶地區均有種植。有些種類木材纖維細長，並兼具上述的用材特性，如赤桉（*E. camadulensis* Dehn.）、粗皮桉（*E. deglupta* Blume）等；近年來在巴西、非洲剛果盆地、印尼蘇門答臘等地大面積造

◆植物小檔案◆

學名：*Eucalyptus robusta* Smith

科別：桃金孃科

形態特徵：常綠喬木，高可達三十公尺，樹皮軟而厚，縱裂。葉互生，卵狀披針形，革質，長十至十八公分，寬四至七公分，基部圓至鈍，先端尾狀漸尖。花序繖形，花五至十朵；萼片與花瓣連合成花蓋，開花時橫裂斷落；雄蕊多數；子房下位。蒴果碗狀，徑〇．八至一公分，頂部瓣裂。種子多數，細小。

■台灣各地所見之大葉桉，多呈因屢遭風折而枝椏分歧的掃把狀樹冠。

林，供應紙漿用材。桉樹已成為世界人工造林的主要樹種。

大葉桉原產地氣候乾燥，經常發生天然火災，因此演化成具厚而軟質的樹皮，能隔絕火焰的熾熱，以保護樹體組織，使植物得以生存。當初引進台灣大概亦導因於本樹適應性佳，容易

■大葉桉枝葉

■大葉桉樹皮厚而柔軟

造林，或是與其他桉樹類一同供人研究其生長表現，以作為後來造林樹種選擇的依據。可惜的是，大葉桉雖在台灣生長良好，但與其他桉樹類相較，其木理粗糙，不適合製材，且木質脆弱，易遭風折，所以各地所見者，常為受颱風侵襲風折而缺乏主幹的大葉桉老樹。

白千層

【千層皮】

白千層雖是植物，卻具有如昆蟲蛻皮般的本事。其灰白色樹皮，由厚軟如海綿的木栓層構成，而且隨著樹幹加粗，會成薄片狀剝落，因此得名，有時也稱千層皮。此一獨特的樹皮形態，其實是為了適應原產地火災頻頻的生態特性。原生地主要是澳洲北部及東北部之熱帶海岸與半乾燥之山麓地區，印尼和馬來西亞亦有分布。一八九六~九八年引進台灣，一九一〇年藤根吉春再度由新加坡引入。

白千層適應性強，不但耐旱而且耐水濕，披披掛掛的灰白色樹皮，加上纖細的枝葉，是極具特色的景觀樹種。葉細長，形態類似相思樹，但色較灰暗無光澤，且相思樹樹幹皮薄堅硬，兩者仍易區分。白千層於世界氣候溫暖的地區均有引種，作為行道樹及庭園樹。台灣較古老的學校、公園及公共建築物，若是在日本時代就已建立者，大都栽有白千層，如台灣大學、台灣師

■白千層是常見的行道樹

◆植物小檔案◆

學名：*Melaleuca leucadendron L.*

科別：桃金孃科

形態特徵：常綠喬木，樹皮被覆厚而質軟之木栓層，成層剝落。葉互生，橢圓狀披針形，長四至七公分，寬一至二公分，五出脈，全緣。花著生於新枝上，成頂生穗狀花序；花瓣白色；雄蕊多數，亦白色，子房下位。蒴果短圓柱形。果實掉落後，軸頂端仍可萌生新枝。

■白千層花序宛如瓶刷，花盛開時亦極醒目美觀。

■白千層的花枝

範大學等；直到今日，台中公園、屏東公園、台北植物園內仍保有許多白千層老樹，見證著台灣近百年的歷史事件和人文變遷。

由於具備抗風耐鹽之特性，白千層近年來成為海岸地帶、工業區的綠化樹種。或栽植在木麻黃林內側，成為海岸防風林的主要組成樹種之一。多年生的白千層木材呈淡紅褐色，紋理直，結構細緻，易於加工，可製作各式家具。因此，白千層不僅可供觀賞，也是極具潛力的造林樹種。樹皮的海綿木栓層，剝取後可拿來填補舟船裂隙，是各地漁民極重視的產品；或用以製作墊子，質地柔軟且有隔熱效果。

■樹皮厚軟如海綿，常成薄片狀剝落，故有白千層之名。

軟枝黃蟬

◆日本時代◆

◆植物小檔案◆

學名：*Allamanda cathartica* L.

科別：夾竹桃科

形態特徵：常綠蔓狀灌木，具乳汁，高可達一．五公尺。葉三至五枚輪生，披針形至倒卵形，先端漸尖，長八至十二公分。花大而豔，金黃色，合瓣花，五裂片，徑六至十二公分；雄蕊花絲極短，插生於花冠筒上。蒴果外密被長刺，球形，二瓣裂。種子有翅。

■軟枝黃蟬花大而豔，花期也長。

黃蟬類植物為世界熱帶地區主要的觀花植物，各大洲均有栽培。其中，軟枝黃蟬原產於高溫多濕的南美巴西，日人藤根吉春於一九一〇年由新加坡引入台灣栽植，適應良好，目前已成為台灣各地一種主要的觀賞花卉，在花園、公園、學校及風景區，皆可一睹其燦爛的花顏。

軟枝黃蟬花大而豔，呈金黃色。花期長（春末至冬初），開花不易凋萎。花盛開時，滿樹的耀眼黃花成為人們的視覺焦點。大多數植物的花色為紅、紫紅、橘紅、粉紅，也有白色花種，而黃色花的植物種類較少。但開黃花

■小花黃蟬之果

的植物是形塑一座繽紛花園不可缺少的一員。因此，在台灣及其他熱帶地區的公園、花園，幾乎都會種植軟枝黃蟬，其重要性可見一斑。

常見的黃蟬類植物，除了軟枝黃蟬外，還有同樣原產於巴西的小花黃蟬（*A. nerifolia* Hook.）。最早由田代安定於一九〇一年引進，比軟枝黃蟬還早了九年。藤根吉春引進軟枝黃蟬的同時，又再度引進小花黃蟬。和軟枝黃蟬相比，小花黃蟬的花、葉都較小，但有時並不易光憑花、葉的大小來區分。最可靠的鑑別特徵為小花黃蟬的花冠筒基部膨大，而軟枝黃蟬則不膨大。兩者都是各地花園中的要角，無論花色、適應性或栽培方法均無差別。

■軟枝黃蟬的蒴果外密被長刺

■小花黃蟬的花冠筒基部膨大

■黃蟬類植物已成為台灣極為普遍的觀賞花卉

天人菊

◆日本時代◆

天人菊搖曳生姿的花容被驚為天人，因此得名；是台灣濱海砂地常見的植物，尤其以北部濱海地區和澎湖列島分布最多。多數人（包括部分植物學家）都誤認天人菊為原產台灣的海岸植物。其實，本植物的原產地在遙遠的北美洲，一九一一年由日人引進台灣。經人工栽培後，逸出野地繁衍。由於植物喜陽光，耐乾旱與炎熱，極適合在海岸砂灘的生育地生存。目前已和馬鞍藤、濱刀豆等海濱原生的優勢植物分庭抗禮了。

天人菊花色豔麗，花期長，每年夏秋之際（七到十月）開花。如果不論其侵略性，倒是良好的觀賞植物。在同一族群中，花色從整個頭狀花呈單一的深黃色，到中心具大小不一的橙紅至深紅色斑塊，到全呈紅色的單株，均兼而有之。可見天人菊花色

■台灣海濱砂地常見的天人菊，卻是原產北美的引進種。

◆植物小檔案◆

學名：*Gaillardia pulchella* Foug.

科別：菊科

形態特徵：一年生草本，全株被毛；莖基部多分枝，高可達五十公分。葉基生，長橢圓形至匙形，兩面被剛毛及腺體；無柄或柄極短。頭狀花序，花序徑三至五公分，總苞之苞片二至三層；舌狀花深黃色，或尖端黃色基部深紅色，或全為深紅色。瘦果五稜，被長柔毛。

的變化，屬於一種連續性變異（clinal variation）。日後可以選擇純色的單株，雜交後觀察其後代的表現，來決定顏色的顯隱性。然後，據以選育不同顏色組合的新天人菊單株，培育不穩性（不結實）或侵略性較小的品種，供未來美化環境使用，洗刷天人菊入侵植物的污名。

■花色以深紅為主的天人菊

■花色以黃色為多的天人菊

■天人菊花色豔麗，在澎湖及台灣北部濱海地區已成為優勢種。

◆日本時代◆

毛地黃

產自中國內地的玄參科多年生草本植物「地黃」（*Rehmannia glutinosa* Libosch.），長久以來一直是一種重要的常用中藥材。依照炮製方法的差異，可分為：新鮮不做任何處理的生地黃，經烘焙晒乾的乾地黃，以及用酒、甘草及其他藥材蒸製而成的熟地黃，各具不同的藥效。

■原產中國的常用藥用植物──地黃（本草圖譜）

與地黃同屬一科、葉片形態近似但全株被毛的「毛地黃」，原產於西歐，也是該地區的重要藥材，葉入藥當強心劑使用的歷史十分久遠。一九一一年始由日人引進台灣種植，起初大概是著眼於其作為

■開白花的毛地黃較為少見

◆植物小檔案◆

學名：*Digitalis purpurea* L.

科別：玄參科

形態特徵：多年生草本，直立，高可達八十公分，全株被短柔毛和腺毛。葉長卵形至卵狀披針形，長十至十五公分，表面皺縮，葉背網脈明顯；葉緣具鈍齒；有柄。總狀花序頂生，長可達五十公分；花為倒垂合瓣花，筒狀鐘形，花冠紫紅色，稀白色，內有深色斑點。蒴果卵形。種子數量多、細小

■開花結實量大的毛地黃，在台灣高海拔地區迅速蔓延。

藥材的未來經濟潛力。原產地歐洲屬溫帶地區，台灣只有高海拔的山區具備類似的生態條件。因此引進後，在當時的三大林場伐木跡地，特別是大雪山林場、阿里山林場等中南部兩千公尺山區試種。結果不但栽植成功，後來還變成高海拔地區生態災難的「禍首」之一，這恐怕是引種者始料未及的。

多數毛地黃花呈紫紅色，花形優美，盛開時極為豔麗，也直接促成了本植物被大量引至其他地區栽種。毛地黃耐寒、耐旱，引進當時並未同步引進天敵，在台灣中、高海拔地區可謂生長、繁殖無礙。且其種子產量驚人，每一單株每年可孕育數十萬種子，細小的種子可隨風傳布。目前，毛地黃已是全台中、高海拔地區林下及開闊地最優勢的植物群落，其族群的擴張力卻仍顯方興未艾，占據許多台灣原生植物的生育地，排擠其他植物的生存空間，成為中、高海拔地區最具威脅性的入侵物種。

■毛地黃原產歐洲，一九一一年由日人引進台灣栽植。

布袋蓮

◆日本時代◆

【鳳眼蓮】

葉柄膨大如袋，浮生在水面上，又具一串串別致而醒目的紫藍色花朵，有如開著紫藍色花的睡蓮，因此有布袋蓮之稱。其原產地在南美洲巴西，是全世界熱帶地區淡水水域均有分布的植物，台灣亦然。流速緩慢的河川、靜止的水塘幾乎都有大面積的布袋蓮植群覆蓋，成為水生植物中最優勢的種類之一。最初一八九八年首次引進台灣時，是作為水生觀賞植物栽培之用。

■短時間內，布袋蓮即可覆滿所占的水域。

花期七至十月，花姿甚為豔麗，帶有光澤的深綠色葉片浮在水面上隨波漂動，造形特殊，形態討喜，是常見的水生觀賞植物。又因為全草可為家畜、家禽飼料，而常大量栽植在農村中人們所能到達的水域內。此外，根據研究，布袋蓮可用來監測環境汙染程度，並能淨化水中汞、鎘、鉛等汙染物質，所以在工業廢水集中之水口或水池中，也會見到人為栽種的布袋蓮。由於植物本身

◆植物小檔案◆

學名：*Eichhornia crassipes* (Mart.) Sloms.

科別：雨久花科

形態特徵：浮水草本，鬚根發達，莖極短。葉基部叢生，蓮座狀排列；葉片圓形至寬卵形，長五至十二公分，全緣，表面深綠色有光澤；葉柄膨大成囊狀或紡錘形，內部有空氣。花序穗狀，從葉柄基部之鞘狀苞片中伸出；花被六裂，花瓣狀，紫藍色；雄蕊六枚，三長三短。蒴果卵形。

具有多樣用途與功能，布袋蓮在廣大地區被引種及有意的栽培。

布袋蓮的長匍匐莖生長速度極快，與母株分離之後立刻長成新的植株；這種無性繁殖的機制正是布袋蓮迅速擴展其族群的利器。只要水中存有少數單株，短時間內即可覆滿整個水域。除在原生地外，在台灣以至於世界其他地區，布袋蓮都是以此一方式侵占水體，有時甚至阻塞河川出口，造成洪水災害。布袋蓮已成為近年來世界公認對水域生態影響最大的入侵植物。

■布袋蓮葉柄海綿質，裡面充滿氣室，使植株浮在水面上。

■布袋蓮生長速度快，常侵占水體，阻塞河川出口。

■布袋蓮花色豔麗，原是作為觀賞植物引進。

瓊麻

葉部富含纖維的瓊麻，與苧麻、黃麻、大麻、亞麻等，都曾經是纖維工業主要的植物原料。瓊麻原產熱帶美洲，其堅韌的纖維主要用來製作繩索，全世界熱帶地區皆曾有栽植。一九〇一年引入台灣，首先種植於恆春半島（一說最早是種在台北農事試驗場）。當時，恆春熱帶植物園的前身大面積試植瓊麻的盛景，尚可從昔日留下的老照片一窺全貌。恆春地區並設有專門工廠，處理瓊麻從採纖到製繩等一連串加工的流程。

瓊麻耐旱耐熱，冷涼或潮濕的氣候反而不適。引進後曾於各地試種，但僅在恆春半島和其他少數具有珊瑚礁岩地形者，生長狀況才特別良好。其後人造纖維尼龍繩的興起，取代了原來的天然

■瓊麻花莖高可達八公尺，其中有些果實已發育成幼苗，是植物的「胎生」現象。

◆植物小檔案◆

學名：*Agave sisalana* (Engelm.) Perrier *ex* Engelm.

科別：龍舌蘭科

形態特徵：多肉植物，莖極短。葉為半叢生，帶狀，長一至一．八公尺，寬八至十四公分，頂端具黑刺，邊緣近無刺，僅基部有疏刺。花莖由莖頂抽出，高可達八公尺，形成大型圓錐花序；花兩性，花被六片；雄蕊六枚；子房三室，胚珠多數。蒴果三瓣裂，掉落前在花莖上發芽成幼苗。

麻繩，瓊麻工業因此受到嚴重打擊，以致完全沒落。如今只能在恆春鎮偏僻的一隅憑弔早已廢棄的工廠，而由偌大荒蕪的廠房，不難想見瓊麻工業極盛時期的宏偉規模。

瓊麻莖極短，葉初期叢生於基底，開花期花莖抽長出來，植物體才有高度，屬於半叢生植物。特別的是，花結果後並不落地，而是直接在高瘦的花莖頂端發芽，等到長成具體而微的幼苗，才隨強風的吹襲掉落地面，達到其傳布後代的使命。當瓊麻工業風光不再，棄置原地的瓊麻仍舊生生不息，進行天然更新。除恆春半島外，台東海岸的三仙台和小野柳、石梯坪等地，也有殘存下來的瓊麻蹤跡，這些地點都具有隆起的珊瑚礁地形。

■葉部纖維堅韌，先端具黑銳刺。

■瓊麻曾經在台灣大量栽植，是纖維工業的原料之一。

亞歷山大椰子

◆日本時代◆

■亞歷山大椰子葉鞘圓筒狀，酷似檳榔。

日本地處溫帶，鮮有機會見到熱帶植物。中日甲午戰爭後，清廷將台灣割讓給日本，這是日本歷史上第一次擁有熱帶土地。於是，日人竭盡所能地從世界各地引進椰子類，在台灣的植物園試種，並推廣栽植到全島各個角落。

亞歷山大椰子是眾多椰子樹中的一種，原產澳洲昆士蘭，一九○一年由田代安定引入，植物學家佐佐木舜一於一九三八年再度由南洋引入。許多景點名勝都可見到成叢成排的亞歷山大椰子迎風招展，表現其強韌的生命力。其中最引人注目、也最為人知悉的，也許就數總統府前和大王椰子（見二七四頁）並列的那些植株；這些椰子樹靜靜地見證了台灣百年來的歷史變遷。

■亞歷山大椰子的花序

◆植物小檔案◆

學名：*Archontophoenix alexandrae* (F. Muell.) Wendl. *et* Drude

科別：棕櫚科

形態特徵：樹幹通直，高而細，樹高可達三十公尺，莖具明顯環紋。葉羽狀全裂，長二至三公尺，裂片長四十至五十公分，寬一・五至二・五公分，表面綠色，背面灰白綠色；葉鞘圓筒狀。佛燄花序，雌雄同株異花，三個一組，中間為雌花；花帶白色；雄花先開，花絲短。果橢圓形，長二至二・五公分。

任何引進台灣的植物，都和原來就生長在台灣的植物一樣，必須要通過颱風侵襲的考驗、汰選，才能生存得下來。植株高聳筆直的亞歷山大椰子，屬於樹大招風的植物類型，但經過一百多年的颱風洗禮，仍舊生機旺盛，屹立不搖。其細瘦的莖幹呈底下稍寬，往頂端漸次變細的尖梢樹形，能順著風勢搖擺彎曲，所以才堪受強風吹襲而不致折斷夭亡。這大概是亞歷山大椰子不但可在台灣落腳且適應良好的原因。

■莖具明顯環紋，是亞歷山大椰子重要的特徵之一。

■亞歷山大椰子的樹幹高聳細直，卻能適應颱風的氣候。

大王椰子

◆日本時代◆

日人來到台灣後，大量引進世界各地的熱帶植物，其中最典型的就是棕櫚類。而大王椰子即為當中的一種，其原產地是極具熱帶風情的西印度群島，如古巴、牙買加等地。

一八九八年首先由福羽逸人引入台灣，一八九九～一九〇二年今井兼次又陸續從夏威夷引進。由於植株壯碩高大，樹姿比起亞歷山大椰子（見二七二頁）更形雄偉，亦更具熱帶風采；大王椰子在台灣的栽植數量較多，分布地點也較為廣泛。

凡是古老的公共建築、歷史悠久的公園，大都留下成排的本種植物以為見證。如總統府前的椰子樹，莖幹較纖細的是亞歷山大椰子，較粗壯的就是大王椰子。仁愛路安全島上兩行排列整齊的椰子樹，也是大王椰子。日本時代設立的台北帝國大學（即今日台灣大學）的椰林大道上，臨風搖曳的羽葉，卓然挺立的樹影，

■台灣大學的椰林大道就是由大王椰子構成

◆植物小檔案◆

學名：*Roystonea regia* (H. B. K.) O. F. Cook

科別：棕櫚科

形態特徵：樹幹直立，高可達二十公尺，中央樹幹部分稍膨大，具密而不清晰之環紋。羽狀複葉，全長三至四公尺，裂片長四十至一百公分，寬三．五至四．五公分，先端二裂。花序生於葉下，具二佛燄苞；花乳白色；雄花萼片三枚，瓣三枚，雄蕊六至七枚；雌花具六枚退化雄蕊。果球形至橢圓形，長約一．五公分。

■大王椰子植株壯碩高大，是日本時代最典型的園景樹。

也是日人治台留下的遺跡之一。直到今天，只要驅車到中南部鄉間，遠望有成排高大的大王椰子，則該排樹後必定曾是日本時代的政府機構、各級學校或研究機關等的所在地。嘉義舊監獄圍牆外的一排大王椰子，標識著日人治台的另一種痕跡。

不同於亞歷山大椰子的尖梢樹形，大王椰子呈樹幹中段膨大，基部和頂端略微縮小的巨棍狀，莖幹遠比前者厚實粗碩。遇強風吹襲時，仍堅挺俊拔、矗立不動，不會隨風搖擺，因為也能忍受颱風的肆虐，而在台灣長期生存下來。

■大王椰子樹幹中段稍膨大，環紋較不清晰，可以和亞歷山大椰子區別。

◆日本時代◆

紫花藿香薊

溫帶地區的草木，花色豔麗者眾，且紅、紫、藍、橙、黃、白各色花朵兼而有之。熱帶地區雖則植物種類更多，五顏六色的花亦多采多姿，但唯獨藍色系的花朵稀有而罕見。在台灣低海拔地區也僅有鴨跖草科的水竹葉等花呈藍色，惟其花數少，且斷續開花，無法成為觀賞花卉。紫花藿香薊是產自墨西哥熱帶低海拔的菊科植物，開花時節，紫、藍色的花連綿不斷，花期長，花數又多。綻放最盛時，可謂花團錦簇，亮麗而美觀。日人於一九一一年引進台灣試植，原作為觀賞花卉栽培，不意隨即逸出野地，並逐步在全台各地建立族群。

紫花藿香薊性喜水分充足、土壤肥沃的開闊地，台灣海拔兩千公尺以下的林地邊緣、伐木跡地、廢耕地等，初期常為紫花藿香薊所占領。而且一旦適生，則經常形成單一族群呈片狀連綿分布。由於總苞內的瘦果量多質輕，

■紫花藿香薊喜生長在水分充足且土壤肥沃的生育地

◆植物小檔案◆

學名：*Ageratum houstonianum* Mill.

科別：菊科

形態特徵：一年生直立草本，高可達一公尺，全株被覆軟毛。葉對生，卵形至三角狀，長四至七公分，厚質，先端銳，基部心形，緣具齒牙。頭狀花序徑約〇．六公分，總苞鐘形至線狀披針形，外被黏狀腺毛；花冠藍色至紫色。瘦果粗短，長約〇．二公分。

■台灣海拔兩千公尺以下之開闊地，常為成片的紫花藿香薊所占領。

■花冠藍色至紫色的紫花藿香薊

極易藉由風力散播繁殖體至其他區域，所以族群拓展速度極快。目前台灣全島除寒冷的高山地區以外，皆可見到紫花藿香薊的蹤影，成為數量極多、族群龐大、無處不在的入侵植物。

另一種引自北美洲、花冠白色的同屬植物藿香薊（*A. conyzoides* L.），擴展的腳步不及紫花藿香薊，且所盤據的生育地多較貧瘠。各地族群的規模大小也不若紫花藿香薊，多僅呈點狀或塊狀分布。由於人為開發的土地面積日增，墾植撫育的頻度變高，在某些地區，如宜蘭之蘭陽平原及通往太平山的公路兩旁，不但兩種植物經常成塊狀混生，甚至有疑似雜交單株出現，顯示兩者極可能已經發生雜交。

■藿香薊開白色花，原產北美洲。

中華民國時代

一九四五年，日本戰敗投降，中華民國接收台灣。一九四九年，國府撤退來台，帶來六百萬大陸軍民，使台灣居民的族群結構和文化風俗產生很大的變化。這種變化也反映在植物的引進上：首先是政府機關、學校、公園大量栽種龍柏，這與日本時代在這些處所廣植大王椰子，有同樣的指標效果。同時，引進台人過去並不食用的香椿，使風味獨特的香椿炒蛋、香椿拌豆腐等菜餚流傳開來，改變了台灣人的飲食習慣。當時的眷村幾乎家家戶戶都栽有香椿，形成一種特殊的文化特區。

近年來，台灣一窩蜂的特性也從植物的引種中顯露無遺，黑板樹和小葉欖仁就是最佳的例證。黑板樹原產印度及東南亞，一九四三年引進；小葉欖仁原產非洲，一九六六年引進。兩者樹形均極優美特殊，且最重要的是其易於繁殖、移植成活率高的特性，數年間

迅速被苗木商推廣栽植在全台各個角落。比起日本人當年推展南洋杉和木麻黃為行道樹和園景樹，還要有效率，栽植範圍也更大。因此，這兩種樹引入後，短時間內即成為都市行道樹、校園景觀樹的優勢樹種。

入侵種從進入一處新的生育地，到進而影響當地生態系，一般而言需經過適應、靜止、擴展、侵占等漫長的過程。但是，某些入侵植物在台灣形成危害的歷程卻非如此，其侵害生態系的時程比多數例證都要短得多。例如一九五〇、六〇年代引進的蒺藜草、毛西番蓮，美洲含羞草；一九六六年以後才引進的觀賞花卉——非洲鳳仙花和假藿香薊，只不過區區四、五十年間，就已在台灣四處搶占生育地，擴展族群，成為最具威脅性的入侵種。這些植物和其他各時期的入侵種一樣，都對台灣的生態系造成巨大的衝擊。

◆中華民國時代◆

龍柏

■台北故宮博物院入口車道沿線的龍柏綠籬

龍柏樹形呈尖塔形，是早年從圓柏中選育出來的變種或栽培型，原產中國華北地區。雖然台灣引進龍柏的年代可遠溯到一九〇一年及一九二一年，但當時僅當作一般觀賞樹種栽植，並未推廣。直至中華民國政府一九四九年來台之後，才積極大量栽植。

龍是中國人心目中最具權威的動物，也是歷代帝王的象徵。國府播遷來台初期，無時無刻不懷抱著返回大陸的夢想，「龍」最能滿足當權者有朝一日底定中原、重掌中國最高權位的幻象。龍柏的樹幹扭曲蜿蜒，酷似直立活躍的巨龍，別具象徵意涵，因此成為各界最喜愛的觀賞樹種。不

■結毬果的龍柏枝條

◆植物小檔案◆

學名：*Juniperus chinensis* L. var. *kaizuka* Hort. *ex* Endl.

科別：柏科

形態特徵：常綠喬木，樹冠尖塔形，直立，幹部紋理多扭轉。葉為鱗片葉，鱗片葉細小，交互在小枝條上對生；新萌枝條先端有時有短針狀葉，三枚輪生。花雌雄同株異花；雌花毬心皮三片輪生。毬果漿果狀，成熟時心皮癒合，種子幾埋生在果鱗裡。

但總統府周邊種植該樹，各級學校校園也無不風起雲湧地栽種。特別是中式建築絕對少不了龍柏：位於陽明山上的中山樓，緊貼樓坊處列植了一排生機蓬勃、高大茂盛的龍柏，就是當時典型的景觀配置。此外，故宮博物院、中正紀念堂及其他黨政關係良好的學校，如台灣大學、政治大學、文化大學、淡江大學等校園，都曾以龍柏為栽植主體。

龍柏樹幹蜿蜒有如直立的巨龍，因而有「龍」之名。

龍柏樹冠呈尖塔形，樹形美觀。

說「龍柏」是戒嚴時期的代表植物一點也不為過，因為自一九九〇年代以後，台灣的景觀設計師已甚少採用本種作為各式建築的景觀元素。栽植龍柏的建物及公共場所，成了前一個時代的象徵。

《本草圖譜》中的龍柏

◆中華民國時代◆

豔紫荊

■台灣南部地區，豔紫荊是常見的行道樹。

豔紫荊是香港行政特區的「區花」，香港的旗幟、硬幣上都有豔紫荊花的圖案。其實，豔紫荊是一個天然雜交種，親本為羊蹄甲（*B. variegata* L.）和洋紫荊（*B. purpurea* L.）；且為不具稔性的植物，即只開花但不結實，必須以扦插等無性方法繁殖。一九六七年園藝學家張碁祥由香港引入台灣後，也成為台灣地區常見的觀賞樹種之一。

豔紫荊的中名來自中國產的紫

■《本草圖譜》中的紫荊

◆植物小檔案◆

學名：*Bauhinia x blakeana* Dunn.

科別：蘇木科

形態特徵：常綠喬木，枝條被細毛。葉互生，單葉，自頂端中裂，革質，闊心形，長九至十二公分，寬度略大於長。總狀花序，花大而豔；瓣五枚，有柄，紫紅色，最上一枚旗瓣較大；雄蕊十枚，有孕者僅四至六枚；花期三至四月。不結實。

■豔紫荊花色鮮豔，逐漸在台灣各地栽培。

荊（*Cercis chinensis* Bunge）。紫荊開紫紅色花，花雖小但花數極多，叢生或成排密生於枝幹上。花開時，樹冠一片殷紅，是中式庭院不可缺少的觀花樹種，自古為中國名花。豔紫荊花大得多，仲春季節花開繁盛，色澤鮮紅，比中國的紫荊更形嬌豔燦爛，因而得名。

本植物早在一八八〇年代就已存在於香港，為一名法國傳教士所發現，一九〇八年獲正式命名。種名是紀念一八九三～一九〇三年期間擔任香港總督的Henry Blake。一九一四年起大量在香港推廣栽植，最後成為該地最具代表性、栽植最多的觀賞木。雖然一九七五年就有植物學者根據

■豔紫荊的親本之一——洋紫荊

形態特徵的相似性，認為豔紫荊應和羊蹄甲、洋紫荊有關，但直到二〇〇五年香港大學的學者利用DNA（ISSR）技術，才證實豔紫荊確為二者的雜交種。由於豔紫荊不孕，須經人工無性繁殖才能繁衍族群，因此在植物分類學的認定上，其不足以稱為「種」（species），而應屬於人工培育的栽培品種（cultivar）。

■豔紫荊的另一親本——羊蹄甲

中華民國時代

毛西番蓮

西番蓮屬植物全世界有四百多種，均原生熱帶，且大部分原產美洲。毛西番蓮原產南美洲，一九六〇年間引進台灣。引進的目的不明，可能是為了觀花。其花形比西番蓮（即百香果，見二五四頁）稍小，花白色，中心亦具有紫、白兩色構成的副花冠，略具觀賞價值。果亦為漿果，大小遠不及西番蓮，屬於小果形。假種皮白色，味香而甜，但產量及滋味均不如市售之西番蓮，因此並無經濟栽培的價值。引進後藉由囓齒動物及鳥類傳播種子，而得以散布至全台各地。特別是中、南部山麓地帶，毛西番蓮到處攀爬蔓生，擴充地盤，抑制了其他植物的生長繁衍。不但在乾旱的海岸生育地可見其蹤，連濕地的紅樹林都有大面積的毛西番蓮族群。

花萼下有毛狀苞片，授粉結果後增大包被果實，所以稱為毛西番蓮。此綠色的毛狀構造，可能

■毛西番蓮的結果植株

植物小檔案

學名：*Passiflora foetida* L. var. *lispida* (DC. *ex* Triana *et* Planch.) Killip.

科別：西番蓮科

形態特徵：長有卷鬚之攀緣藤本，全株具臭氣；莖密生粗毛。葉互生，卵形至卵狀長橢圓形，三裂，裂片疏生鋸齒，長八至十公分，兩面被覆長毛。花單生；花瓣五枚，白色；副花冠絲狀，白色，基部紫色；外具三片三至四回深羽裂、毛狀之苞片。漿果橢圓形，橙色。

■毛西番蓮的花

是為了防止昆蟲，特別是如食量大的蛾類幼蟲，在種子尚未成熟前即將果實吞噬個精光，妨礙種子的傳布。和同屬其他植物一樣，毛西番蓮的蔓狀枝上，每節都生有卷鬚，用以攀緣他物向上爭取陽光。在台灣，多見毛西番蓮攀爬在灌木或喬木樹冠上，有時也現身於籬笆柵欄或廢棄屋頂上。

西番蓮屬植物曾先後引進台灣，除本種外，在台灣生存歷史較悠久的種類，尚有大果西番蓮（*P. quadrangularis* L.）、西番蓮、栓皮西番蓮（*P. suerosa* L.）等。其中花大、果大的大果西番蓮，庭院中多有栽植，但未逸出野地。其餘三種則都已野生化，散布於全台海拔兩千公尺以下的山區、平原及海岸，成為入侵植物。近年來，又另引進一些觀花種類，如洋紅西番蓮（*P. coccinea* Aubl.），藍冠西番蓮（*P. violancea* Vell.）等。

■花及果實外包以毛狀苞片，故有毛西番蓮之稱。

■毛西番蓮常攀爬在灌木或喬木樹冠上

中華民國時代

香椿

香椿原產中國黃河流域及長江流域，東北及朝鮮半島亦有，是天然分布極為廣泛的樹種，全中國農村均有栽植。台灣在日本時代一九一五年雖曾引入，但僅供作一般樹木引種之觀察，並未推廣。直至一九四七年，才又有從廣西沙塘引種的紀錄。至於香椿在台灣開始大量栽植，則要等到森林植物學者鄭宗元和甘偉松兩人於一九五〇年從廣東引入之後；當時中華民國政府正從大陸撤往台灣，引種是為了因應軍民的需求。

《植物名實圖考》中描繪的香椿

散發獨特香氣的香椿幼芽、嫩葉，可供採食入菜。香椿拌豆腐及香椿炒蛋，是大陸地區的傳統小菜，風味特殊，內地人民多喜

眷村房舍庭院中的香椿，是許多人的美好記憶。

植物小檔案

學名：*Toona sinensis* (Juss.) M. Roem.

科別：楝科

形態特徵：落葉喬木。偶數羽狀複葉，互生，小葉十至二十二枚，卵狀披針形至披針形，長六至十五公分，寬二至四．五公分，先端尾尖，疏生細鋸齒，背面微被白粉。圓錐花序頂生；花瓣白色，有香味；有孕雄蕊五枚，不孕雄蕊五枚；具肉質花盤。蒴果倒卵狀橢圓形至橢圓形，長一．五至二公分。種子上端有膜質長翅。

■香椿的幼芽、嫩葉，中國人自古即採食入菜。

■香椿的花序

食之。惟早期遷移台灣的先民並未引種，台灣人因此沒有承襲這樣的飲食習慣。一九五〇年代，隨國府來台的百萬軍民，帶來採食香椿的習俗。香椿在一夙之間，成了炙手可熱的植物，以各地眷村為中心，在台灣流傳散布開來。至今在尚未改建的眷村，仍可見到每戶庭院栽植的香椿。而且每株香椿均留有頭木作業的痕跡，即定期砍去較粗老的樹幹，

■香椿的果

以萌發更多的新芽。香椿，是往昔眷村的標誌，也是軍人子弟舊日生活回憶中難忘的植物身影。

木材紅褐色，具彈性，被視為美材，可供製作高級家具、造船、建築之用。在中國大陸，由於香椿樹形優美，自古即栽為觀賞樹及行道樹，一般不作修枝及頭木處理。而農村家家戶戶種植的香椿，主要是當作食蔬，其撫育和處理方式，則與上述台灣眷村的作法並無二致。

中華民國時代

黑板樹

黑板樹是短期間內在台灣栽植數量增加最快的樹種，從基隆到恆春，從台西到台東，每一個城市和鄉村聚落都可見到黑板樹作為行道樹、庭園樹或公園風景林。各級學校——從大學、高中、國中、國小到幼稚園——的校園植栽也少不了黑板樹。此樹原產印度、中南半島、菲律賓、印尼及澳洲，至一九四三年（台灣光復前兩年）才引入，不過六十餘年的光景，就已遍及全台各個角落，以植物傳布的速度而言，不可謂不快。

景觀界喜愛採用黑板樹作為園景樹的原因，不外乎其適應性強，栽植管理容易等特質。台灣人喜好種大樹，且往往期望在很短時間內看到植樹的成果。黑板樹大樹移植時，無須留下太大的根系即可成活，移植成功率高，撫育管理費用低，符合短期內成林的要求。如果不講究植物意涵、色彩、樹冠質地的配置，不難想

■全台都有黑板樹行道樹及庭園樹

植物小檔案

學名：*Alstonia scholaris* (L.) R. Br.

科別：夾竹桃科

形態特徵：常綠喬木，高可達二十公尺，樹皮灰白色，全株富含乳汁。葉三至八片輪生，倒卵狀長橢圓形，長八至二十五公分。聚繖花序排成繖房狀；花白色，合瓣，花冠筒長〇．五至一公分；雄蕊五枚，內藏；子房二裂，胚珠多數。蓇葖果雙生，細長，長二十至五十公分，徑〇．二至〇．五公分。種子多數，兩端有紅棕色長緣毛。

■區區數十年間，黑板樹已在台灣各地普遍栽植。

■黑板樹細長的蓇葖果

像一般廠商會選擇黑板樹來應付顧客的綠化要求，而這也使得本樹種在台灣的分布已達到氾濫的程度。

目前全台栽植黑板樹最多的城市，非台中市莫屬，許多街道都以黑板樹為唯一樹種。由於生長迅速，其植物根部多已超越植穴或安全島的限制，造成馬路及安全島隆起迸裂的後果。長此以往，都市街道的安全性堪虞。另外，黑板樹枝幹脆弱，易遭風折危害，每遇颱風侵襲，斷枝、風倒的情形特別嚴重。由此可以看出，對台灣大部分地區而言，黑板樹實非園景樹、行道樹的良好選擇。

■黑板樹的花枝

◆中華民國時代◆

非洲鳳仙花

絢麗繽紛的「非洲」鳳仙花，顧名思義，來自遙遠的非洲地區，原產坦桑尼亞的桑吉巴島，天然分布區為非洲東部的坦桑尼亞至莫桑比克一帶。花色繁多，除了有粉紅、紫紅、猩紅、紫、白等單色花外，也有不同顏色相雜的雙色花，栽植容易，花期長，世界各地均有引種，是能見度最高的花卉之一。台灣的非洲鳳仙花，則是一九六六年由胡煥彩自日本引入。

■台灣全島，無處不見非洲鳳仙花的造景。

非洲鳳仙花幾乎全年開花，適應性強，無須特別照顧就能生長良好，受到廣大民眾的歡迎。在人為傳播下，成為台灣最常見的觀賞花卉之一，主要用於布置花壇，或栽植在步道兩旁做飾景之用。台灣全島各大都市的花園、公園、校園、行道樹下，郊區的民居、政府機關建築物的周圍、森林遊樂區，甚至國家公園等，無處不見非洲鳳仙花的造景。最可怕的是，非洲鳳仙花既可藉熟

◆植物小檔案◆

學名：*Impatiens walleriana* Hook. *f.*

科別：鳳仙花科

形態特徵：多年生肉質草本，高可達六十公分，莖直立。葉互生，橢圓形至卵形，長五至十公分，寬三至五公分，先端漸尖，基部楔形，緣具鈍細小齒。花生於葉腋，通常二朵，有時單生，三至五朵則較少見；花梗細長，基部具苞片；花鮮紅、深紅、粉紅、紫紅、藍紫或白色，唇瓣基部具細長之距。蒴果紡錘形，長一．五至二公分。

花色豔麗的非洲鳳仙花，幾乎全年開花。

果爆裂的瞬間，迅速將種子向外拋射散播，又能行無性繁殖，斷落地下的枝條即可長成另外的植株。因此能不斷地擴展其族群勢力，掠奪其他植物的生育地，侵入林地，占據開闊地，並進入溝渠、河床，台灣儼然快變成「非洲鳳仙花的寶島」。

目前栽種非洲鳳仙花最多的地區，包括澳洲、紐西蘭，中美洲、南美的巴西、美國的佛羅里達州、波多黎各，太平洋群島的夏威夷，亞洲的日本、台灣、印尼等。不過，這些地區的非洲鳳仙花均逸出了原來的栽培區，在野外和原生種競爭生存空間，對當地的生態系產生巨大的影響。澳洲及紐西蘭政府已經發出通報，要求全世界注意此一植物的危險性；聯合國糧農組織（FAO）也將非洲鳳花列為全球性的有害植物。

自一九六〇年代引進後，非洲鳳仙花迅速在台灣各地蔓延。

蒺藜草

◆中華民國時代◆

■由北美洲引進的惡草——蒺藜草，如今已在全台各地分布。

原產熱帶至溫帶美洲的蒺藜草，果實外殼上的長刺常對人類及其他動物造成皮肉傷害。北美洲農地多有分布，是令當地農民深惡痛絕的其中一種雜草，因而有惡草（bad weed）之名。大概在一九五〇～六〇年代美軍駐守台灣期間，隨著美國輸台農產品進入台灣。全台中、低海拔地區的路邊、荒地及開闊地均有分布，同樣被視為頑強而難以防治的雜草。

果實外殼布滿銳刺，模樣酷似中國古代的防禦兵器「蒺藜」，即木製或鐵製之刺球狀物，因此得名。果實藉著銳刺上的剛毛，

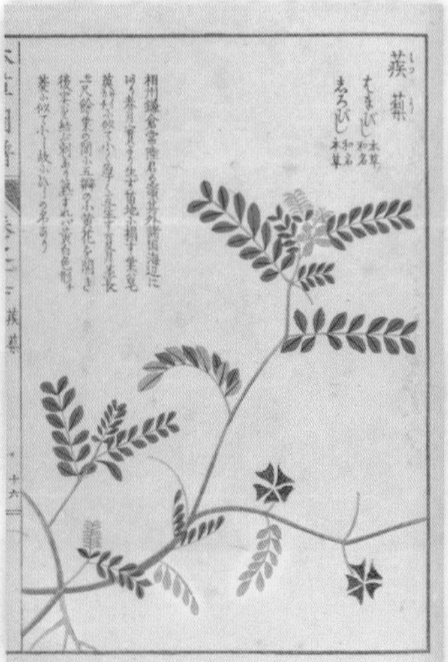

■原產台灣及中國華北的蒺藜，和蒺藜草是不同類別的植物。（本草圖譜）

◆植物小檔案◆

學名：*Cenchurs echinatus* L.

科別：禾本科

形態特徵：一年生草本，稈稍扁。葉片長十至二十公分，寬〇．四至〇．八公分；葉舌圈毛狀。總狀花序，花近無柄；小穗三至六個，為刺殼狀物所包，每一小穗具二花；雄蕊三枚；花柱二個。穎果外包有刺殼；刺極銳，長短不等，並被覆粗剛毛。

黏附於動物皮毛或人類衣物上，四處傳播種子。在向陽的草地、花圃、菜園及農田，常可見成片或成塊的蒺藜草族群，有時甚至占據全部生育地，形成單一的植物群落。

在台灣南部濱海砂岸及中國華北一帶的乾旱生育地，分布著一種結刺球狀果實的蔓爬植物，稱作「蒺藜」（*Tribulus terrestris* L.），屬雙子葉植物之蒺藜科，和屬單子葉植物之本種毫無親緣關係。兩者唯一的相同處，在於同具刺狀的果實，且都是以果實形態而得名。

■屬雙子葉植物的蒺藜，果實亦具刺。

■蒺藜草果實有銳刺

■蒺藜草的果穗

◆中華民國時代◆

美洲含羞草

含羞草類屬於泛義的豆類植物，全世界約有五百種，多產在熱帶美洲。美洲含羞草是其中一種屬灌木的種類，原產中美洲的巴拿馬、宏都拉斯、瓜地馬拉至墨西哥南部，約於一九六五年前後引入台灣。引進的目的不明，可能是隨農產品輸入，或無意間引進種子。引進的時間雖短，目前已在中、南部地區和東部地區野生化，並占據大面積生育地，且族群有逐漸擴大的趨勢。

豆類植物為了適應乾旱氣候而發展出來的各種形態特徵，含羞草類皆具而有之：植物體長刺，一經觸摸葉即下垂閉合等特性，是為了避免動物的啃食（乾旱地區植物種類少，動物取食的對象有限）；根具根瘤菌，可固定空氣中的氮素，合成氨基供植物體使用，所以即使生

■火燒跡地常可見到數以萬計的美洲含羞草幼苗遍布整個地面

◆植物小檔案◆

學名：*Mimosa dilotricha* C.Wright *ex* Sauvalle

科別：含羞草科

形態特徵：蔓狀灌木，莖略木質，四稜；枝上密被倒鉤刺。二回羽狀複葉，羽片七至八對；小葉二十至三十對，長橢圓形，長〇．四至〇．七公分，被毛；觸動時葉片下垂，小葉閉合。頭狀花序圓球狀；花粉紅至紫色；萼四裂。莢果長二公分，寬〇．四公分，被刺毛。

■美洲含羞草枝上密布倒鉤刺

■美洲含羞草葉部經碰觸，亦會下垂閉合。

育地乾燥貧瘠，亦生長良好。種子落地後可在土壤內存活很久，遇到適當的氣候條件——如下雨——才陸續發芽，謂之種子銀行（seed bank）現象。美洲含羞草花期長達半年以上，種子數量極多，每每在火燒跡地的雨後，冒出數以萬計的幼苗，分布整個地面。植株長大後，枝條上長滿倒鉤刺，彼此相互纏結，大型動物無法穿越其間，防除也十分困難。

至目前為止，台灣共引進兩種含羞草屬植物，一為新近引入的本種，另一種為荷蘭時代引進的含羞草（見一三四頁）。兩種植株經觸摸或遇風力吹襲，都會使葉下垂閉合，惟後者較靈敏，前者較遲緩。兩者的頭花均為粉紅至紫色，但前者頭花較小，植株較高大；後者頭花較大，植株卻極矮小，可輕易區別，不致混淆。

■美洲含羞草的枝葉遠比含羞草來得粗壯

假藿香薊

◆中華民國時代◆

假藿香薊原產中美洲至墨西哥，於一八二六年首先引進英國作為觀賞植物，然後由此傳播至世界各地，日本、新加坡都曾大量引進栽培。台灣亦以同樣理由引進，近年散逸各地成為雜草。在北、中、南部和東部的林緣、道路兩旁開闊地，均可見其成片狀或條狀生長。是另一種新近引進，但已逐漸蔓延至野地，對未來生態頗具威脅性的植物。

花紫藍色，部分單株開花時，整株植物只看見顯眼的頭花，遠望一叢淡紫或紫藍，極為美觀。有些庭院栽植成盆花，也是近年來常見的插花花材。由於花期長，生態幅度廣，雖偏好水分較多的土壤，乾旱地亦可生長良好。在北部金山地區、中部南投地區之林地、菜園，可見假藿香薊、藿香薊和紫花藿香薊（見二七六頁）三者混生的植物群落，有些生育地假藿香薊甚至取代其他兩種植物而成為優勢種。對台灣生

■假藿香薊葉基楔形，葉緣鋸齒僅五～六對。

◆植物小檔案◆

學名：*Ageratina adenophora* (Spreng.) R. M. King & H. Rub.

科別：菊科

形態特徵：多年生草本，高可達一．二公尺；莖稍帶紫色，被腺毛。葉對生，卵狀三角形，長七至十公分，寬四至六公分，基部楔形至截形，粗鋸齒緣；葉柄長三至四公分。頭狀花序排成繖房狀；每一頭花具七十至八十朵花；花紫藍色。瘦果黑色，長〇．二公分，具剛毛狀冠毛。

假藿香薊之果序

假藿香薊的花紫藍色，花期長，具觀賞效果。

態系及原生植物來說，又多了一種極具破壞潛力的入侵種加入競爭的行列。

頭花均為紫藍色的假藿香薊和紫花霍香薊，初看不易區分。但前者葉基部為削尖之楔形，葉緣鋸齒粗而少，果實的冠毛細而長；後者葉基部近心形，葉緣鋸齒較細且多，冠毛粗而短。若仔細比對，不難發現兩者還是有些相異之處。

假藿香薊原引進作為觀賞植物，但逐漸成為入侵植物。

小葉欖仁

◆中華民國時代◆

原產於非洲的小葉欖仁，塔形的樹冠層次分明，有如人工修剪而成，且葉細小柔軟，樹形極為優美雅致。加上樹勢強健，不拘土質，具耐修剪的特性，大樹移植容易；因此成為近年來苗木市場的新寵。由於景觀設計界競相採用，苗木商極力推廣，已在全台各地大量栽植，其數量及栽種面積，目前僅次於黑板樹（見二八八頁），未來恐有後來居上的趨勢。

小葉欖仁的傳布，和台灣政商相互依賴的情勢有關。舉例來說，數年前某一縣市，由當地苗木商所支持的縣長候選人當選。新任縣長回報的條件，是將苗木商已有大量苗木存貨的小葉欖仁宣布為縣樹。縣樹決定後，該縣的鄉鎮建設及各項公共工程所需的景觀植物，皆理所當然的採用小葉欖仁。於是無論是縣府所在地的街市行道樹、政府機構的綠化樹種

■小葉欖仁是台灣全島近年來普遍栽植的行道樹

◆植物小檔案◆

學名：*Terminalia boivinii* Tul.

科別：使君子科

形態特徵：落葉大喬木，枝條分長枝短椏，樹冠形成塔形。葉多在短椏上叢生，長枝上葉較少，互生，葉片倒卵形，長三至六公分，先端圓而基部楔形。穗狀花序；花無瓣，雄蕊十枚。果為核果。

■枝條有長枝短椏之分，是欖仁類植物的共同特徵。

，或是鄉村道路、小學之校樹，小葉欖仁一概雀屏中選，成了該縣無處不在的「縣長之樹」。相信台灣其他縣市由縣長親自決定的縣樹樹種，應是相同事例下的產物。

根據實地調查，台灣全島北起基隆南至恆春半島，從東部到西部，從院轄市的台北、高雄至偏遠的村鎮，如屏東縣的枋寮，幾乎無處不栽種小葉欖仁。上自大學，下至國中、國小校園園景樹也絕對少不了小葉欖仁。「匹夫無罪，懷璧其罪」，小葉欖仁是美麗的樹種，但再美的事物，經由人類的濫行濫用，也會變得其俗無比，小葉欖仁和黑板樹就是最佳例證。

■小葉欖仁的葉形酷似台灣原生海岸樹種——欖仁，但遠比欖仁小。

【附錄】各時期重要引進植物一覽表

＊表格中單出現「？」者，表示目前研究資料不足；文字後加「？」者，表示學界對此仍有爭論。

一、荷前時代（～1624）

以食用作物為大宗，包括玉米、芋、稻、小米、番薯等澱粉類主食；大豆、花生等高蛋白質油料兼糧食作物。另有薤、蔥、薑等蔬菜。芋、薑、稻、檳榔等作物可能直接引自先住民原居住的中南半島或南洋群島。玉米、花生、番薯原產美洲，推測是從原西班牙的殖民地菲律賓引入。由先住民直接或間接引自中國的植物，包括薤、大豆、甘蔗、苧麻等經濟作物。

中名	學名	科別	首次引進時期	原產地	引進地	用途
薤（蕗蕎）	*Allium chinense* G. Don	百合科	?	中國	韓國	蔬菜
大豆	*Glycine max* (L.) Merr.	蝶形花科	?	中國	華南	糧食
玉米	*Zea mays* L.	禾本科	16世紀初	南美祕魯	菲律賓	糧食
芋	*Colocasia esculenta* (L.) Schott	天南星科	?	印度、馬來半島	中南半島	糧食
薑	*Zingiber officinale* Roscoe	薑科	?	熱帶亞洲	中南半島	香料
稻	*Oryza sativa* L.	禾本科	?	印度、緬甸及中國西南	印尼、菲律賓	糧食
小米	*Setaria italica* (L.) P. Beauv.	禾本科	?	中國	華南？	糧食
花生	*Arachis hypogaea* L.	蝶形花科	?	南美洲	菲律賓	糧食
椰子	*Cocos nucifera* L.	棕櫚科	?	熱帶亞洲？	東南亞	果樹
番薯	*Ipomoea batatas* (L.) Lam.	旋花科	1600年以前	熱帶美洲（墨西哥）	菲律賓	糧食
檳榔	*Areca catechu* L.	棕櫚科	4000年以前	中南半島	?	嗜好品
甘蔗	*Saccharum sinensis* Roxb.	禾本科	?	華南？	華南？	食用
苧麻	*Boehmeria nivea* (L.) Gaud.	蕁麻科	?	中國至中南半島	華南？	纖維
胡麻	*Seasmum indicum* DC.	胡麻科	?	印度	中國	糧油
薏苡	*Coix lacryma-job:* L.	禾本科	?	中南半島	華南？	糧食
佛手柑	*Citrus medica* L. var. *sarcodactylis* Swingle	芸香科	?	中國	華南	水果、觀賞
西瓜	*Citrullus vulgaris* Schard.	瓜科	?	熱帶非洲	華南	水果
蔥	*Allium fistulosum* L.	百合科	?	中國西北	華南	蔬菜

二、荷蘭時代（1624～1662）

此時期的引種植物多是原在印尼爪哇大量栽植的經濟作物，其中約有一半是食用植物，一半是觀賞植物。在引自印尼的植物中，大部分均非當地原產，除許多原產中南美洲的種類，如釋迦（番荔枝）、銀合歡、含羞草、仙人掌等外，尚有原產印度但在印尼栽培的檬果、波羅蜜、木棉等。豌豆、甘藍、懷香等蔬菜原產歐洲，可能也是傳入印尼後再引進台灣。

中名	學名	科別	首次引進時期	原產地	引進地	用途
番石榴	*Psidium guajava* L.	桃金孃科	約1645	熱帶美洲	爪哇？	水果
番荔枝（釋迦）	*Annona squamosa* L.	番荔枝科	約1645	熱帶美洲	爪哇	水果
蓮霧	*Syzygium samarangense* (Bl.) Merr. *et* Perry	桃金孃科	約1645	馬來半島、爪哇	爪哇	水果
檬果	*Mangifera indica* L.	漆樹科	約1651	印度	爪哇	水果
波羅蜜	*Artocarpus heterophyllus* Lam.	桑科	約1645	印度	爪哇	水果
蕹菜	*Ipomoea aquatica* Forsk.	旋花科	約1645	華南至中南半島	菲律賓？	蔬菜
辣椒	*Capsicum annuum* L.	茄科	約1645	南美祕魯、墨西哥	爪哇？	蔬菜、辛香料
豌豆	*Pisum sativum* L.	蝶形花科	約1624	地中海沿岸	荷蘭、爪哇	蔬菜
甘藍（高麗菜）	*Brassica oleracea* L. var. *capitata* L.	十字花科	約1645	歐洲	爪哇	蔬菜

懷香	*Foeniculum vulgare* Mill.	繖形科	約1645	地中海沿岸	荷蘭	蔬菜、香料
九層塔	*Ocimum basilicum* L.	唇形科	約1645	熱帶亞洲、印度、華南	華南	蔬菜、香料
仙人掌	*Opuntia dillenii* (Ker.) Haw.	仙人掌科	約1645	墨西哥至西印度群島	爪哇？	觀賞
曇花	*Epiphyllum oxypetalum* (DC.) Haw.	仙人掌科	約1645	巴西	爪哇	觀賞
三角柱	*Hylocereus undatus* (Haw.) Br. *et.* R.	仙人掌科	約1645	巴西	爪哇	觀賞
阿勃勒	*Cassia fistula* L.	蘇木科	約1645	印度	巴西	觀賞
金合歡（刺毬花）	*Acacia farnesiana* (L.) Willd.	含羞草科	約1645	熱帶美洲	爪哇？	觀賞
緬梔	*Plumeria rubra* L.	夾竹桃科	約1645	熱帶美洲	瓜哇	觀賞
番茄	*Lycopersicon esculentum* Mill.	茄科	約1645	南美洲安第斯山	爪哇	觀賞
含羞草	*Mimosa pudica* L.	含羞草科	約1645	熱帶美洲	？	觀賞
綠珊瑚	*Euphorbia tirucalli* L.	大戟科	約1645	馬達加斯加	？	觀賞
馬纓丹	*Lantana camara* L.	馬鞭草科	約1645	熱帶美洲	爪哇	觀賞
龍舌蘭	*Agave americana* L.	龍舌蘭科	約1645	墨西哥	？	觀賞
虎尾蘭	*Sansevieria trifasciata* Prain	龍舌蘭科	約1645	熱帶非洲	？	觀賞
黃蝴蝶	*Caesalpinia pulcherrima* Swartz.	蘇木科	約1645	熱帶美洲	爪哇	觀賞
木棉	*Bombax ceiba* L.	木棉科	約1645	印度	華南	觀賞
山茶花	*Camellia japonica* L.	山茶科	約1645	中國	華南	觀賞
馬鈴薯	*Solanum tuberosum* L.	茄科	約1645	南美洲安第斯山區之祕魯、玻利維亞	荷蘭	糧食
菸草	*Nicotiana tobacum* L.	茄科	約1645	美洲	爪哇	特用
蓖麻	*Ricinus communis* L.	大戟科	約1645	印度、小亞細亞至北非	？	油類
痲瘋樹	*Jatropha curcas* L.	大戟科	約1645	熱帶美洲	？	藥材
銀合歡	*Leucaena leucocephala* (Lam.) de Wit	含羞草科	約1645	墨西哥、中美洲	爪哇	燃材、飼料
金龜樹	*Pithecellobium dulce* (Roxb.) Benth.	含羞草科	約1645	熱帶美洲	爪哇	行道樹
金露華	*Duranta repens* L.	馬鞭草科	約1645	南美洲	菲律賓（西班牙人引入）	綠籬
茶樹	*Camellia sinensis* (L.) O. Kuntze	山茶科	？	中國	福建	飲料
茉莉	*Jasminum sambac* (L.) Ait.	木犀科	？	印度、阿拉伯	福建	觀賞

三、鄭氏時代（1662～1683）

引進植物多屬原產中國，而在華南地區（特別是福建）廣為栽植的經濟植物，包括食用植物，如水果類之桃、李、梅，蔬菜類之蒜、韭，及觀花植物之月季、朱槿、荷等。如屬原產中國以外地區的植物，則全為引進中國後在華南普遍分布者，如番木瓜、白玉蘭、美人蕉等。本期重要的引進植物，仍以與民生攸關的食用及觀賞植物為主。桑樹亦於此時引進，供養蠶生產絲織品。

中名	學名	科別	首次引進時期	原產地	引進地	用途
桃	*Prunnus persica* (L.) Batsch.	薔薇科	1660年代	中國華北	華南	水果
李	*Prunus salicina* Lindley	薔薇科	1660年代	中國華北	華南	水果
梅	*Prunus mume* S. *et* Z.	薔薇科	1660年代	中國西南	華南	水果
番木瓜	*Carica papaya* Linn.	番木瓜科	1660年代	熱帶美洲	華南	水果
葡萄	*Vitis vinifera* L.	葡萄科	1660年代	中亞	華南	水果
蒲桃（香果）	*Syzygium jambos* Alston	桃金孃科	1660年代	熱帶亞洲	華南	水果
蘿蔔	*Raphanus sativus* L.	十字花科	1660年代	中國	華南	蔬菜

茭白	*Zizania latifolia* (Griseb.) Zurcy.	禾本科	1660年代	中國	華南	蔬菜
蒜	*Allium sativum* L.	百合科	1660年代	中亞西亞	華南	蔬菜
韭	*Allium tuberosum* Rottl. *ex* Spreng.	百合科	1660年代	中國	華南	蔬菜
芫荽	*Coriandrum sativum*	繖形科	1660年代	地中海沿岸	華南	蔬菜
金針	*Hemerocallis fulva* L.	百合科	1660年代	中國	華南	蔬菜
苦瓜	*Momordica charantia* L.	瓜科	1660年代	熱帶亞洲、東印度	華南	蔬菜
落葵（藤菜）	*Basella alba* L.	落葵科	1660年代	熱帶亞洲	華南	蔬菜
菱	*Trapa bispinosa* Roxb.	菱科	1660年代	中國	華南	蔬果
荸薺	*Eleocharis dulcis* (Burm. *f.*) Trin.	莎草科	1660年代	印度、中國	華南	蔬果
檉柳	*Tamarix chinensis* Lour.	檉柳科	1660年代	中國	華南	防風林
桑	*Morus alba* L.	桑科	1660年代	中國	華南	養蠶
夜合花	*Magnolia coco* (Lour.) DC.	木蘭科	1660年代	華南	華南	觀賞
白玉蘭	*Michelia alba* DC.	木蘭科	1660年代	爪哇	華南	觀賞
含笑花	*Michelia figo* (Lour.) Spreng.	木蘭科	1660年代	華南	華南	觀賞
鷹爪花	*Artabotrys hexapetalus* (L. *f.*) Bhandari	番荔枝科	1660年代	華南	華南	觀賞
月季	*Rosa chinensis* Jacq.	薔薇科	1660年代	中國	華南	觀賞
朱槿	*Hibiscus rosa-sinensis* L.	錦葵科	1660年代	中國	華南	觀賞
樹蘭	*Aglaia odorata* Lour.	楝科	1660年代	中國	華南	觀賞
長春花	*Catharanthus roseus* (L.)	夾竹桃科	1660年代	西印度	華南	觀賞
荷	*Nelumbo nucifera* Geartn.	蓮科	1660年代	中南半島	華南	觀賞
雞冠花	*Celosia cristata* L.	莧科	1660年代	熱帶亞洲	華南	觀賞
雁來紅	*Amaranthus tricolor* L.	莧科	1660年代	印度	華南	觀賞
千日紅	*Gomphrena globosa* L.	莧科	1660年代	熱帶美洲	華南	觀賞
菊	*Chrysanthemum morifolium* Ramat.	菊科	1660年代	中國	華南	觀賞
鳳仙花	*Impatiens balsamina* L.	鳳仙花科	1660年代	印度、馬來西亞及中國南部	華南	觀賞
美人蕉	*Canna indica* L.	美人蕉科	1660年代	印度	華南	觀賞
蘆薈	*Aloe vera* L.	百合科	1660年代	地中海沿岸	華南	觀賞
鳳梨	*Ananas comosus* (L.) Merr.	鳳梨科	1660年代	南美	華南	水果
晚香玉	*Polianthes tuberosa* L.	龍舌蘭科	1660年代	墨西哥至南美洲	華南	觀賞
虞美人	*Papaver rhoeas* L.	罌粟科	1660年代	歐洲	華南	觀賞
紫茉莉	*Mirabilis jalapa* L.	紫茉莉科	1660年代	熱帶美洲	華南	觀賞
鳳尾竹	*Bambusa multiplex* Raeusch. cv. Fernleaf	禾本科	1660年代	中國	華南	觀賞
凌霄花	*Campsis grandiflora* (Thunb.) K. Schum.	紫葳科	1660年代	中國	華南	觀賞
蜀葵	*Althaea rosea* (L.) Cavan.	錦葵科	1660年代	中國	華南	觀賞

四・清朝時代（1683～1895）

期間最長，引進植物的種類亦多，但仍以原產中國的經濟植物為主，其中又以食用作物為大宗，占三分之二以上，觀賞花木次之；造林樹種杉木及孟宗竹等亦於此期引進。少數原產中國以外地區的植物，如胡瓜、南瓜、匏仔、茄、楊桃等，在引進台灣前，已在華南地區有很長的栽培歷史。直接由外國傳入的植物僅九重葛、變葉木等，是傳教士馬偕自英國引進。麵包樹原產太平洋群島，推測是由蘭嶼達悟族自南洋引入。

中名	學名	科別	首次引進時期	原產地	引進地	用途
胡瓜	*Cucumis sativus* L.	瓜科	約1700	喜瑪拉雅山南麓（印度）	華南	蔬菜

南瓜	*Cucurbita moschata* (Duch.) Poiret	瓜科	?	中南美洲	華南	蔬菜、糧食
絲瓜	*Luffa cylindrical* (L.) Roem.	瓜科	清末	熱帶亞洲	華南	蔬菜
匏仔	*Lagenaria siceraria* (Molina) Standl.	瓜科	清代初期	印度、北非	華南	蔬菜
冬瓜	*Benincasa hispida* (Thunb.) Cogn.	瓜科	?	印度	華南	蔬菜
皇帝豆	*Phaseolus limensis* Macf.	蝶形花科	19世紀	熱帶美洲	華南	蔬菜
豇豆	*Vigna sesquipedalis* (L.) Fruwirth.	蝶形花科	?	印度	華南	蔬菜
茄	*Salanum melongena* L.	茄科	?	東南亞、印度	華南	蔬菜
枸杞	*Lycium chinense* Mill.	茄科	?	中國	華南	藥材
香蕉	*Musa* spp.	芭蕉科	清代初期或之前	熱帶亞洲	華南	水果
麻竹	*Dendrocalamus latiflorus* Munro	禾本科	?	中國	華南	蔬菜、建築
綠竹	*Bambusa oldhamii* Munro	禾本科	?	中國、東南亞	華南	蔬菜、建築
綠豆	*Vigna radiata* (L.) Wilczek	蝶形花科	?	印度	華南	糧食
油茶	*Camellia oleifera* Abel.	山茶科	1803	中國	華南	油料
安石榴	*Punica granatum* L.	安石榴科	1820	地中海沿岸	華南	觀賞
紫蘇	*Perilla frutescens* (Linn.) Britt.	唇形科	約1700	中國	華南	觀賞、食用
菖蒲	*Acorus calamus* L.	天南星科	約1700	北亞	華南	觀賞、香料
楊桃	*Averrhoa corambola* L.	酢醬草科	約1800	馬來西亞、印尼	華南	水果
枇杷	*Eriobotrya japonica* Lindl.	薔薇科	?	華中	華南	水果
荔枝	*Litchi chinensis* Sonn.	無患子科	約1700	華南	福建	水果
龍眼	*Dimocarpus longan* Lour.	無患子科	約1700	華南、印度、緬甸	華南	水果
麵包樹	*Artocarpus incise* (Thunb.) L. *f.*	桑科	?	太平洋群島	南洋	水果
蘋婆	*Sterculia nobilis* R. Br.	梧桐科	1740以前	華南及雲南一帶	華南	乾果
文旦柚	*Citrus grandis* (L.) Osbeck	芸香科	清康熙年間	中國、中南半島	福建	水果
橘（柑）	*Citrus reticulata* Blanco	芸香科	1775	印度	廣東	水果
梨	*Pyrus serotina* Rehd.	薔薇科	約1890	中國	華南	水果
柿	*Diospyros kaki* L.	柿樹科	約1800	中國	華南	水果
橄欖	*Canarium album* (Lour.) Raeusch.	橄欖科	?	華南	華南	水果
射干	*Belamcanda chinensis* (L.) DC.	鳶尾科	約1830	中國	福建	觀賞
龍船花	*Clerodendrum paniculatum* L.	馬鞭草科	約1700	中國、中南半島、印尼及印度	華南	觀賞
飛燕草	*Consolida ambigua* (L.) Ball *et* Heywood	毛莨科	約1860	歐洲	華南？	觀賞
夾竹桃	*Nerium indicum* Mill.	夾竹桃科	約1700	波斯	華南	觀賞
六月雪	*Serissa japonica* (Thunb.) Thunb.	茜草科	約1700	中國、中南半島	華南	觀賞
九重葛	*Bougainvillea brasiliensis* Raeusch.	紫茉莉科	1872	巴西	英國（馬偕引入）	觀賞
變葉木	*Codiaeum variegatum* Bl.	大戟科	1872	越南	英國（馬偕引入）	觀賞
麒麟花	*Euphorbia milii* Desm.	大戟科	1868	馬達加斯加	?	觀賞
茶梅	*Camellia sasanqua* Thunb.	山茶科	約1700	中國、日本	華南	觀賞
紫薇	*Lagerstroemia indica* L.	千屈菜科	約1700	中國	華南	觀賞
桂花	*Osmanthus fragrans* (Thunb.) Lour.	木犀科	約1700	中國西南	華南	觀賞
仙丹花	*Ixora chinenesis* Lam.	茜草科	約1690	廣東、廣西、福建	廣東	觀賞
石竹	*Dianthus chinensis* L.	石竹科	約1700	中國、韓國	華南	觀賞
水仙	*Narcissus tazetta* L. var. *chinensis* Roem.	石蒜科	約1700	浙江、福建沿海島嶼	福建	觀賞

朱蕉	*Cordyline terminalis* (Linn.) Kunth.	龍舌蘭科	1865	中南半島	廣東	觀賞
棕竹	*Rhapis humilis* (Thunb.) Blune	棕櫚科	約1700	華南	華南	觀賞
紫竹（烏竹）	*Phyllostachys nigra* (Lodd.) Munro	禾本科	約1800	中國	華南	觀賞
蘇鐵	*Cycas revoluta* Thunb.	蘇鐵科	約1700	中國、日本	華南	觀賞
垂柳	*Salix babylonica* L.	楊柳科	約1700	中國	華南	觀賞
側柏	*Thuja orientalis* L.	柏科	約1700	中國	華南	觀賞
杉木	*Cunninghamia lanceolata* (Lamb.) Hook.	杉科	18世紀	中國	福建	造林
孟宗竹	*Phyllostachys pubescens* Mazel	禾本科	約1750	中國	華南	造林
烏桕	*Sapium sebiferum* (L.) Roxb.	大戟科	約1700	中國	華南	油料
棕櫚	*Trachycarpus fortunei* (Hook.) H. Wendl.	棕櫚科	約1700	中國	華南	用具

五・日本時代（1895～1945）

這五十年是台灣歷史上引進植物種類最多的時代。日本原是溫帶國家，擁有位處熱帶和亞熱帶的台灣之後，不但潛心於本地植物的研究，且從世界各地的熱帶及亞熱帶區域，大量引進類別多樣的經濟植物，包括蔬果、糧食等食用作物；觀花、觀葉、庭園樹等觀賞用植物；行道樹或造林用之樹種；也有綠肥、油料、纖維植物，其中以觀賞植物為大宗。植物原產地囊括歐、亞、美、非、澳洲各大陸。

台灣現有的外來植物，大部分於此時引進。最值得注意的是，具熱帶景觀的棕櫚科植物，如至今遍布全台的黃椰子、蒲葵、酒瓶椰子、棍棒椰子、大王椰子、羅比親王海棗等，都引種於本期。此外，多數都會區的行道樹，如南洋杉類、紫檀類、木麻黃、第倫桃、掌葉蘋婆、福木等，也於本期引進。主要造林樹種在此時引進試種後，在台灣大量造林，如柳杉、油桐、桉樹類、桃花心木等。日本時代引進的植物種類遠比下表羅列的多，惟至今仍影響經濟生活及台灣生態者，約有一百五十種。

中名	學名	科別	首次引進時期	原產地	引進地	用途
洋蔥	*Allium cepa* L.	百合科	?	亞洲中部、地中海沿岸	日本	蔬菜（恆春半島為主產區）
佛手瓜	*Sechium edule* (Jacq.) Swartz	瓜科	1935	墨西哥、中美洲	日本	蔬菜
敏豆	*Phaseolus valugaris* L.	蝶形花科	1905	熱帶美洲	中國	蔬菜
花椰菜	*Brassica oleracea* L. var. *botrytis* L.	十字花科	1930	地中海沿岸之南歐	中國	蔬菜
胡蘿蔔	*Daucus carota* L. var. *sativa* DC.	繖形科	1895	歐洲溫帶地區	日本	蔬菜
牛蒡	*Arctium lappa* L.	菊科	?	中國、歐洲	日本	蔬菜
球莖甘藍	*Brassica oleracer* L. var. *caulorapa* Pasq.	十字花科	?	北歐沿海	日本	蔬菜
山葵	*Wasabia japonica* (Miq.) Matsum.	十字花科	1914	中國、日本	日本	香辛配料
小麥	*Triticum aestivum* L.	禾本科	1921	溫寒帶地區	華南	糧食
木薯	*Manihot esculenta* Crantz	大戟科	1902	巴西	南洋	糧食
向日葵	*Helianthus annuus* L.	菊科	1930	北美	蘇俄	糧油
蕎麥	*Fagopyrum esculentum* Moench	蓼科	?	中國	日本	綠肥
甜瓜	*Cucumis melo* L.	瓜科	1940	中東、北非	日本、中國	水果
蛋黃果	*Lucuma nervosa* A. DC.	山欖科	1929	熱帶美洲	菲律賓	水果
人心果	*Manilkara zapota* (L.) van Royen	山欖科	1902	墨西哥、中美洲	爪哇	水果
板栗	*Castanea mollisima* Bl.	殼斗科	1921	中國	中國	乾果
酪梨	*Persea americana* Mill.	樟科	1918	墨西哥、中美洲	美國	水果
百香果	*Passiflora edulis* Sims.	西番蓮科	1901	巴西	日本	水果
橙	*Citrus sinensis* (L.) Osbeck.	芸香科	1930	廣東	廣東	水果
蘋果	*Malus pumila* Mill.	薔薇科	1929	歐洲	日本	水果

金棗	*Fortunella margarita* Swingle	芸香科	1906	中國	中國	水果
草莓	*Fragaria ananassa* Duch.	薔薇科	1934	智利、美國	日本	水果
印度棗	*Zizyphus mauritiana* Lam.	鼠李科	1944	印度	日本、美國	水果
西印度櫻桃	*Muntingia calabura* L.	田麻科	1936	熱帶美洲	日本、美國	水果
昭和草	*Crassocephalum crepidioides* (Benth.) S. Moore	菊科	約1940	熱帶美洲	?	蔬菜
洛神葵	*Hibisus sabdariffa* L.	錦葵科	1910	熱帶非洲	新加坡	飲料
瓊麻	*Agave sisalana* (Engelm.) Perrier *ex* Engelm.	龍舌蘭科	1901	熱帶美洲	墨西哥	纖維
玉蘭	*Yucca aloifolia* L.	龍舌蘭科	1901	墨西哥、牙買加	日本	觀賞
天堂鳥	*Strelitzia reginae* Aiton	旅人蕉科	1930	南非	南非	觀賞
旅人蕉	*Ravenala madagascariensis* J. F. Gmel.	旅人蕉科	1901	馬達加斯加	日本	觀賞
南天竹	*Nandina domestica* Thunb.	小檗科	1915	中國、日本	日本	觀賞
錫蘭橄欖	*Elaeocarpus serratus* L.	杜英科	1901	印度	斯里蘭卡	觀賞
鳳凰木	*Delonix regia* (Bojer *ex* Hook.) Raf.	蘇木科	1897	馬達加斯加		觀賞
聖誕紅	*Euphorbia puloherrima* Willd. *ex* Klotz.	大戟科	1898	墨西哥、中美洲	日本	觀賞
豔紫杜鵑	*Rhododendron pulchrum* Sweet.	杜鵑花科	1925	日本	日本	觀賞
軟枝黃蟬	*Allamanda cathartica* L.	夾竹桃科	1910	巴西	新加坡	觀賞
小花黃蟬	*Allamanda neriifolia* Hook.	夾竹桃科	1901	巴西	日本	觀賞
長穗木	*Stachytarpheta jamaicensis* (L.)Vahl	馬鞭草科	1900	熱帶美洲	日本	觀賞
紫花藿香薊	*Ageratum houstonianum* Mill.	菊科	1911	墨西哥	日本	觀賞
醉蝶花	*Cleome spinosa* L.	白花菜科	1911	熱帶美洲	日本	觀賞
松葉牡丹	*Portulaca pilosa* L.	馬齒莧科	1911	南美洲	日本	觀賞
波斯菊	*Coreopsis tinctoria* Nutt.	菊科	1911	北美洲	日本	觀賞
天人菊	*Gaillardia pulchella* Foug.	菊科	1911	北美洲	日本	觀賞
萬壽菊	*Tagetes patula* L.	菊科	1911	墨西哥	日本	觀賞
非洲菊	*Gerbera jamesonii* Bolus *ex* Hook. *f.*	菊科	1911	南非洲	日本	觀賞
金魚草	*Antirrhinum majus* L.	玄參科	1911	地中海沿岸	日本	觀賞
唐菖蒲	*Sisyrinchium atlanticum* Bickn.	鳶尾科	1920	北美洲	日本	觀賞
海芋	*Zantedeschia aethiopica* (L.) Spreng.	天南星科	1925	南非洲	日本	觀賞
孤挺花	*Hippeastrum equestre* (Ait.) Herb.	石蒜科	1911	中南美	新加坡	觀賞
仙客來	*Cyclamen persicum* Mill.	報春花科	1920	南歐	日本	觀賞
大理花	*Dahlia* x *hortensis* Guill.	菊科	1909	雜交種	日本	觀賞
大岩桐	*Sinningia speciesa* (Lodd.) Bent. *et* Hook.	苦苣苔科	1928	栽培種	日本	觀賞
洋玉蘭	*Magnolia grandiflora* L.	木蘭科	1901	美國	日本	觀賞
黃槐	*Cassia surattensis* Burm. *f.*	蘇木科	1903	印度	印度	觀賞
珊瑚刺桐	*Erythrina corallodendron* L.	蝶形花科	1910	熱帶美洲（西印度群島）	新加坡	觀賞
雞冠刺桐	*Erythrina crista-galli* L.	蝶形花科	1910	巴西	新加坡	觀賞
捲瓣朱槿（小紅袍）	*Malvaviscus arboreus* Cav.	錦葵科	1910	北美、墨西哥	新加坡	觀賞
黃褥花	*Malpighia glabra* L.	黃褥花科	1910	北美南部	新加坡	觀賞
日日櫻	*Jatropha pandurifolia* Andr.	大戟科	1910	西印度	新加坡	觀賞
蛤蟆秋海棠	*Begonia rex-cultorum* Bailey	秋海棠科	1901	雜交種	日本	觀賞
霸玉鞭	*Euphorbia antiquorum* L.	大戟科	1910	印度、斯里蘭卡	新加坡	觀賞
大花紫薇	*Lagerstroemia speciosa* (L.) Pers.	千屈菜科	1898	熱帶亞洲？	日本	觀賞

繁星花	*Pentas lanceolata* (Forsk.) Schum.	茜草科	1910	熱帶非洲	新加坡	觀賞
連理藤	*Clytostoma callistegioides* (Cham.) Bur. *et* Schum.	紫葳科	1910	南美洲	新加坡	觀賞
黃鐘花	*Stenolobium stans* (L.) Seem.	紫葳科	1937	南美洲	非洲	觀賞
睡蓮	*Nymphaea* x *hybrida* (Peck) Peck	睡蓮科	1925	雜交種	日本	觀賞
康乃馨	*Dianthus caryophyllus* L.	石竹科	1911	南歐	日本	觀賞
竹節蓼	*Homalocladium platycladum* (F. Muell.) Bailey	蓼科	1910	所羅門群島	新加坡	觀賞
瑪瑙珠	*Solanum capsicastrum* Link	茄科	1910	巴西	新加坡	觀賞
蔦蘿	*Ipomoea quamoclit* L.	旋花科	1911	熱帶美洲	日本	觀賞
毛地黃	*Digitalis purpurea* L.	玄參科	1911	西歐	日本	觀賞
法國菊	*Leucanthemum vulgare* H.J. Lam.	菊科	?	歐亞大陸	法國	觀賞
變色茉莉	*Brunfelsia latiflia* (Hook.) Benth.	茄科	1910	巴西	新加坡	觀賞
夜香茉莉	*Brunfelsia Americana* L.	茄科	1910	西印度	新加坡	觀賞
矮牽牛	*Petunia* x *hybrida* Hart. *ex* Vilm.	茄科	1911	雜交種	日本	觀賞
小蝦花	*Calliaspidia guttata* (Brand.) Bremek.	爵床科	1938	墨西哥	墨西哥	觀賞
金葉木	*Sanchezia nobilis* Hook. *f.*	爵床科	1910	栽培種	新加坡	觀賞
大鄧伯花	*Thunbergia grandiflora* Roxb.	爵床科	1910	孟加拉	新加坡	觀賞
立鶴花	*Thunbergia erecta* T. Anders.	爵床科	1910	熱帶非洲	新加坡	觀賞
非洲菫	*Saintpaulia ionantha* Wendl.	苦苣苔科	1928	東非	日本	觀賞
紫花酢醬草	*Oxalis corymbosa* DC.	酢醬草科	1900	南美洲	?	觀賞
金蓮花	*Tropaeolum majus* L.	金蓮花科	1911	南美洲	日本	觀賞
福祿考	*Phlox drummondii* Hook.	花葱科	1911	北美洲	日本	觀賞
彩葉草	*Coleus scutollarioides* (L.) Benth.	唇形科	1911	馬來西亞	?	觀賞
一串紅	*Salvia splendens* Ker.	唇形科	1911	巴西	日本	觀賞
蚌蘭	*Rhoeo spathacea* (Sw.) Stearn	鴨跖草科	1909	古巴、墨西哥	日本	觀賞
吊竹草	*Zebrina pendula* Schnizl.	鴨跖草科	1909	墨西哥	日本	觀賞
蝴蝶薑	*Hedychium coronarium* Koenig	薑科	1900	喜瑪拉雅山麓	?	觀賞
大花美人蕉	*Canna* x *generalis* Bailey	美人蕉科	1910	雜交種	日本	觀賞
文竹	*Asparagus setaceus* (Kunth) Jessop	百合科	1908	南非洲	日本	觀賞
武竹	*Asparagus densiflorus* (Kunth) Jessop	百合科	1908	栽培種	日本	觀賞
風信子	*Hyacinthus orientalis* L.	百合科	1928	小亞細亞、敘利亞	日本	觀賞
萬年青	*Rohdea japonica* (Thunb.) Roth *et* Kunth	百合科	1905	中國	日本	觀賞
布袋蓮	*Eichhornia crassipes* (Mart.) Sloms.	雨久花科	1898	巴西	日本	觀賞
火鶴花	*Anthurium andraeanum* Lind.	天南星科	1901	哥倫比亞	日本	觀賞
彩葉芋	*Caladium* x *hortulanum* Hort.	天南星科	1901	雜交種	日本	觀賞
黛粉葉	*Dieffenbachia maculate* (Lodd.) Sweet.	天南星科	1910	巴西	新加坡	觀賞
君子蘭	*Clivia nobilis* Lindl.	石蒜科	1910	南非洲	日本	觀賞
韭蘭	*Zephyranthes carinata* (Spreng.) Herb.	石蒜科	1908	加勒比海群島、墨西哥、中美洲	?	觀賞
鳶尾	*Iris tectorum* Maxim.	鳶尾科	1908	中國	日本	觀賞
光果蘇鐵	*Cycas thouarsii* R. Br.	蘇鐵科	1898	馬達加斯加	日本	園景樹
濕地松	*Pinus elliottii* Engelm.	松科	1915	美國	美國	造林
黑松	*Pinus thunbergii* Parl.	松科	1896	日本	日本	造林

落羽松	*Taxodium distichum* (L.) Rich.	杉科	1901	美國	日本	園景樹
柳杉	*Cryptomeria japonica* (L. *f.*) D. Don	杉科	1906	日本、中國	日本	造林
南洋杉	*Araucaria heterophylla* (Salisb.) Franco	南洋杉科	1909	澳洲	澳洲	園景樹
肯氏南洋杉	*Araucaria cunninghamii* Sit. *et* Sweet.	南洋杉科	1901	澳洲	日本	園景樹
鐵刀木	*Cassia siamea* Lam.	蘇木科	1896	中南半島	印度	造林
菲律賓紫檀	*Pterocarpus vidalianus* Rolfe.	蝶形花科	1896	菲律賓	新加坡	造林
印度紫檀	*Pterocarpus indicus* Willd.	蝶形花科	1896	印度、中南半島	新加坡	造林
木麻黃	*Casuarina equisetifolia* L.	木麻黃科	1896~97	澳洲	小笠原	造林
印度橡膠樹	*Ficus elastica* Roxb.	桑科	1901	中南半島、印度	日本	園景樹
菩提樹	*Ficus religiosa* L.	桑科	1900	印度、緬甸	日本	園景樹
掌葉蘋婆	*Sterculia foetida* L.	梧桐科	1915	非洲	印度	園景樹
馬拉巴栗	*Pachira macrocarpa* Schl.	木棉科	1915	墨西哥	夏威夷	園景樹
油桐	*Aleurites fordii* Hemsl.	大戟科	1898	中國	華南	造林、桐油
皺桐	*Aleurites montana* (Lour.) Wils.	大戟科	1895~98	中國	華南	造林、桐油
福木	*Garcinia subelliptica* Merr.	藤黃科	1896~98	菲律賓、蘭嶼	琉球	園景樹
大葉桉	*Eucalyptus robusta* Smith	桃金孃科	1896~98	澳洲	澳洲	園景樹
檸檬桉	*Eucalyptus citriodora* Hook.	桃金孃科	1896~98	澳洲	日本	造林
白千層	*Melaleuca leucadendron* L.	桃金孃科	1896~98	澳洲	澳洲	園景樹
大葉桃花心木	*Swietenia macrophylla* King	楝科	1901	中美洲	日本	造林
桃花心木	*Swietenia mahagoni* Jacq.	楝科	1910	熱帶美洲	日本	造林
肯氏蒲桃	*Syzygium cumini* (L.) Skeels	桃金孃科	1922	澳洲	澳洲	園景樹
藍花楹	*Jacaranda acutifolia* Hunb. *et* Bonpl.	紫葳科	1903	巴西	新加坡	園景樹
火焰木	*Spathodea campanulata* Beauv.	紫葳科	1903	熱帶非洲	印度	園景樹
大果貝殼杉	*Agathis robusta* (C. Moore) F. M. Bailey	南洋杉科	1901	澳洲	日本	園景樹
第倫桃	*Dillenia indica* L.	第倫桃科	1901	印度	夏威夷	園景樹
雨豆樹	*Samanea saman* Merr.	含羞草科	1903	熱帶美洲	爪哇	園景樹
盾柱木	*Peltophorum inerme* (Rab.) Naves	蘇木科	1898	熱帶非洲	日本	園景樹
羅望子	*Tamarindus indica* L.	蘇木科	1896	印度	印度	園景樹
孔雀豆	*Adenanthera pavonia* L.	含羞草科	1896	印度、馬來西亞	印度	園景樹
大葉合歡	*Albiza lebbeck* (Willd.) Benth.	含羞草科	1896	緬甸	印度	行道樹
銀樺	*Grevillea robusta* A. Cunn.	山龍眼科	1901	澳洲	斯里蘭卡	行道樹
石栗	*Aleurites moluccana* (L.) Willd.	大戟科	1903	馬來西亞	越南	行道樹
亞歷山大椰子	*Archontophoenix alexandrae* (F. Muell.) Wendl. *et* Drude	棕櫚科	1901	澳洲	日本	觀賞
叢立檳榔	*Areca triandra* Roxb.	棕櫚科	1913	印度、馬來西亞	新加坡	觀賞
扇椰子	*Borassus flabellifer* L.	棕櫚科	1898	印度、馬來西亞	新加坡	觀賞
孔雀椰子	*Caryota urens* L.	棕櫚科	1896	緬甸、馬來西亞	新加坡	觀賞
黃椰子	*Chrysalidocarpus lutescens* Wendl.	棕櫚科	1898	馬達加斯加	新加坡	觀賞
蒲葵	*Livistona chinensis* R. Br.	棕櫚科	1901	中國	新加坡	觀賞
傑欽氏蒲葵	*Livistona jenkinsiana* Griff.	棕櫚科	1910	印度	新加坡	觀賞
酒瓶椰子	*Hyophorbe lagenicaulis* Mart.	棕櫚科	1909	模里西斯、馬斯加里尼島	熱帶美洲	觀賞
棍棒椰子	*Hyophorbe verschaffeltii* Wendl.	棕櫚科	1900	馬斯加里尼島	南洋	觀賞

海棗	*Phoenix dactylifera* L.	棕櫚科	1896~98	阿拉伯、非洲	日本	觀賞
羅比親王海棗	*Phoenix roebeliniiu* O'Brien	棕櫚科	1898	印度緬甸、越南、泰國	新加坡	觀賞
射葉椰子	*Ptychosperma elegans* (R. Br.) Blume	棕櫚科	1901	澳洲	日本	觀賞
觀音棕竹	*Rhapis excelsa* (Thunb.) Henry	棕櫚科	1901	中國	日本	觀賞
大王椰子	*Roystonea regia* (H. B. *et* K.) Cook	棕櫚科	1898	古巴、牙買加	日本	觀賞
華盛頓椰子	*Washingtonia filifera* Wendl.	棕櫚科	1909	美國	熱帶美洲	觀賞
洋紫荊	*Bauhinia purpurea* L.	蘇木科	1903	印度	印度	觀花
羊蹄甲	*Bauhinia variegata* L.	蘇木科	1896	印度	印度	觀花

六、中華民國時代（1945～）

引進的植物類別以觀賞植物居多，包括豔紫荊等觀花植物，小葉欖仁等園景樹。食用植物引種後尚有商業生產，市場上仍進行銷售者僅有青花菜等數種。引種國家及地區包括美國、紐澳、日本、中南美等。由於兩岸敵對的政治情勢，除中華民國政府撤退初期，少數直接自中國引進如香椿等植物外，絕少引進原產中國的植物。

中名	學名	科別	首次引進時期	原產地	引進地	用途
青花菜	*Brassica oleracea* L. var. *italica* Plenck	十字花科	?	西歐沿海、義大利	美國	蔬菜
蘆筍	*Asparagus officinalis* L.	百合科	1959	歐洲海岸溫暖地區	美國	蔬菜
慈菇	*Sagittaria trifolia* L. var. *sinensis* Sims.	澤瀉科	1957	中國	香港	蔬菜
萵苣	*Lactuca sative* L.	菊科	?	地中海？	?	蔬菜
奇異果	*Actinida chinensis* Planch	獼猴桃科	1976	中國	紐西蘭	水果
雜交杜鵑	*Rhododendron* x *hybridum* Edw.	杜鵑科	1970~73	雜交種	日本	觀花
豔紫荊	*Bauhinia* x *blakeana* Dunn.	蘇木科	1967	雜交種	香港	觀花
紫藤	*Wisteria sinensis* (Sims.) Sweet.	蝶形花科	1974	中國	美國	觀花
繡球花	*Hydrangea macrophylla* (Thunb.) Serringe	八仙花科	1968	中國、日本	日本	觀花
美人樹	*Chorisia speciosa* St. Hil.	木棉科	1967	巴西、阿根廷	美國	觀花
雪茄花	*Cuphea ignea* A. DC.	千屈菜科	1968	墨西哥	日本	觀花
矮仙丹	*Ixora* x *williamsii* Hort. cv. Sunkist	茜草科	1969	栽培種	新加坡	觀花
美國凌霄花	*Campsis radicans* (L.) Seem	紫葳科	1963	北美洲	美國	觀花
炮仗花	*Pyrostegia venusta* (Ker.) Miess	紫葳科	1960	巴西	香港	觀花
毛西番蓮	*Passiflora foetida* var. *hispida* (DC.) Killip	西番蓮科	1960	南美洲	?	觀花
非洲鳳仙花	*Impatiens walleriana* Hook. *f.*	鳳仙花科	1966	非洲坦桑尼亞	日本	觀花
蒺藜草	*Cenchurs echinatus* L.	禾本科	1950~60	北美洲	美國	（無意中引進）
風鈴木	*Tabebuia impetiginosa* (Mart. *ex* DC.) Standl.	紫葳科	1966	墨西哥	美國	觀花
小葉欖仁	*Terminalia boivinii* Tul.	使君子科	1966	熱帶非洲	?	行道樹
黑板樹	*Alstonia scholaris* (L.) R. Br.	夾竹桃科	1943	印度、中南半島、菲律賓、印尼及澳洲	南洋地區	行道樹
香椿	*Toona sinensis* (Juss.) M. Roem.	楝科	1915	中國	?	食用（嫩芽）
龍柏	*Juniperus chinensis* L. var. *kaizuka* Hort. *ex* Endl.	柏科	1901	中國	日本	觀賞
美洲含羞草	*Mimosa dilotricha* C. Wright *ex* Sauvalle	含羞草科	約1965	中美洲	中美洲	（無意中引進）
假藿香薊	*Ageratina adenophora* (Spreng.) R. M. King & H. Rub.	菊科	1968？	中美洲至墨西哥	新加坡	觀花

中名索引

收錄圖鑑篇101種植物中名（含俗名）

主要參考書目（依作者姓名筆劃排序）

丁紹儀　一八七三　東瀛識略
台灣省文獻委員會一九九六年排印本

王少濤　二〇〇四　王少濤全集
台北縣政府文化局

王必昌　一七五二　重修台灣縣志
台灣銀行一九六一年排印本

王松　一八九六(?)　滄海遺民賸稿
台灣銀行一九五九年排印本

王松　一九〇五　台陽詩話
台灣銀行一九五八年排印本

王蜀桂　一九九九　台灣檳榔四季青
常民文化事業股份有限公司

伊士俍　一七五三(?)　台灣志略
遠流出版公司二〇〇五年排印本

安倍明義　一九八七　台灣地名研究
武陵出版社

朱仕玠　一七六五　小琉球漫誌
台灣省文獻委員會一九九六年排印本

朱景英　一七七三　海東札記
台灣省文獻委員會一九九六年排印本

佐倉孫三　一九〇三　台風雜記
台灣省文獻委員會一九九六年排印本

余文儀　一七六四　續修台灣府志
台灣銀行一九六二年排印本

吳其濬　一八四八　植物名實圖考
世界書局一九六〇年排印本

吳其濬　一八四八　植物名實圖考長編
世界書局一九六〇年排印本

吳德功　一九一九(?)　瑞桃齋詩稿
台灣省文獻委員會一九九二年影印本

吳瀛濤　一九九六　台灣諺語
台灣英文出版社

李元春　台灣志略
台灣銀行一九五八年排印本

杜正勝　一九九八　景印解說番社采風圖
中央研究院歷史語言研究所

周元文　一七一二　重修台灣府志
台灣銀行一九六〇年排印本

周鍾瑄　一七一七　諸羅縣志
台灣銀行一九六二年排印本

周璽　一八三三(?)　彰化縣志
台灣銀行一九六二年排印本

屈大均　一六九〇(?)　廣東新語
廣文書局有限公司一九七八年影印本

岩崎常正　一八二八　本草圖譜
東京本草圖譜刊行會一九一六～二一年出版

林文龍　一九七九　台灣詩錄拾遺
台灣省文獻委員會

林樹海作・郭哲銘校釋　二〇〇五
歗雲詩編校釋　台灣古籍出版有限公司

林鴻年等　一八七一　福建通志台灣府
台灣銀行一九六〇年排印本

松本曉美、謝森展　一九九三
台灣懷舊　創意力文化事業有限公司

松本曉美、謝森展　一九九四
台灣回想　創意力文化事業有限公司

金平亮三　一九三六　台灣樹木誌
台灣總督府中央研究所林業部

姚瑩　中復堂選集
台灣銀行一九六〇年選輯本

施懿琳等　二〇〇四　全台詩（共五冊）
遠流出版公司

洪敏麟　一九七九　台灣地名沿革
台灣省政府新聞處

洪敏麟　一九八〇
台灣舊地名之沿革（第一冊）
台灣省文獻委員會

洪敏麟　一九八四
台灣舊地名之沿革（第二冊）
台灣省文獻委員會

洪棄生　八州詩草
台灣省文獻委員會一九九三年排印本

洪棄生　寄鶴齋詩集
台灣省文獻委員會一九九三年排印本

范咸　一七四七　重修台灣府志
台灣銀行一九六一年排印本

郁永河　一七〇〇　裨海紀遊
台灣省文獻委員會一九九九年排印本

唐贊袞　一八九二　台陽見聞錄
台灣省文獻委員會一九九六年排印本

徐福全　一九九八
福全台諺語典　作者自行出版

高拱乾　一六九六　台灣府志
台灣銀行一九六〇年排印本

屠繼善　一八九三　恆春縣志
台灣銀行一九六〇年排印本

張仲堅　二〇〇二　台灣帽蓆
台中縣手工藝品商業同業公會

張豐吉　二〇〇二　編織植物纖維研究
台中縣立文化中心

連橫　一八九五　台灣通史
台灣銀行一九六二年排印本

連橫　一九一五　劍花室詩集
台灣銀行一九六〇年排印本

陳文達　一七二〇　台灣縣志
台灣銀行一九六一年排印本

陳正祥　一九九三　台灣地名辭典二版
南天書局有限公司

陳淑均　一八五二　噶瑪蘭廳志
台灣銀行一九六三年排印本

陳煥堂、林世煜　二〇〇一
　台灣茶　果實出版
陳漢光　一九七一　台灣詩錄（全三冊）
　台灣省文獻委員會
陳德順、胡大維　一九七六
　台灣外來觀賞植物名錄　作者自行出版
黃叔璥　一七二四　台海使槎錄
　台灣省文獻委員會一九九九年排印本
黃逢昶　一八八五　台灣生熟番紀事
　台灣省文獻委員會一九九七年排印本
楊廷理　知還書屋詩鈔
　台灣省文獻委員會一九九六年排印本
楊彥杰　二〇〇〇　荷據時代台灣史
　聯經事業出版公司
楊彥騏　二〇〇一
　台灣百年糖紀　果實出版
楊欽年、周家安　二〇〇〇
　詩說噶瑪蘭　宜蘭縣文化局
葉振輝　一九九五　台灣開發史
　台原藝術文化基金會、台原出版社
葉榮鐘　二〇〇〇
　少奇吟草　晨星出版有限公司
董天工　一七五〇　台海見聞錄
　台灣省文獻委員會一九九六年排印本
翟灝　一八〇八　台陽筆記
　台灣省文獻委員會一九九六年排印本
劉良璧　一七四二　重修福建台灣府志
　台灣銀行一九六一年排印本
劉還月　一九九七　台灣產業誌
　常民文化事業股份有限公司
蔣師轍　一八九二　台游日記
　台灣省文獻委員會一九九七年排印本
蔣毓英　一六八五(?)　台灣府志
　台灣銀行一九六〇年排印本
蔡承豪、楊韻平　二〇〇四
　台灣番薯文化誌　果實出版
鄭用錫　一八三四　淡水廳志稿
　台灣省文獻委員會一九八八年排印本
鄭用錫作・劉芳薇校釋　二〇〇三
　北郭園詩鈔校釋
　台灣古籍出版有限公司
鄭用鑑　二〇〇一　靜遠堂詩文鈔
　新竹市政府竹塹文化資產叢書出版社
賴和　二〇〇〇
　賴和全集 漢詩卷（上、下）
　前衛出版社
錢秉鐙　藏山閣集選輯
　台灣銀行一九六六年排印本
薛紹元　一八九五　台灣通志
　台灣銀行一九六二年排印本
謝金鑾　一八〇七　續修台灣縣志
　台灣銀行一九六二年排印本
龔顯宗編　一九九八
　沈光文全集及其研究資料彙編
　台南縣立文化中心

圖片來源（數目為頁碼）

- 全書攝影（除內文特別註記外）／潘富俊
- 全書植物彩圖／引自《本草圖譜》，林業試驗所圖書館提供
- 全書植物線圖／引自《植物名實圖考》、《台灣樹木誌》，潘富俊提供

【老照片、明信片、古圖及書影】

※以下由潘富俊提供

- 35、45、46、47、48、72上、73、76、77下、83、94、104下、108、110上、159、198、199下

※以下由遠流資料室提供

- 30／原圖引自日本時代「二萬五千分一地形圖3淡水」
- 31／原圖引自鳥瞰圖「台北州大觀」，1934
- 36／原圖引自清代「台灣番社圖」
- 40／原圖引自鳥瞰圖「台南州大觀」，1933
- 41／原圖引自鳥瞰圖「潮州郡大觀」，1936
- 49、93、105下、109、110下、127、128、158下、161下、201、238、241、253／日本時代彩色明信片
- 60、92、102、111／原圖引自清代「番社采風圖」
- 66、84／遠流版書影
- 72下、158上、161上、199上／日本時代的商標與包裝
- 77上、160下／日本時代老照片
- 94／《台灣寫真帖　第柒集》，1915
- 103、199中／《南方的據點・台灣》，1944
- 104上／*From Far Fomosa*，1895
- 105上／《台灣製糖株式會社史》，1939
- 146／原圖引自鳥瞰圖「新竹州大觀」，1935
- 160上／*Taiwan–A Unique Colonial Record*，1937-8

國家圖書館出版品預行編目資料

福爾摩沙植物記：101種臺灣植物文化圖鑑
& 27則臺灣植物文化議題／潘富俊文. 攝影.
-- 二版. -- 臺北市：遠流,
2014. 09
面；　公分. --（觀察家博物誌）
ISBN 978-957-32-7471-1（平裝）

1.植物圖鑑 2.臺灣

375.233　　103014762

觀察家博物誌

福爾摩沙植物記

——101種台灣植物文化圖鑑＆27則台灣植物文化議題

作　者　潘富俊

副總編輯　黃靜宜
主　編　張詩薇
美術主編　陳春惠

發行人　王榮文
出版發行　遠流出版事業股份有限公司
地址：台北市100南昌路二段81號6樓
電話：（02）2392-6899
傳真：（02）2392-6658
郵撥：0189456-1

著作權顧問　蕭雄淋律師
輸出印刷　中原造像股份有限公司
□2007年5月25日　初版一刷　□2019年4月15日　二版二刷
定價 600 元（缺頁或破損的書，請寄回更換）

ISBN 978-957-32-7471-1
遠流博識網 http://www.ylib.com
E-mail:ylib@ylib.com